中 等 职 业 教 育 规 划 教 材

基本有机化工工艺学

第三版

舒均杰 主编

化学工业出版社

·北京·

《基本有机化工工艺学》共分七章，主要包括基本有机化学工业原料、化工生产过程常用指标和工业催化剂，以及碳一、碳二、碳三、碳四和芳烃系列典型产品的生产工艺。书中既阐述了产品的性能和应用、工业生产方法、反应原理、工艺条件确定、工艺流程组织等，又结合生产实际对化工生产中的实用操作技术、安全生产技术、节能减排技术、工艺技术发展趋势进行了简要分析和讲解，还介绍了典型反应过程设备和反应过程物料衡算。为便于学习，每章内容开头列有学习目标，章末设有复习思考题。为方便教学，本书配有电子课件。

本书可作为中等职业教育化工类专业的专业课教材，也可作为化工企业有机化工高级工培训教材，还可供从事有机化工生产和管理的相关工程技术人员参考使用。

图书在版编目（CIP）数据

基本有机化工工艺学/舒均杰主编. —3 版 .—北京：
化学工业出版社，2019.1（2024.2重印）
中等职业教育规划教材
ISBN 978-7-122-33194-6

Ⅰ.①基…　Ⅱ.①舒…　Ⅲ.①有机化工-工艺学-中
等专业学校-教材　Ⅳ.①TQ2

中国版本图书馆 CIP 数据核字（2018）第 238798 号

责任编辑：旷英姿　林　嫒
责任校对：王　静　　　　　　　　装帧设计：关　飞

出版发行：化学工业出版社（北京市东城区青年湖南街 13 号　邮政编码 100011）
印　　刷：三河市航远印刷有限公司
装　　订：三河市宇新装订厂
787mm×1092mm　1/16　印张 13　字数 315 千字　2024 年 2 月北京第 3 版第 4 次印刷

购书咨询：010-64518888　　售后服务：010-64518899
网　　址：http://www.cip.com.cn
凡购买本书，如有缺损质量问题，本社销售中心负责调换。

定　　价：33.00 元

前言 >>>>

《基本有机化工工艺学》第二版自 2008 年出版以来，深受职业院校化工技术类专业广大师生和有关企事业单位读者的喜爱，期间曾多次印刷。为了更好地适应近年来基本有机化学工业的快速发展，满足教材使用者不断增长的需求，编者对本书进行了再次修订。

虽然时间已过去 21 年，但本教材第一版前言中所阐明的指导思想仍然是适用的。本次修订在保留前两版编排体系的基础上，本着简明适用的原则，对教材中过时的内容作了删除，剔除了即将被淘汰的产品生产工艺，更新了产品生产中出现的新技术、新工艺、新设备等内容，以充分体现基本有机化工产品生产技术现状和发展趋势。

本教材共分七章，第一、第二章为基本有机化学工业基础性知识，分别介绍了基本有机化学工业的原料、化工生产过程中常用指标和工业催化剂。第三至第七章为基本有机化学工业典型产品生产工艺技术，按碳一、碳二、碳三、碳四和芳烃原料路线，选择介绍了甲醇、甲醛、醋酸、乙醛、醋酸乙烯、环氧乙烷、氯乙烯、丙烯腈、丙烯酸、丁辛醇、丁二烯、顺丁烯二酸酐、乙苯、苯乙烯、二甲苯、邻苯二甲酸酐共 16 种产品生产工艺。在删除碳二系列乙醛氧化生产醋酸生产工艺的同时，增加了碳一系列甲醇羰基合成生产醋酸生产工艺；以分子筛气相催化法苯烷基化生产乙苯，全面更替三氯化铝液相催化法苯烷基化生产乙苯工艺技术内容；增添了以醋酸生产技术进展和醋酸乙烯生产技术发展趋势为代表的典型产品生产核心技术现状与未来创新目标内容。各院校在使用本教材时可因地制宜，结合本地实际有选择地进行典型产品生产工艺的教学，以适应各地区工业生产发展的需要。

此次修订由湖南化工职业技术学院舒均杰负责绪论、第一至第四章内容，湖南化工职业技术学院徐祥斌负责第五章至第七章内容；全书电子课件由徐祥斌负责编写与制作，舒均杰负责统稿。

本次修订承蒙各兄弟院校和相关工厂技术人员的关心和支持，在此谨致谢意。修订中难免还有许多缺点和不妥之处，深切期望各院校师生在使用过程中批评指正。

编者
2018 年 9 月

第一版
前言

本教材是根据（1996）化教材任字第 10 号——化学工业部中等专业学校教材编审出版任务书和全国化工中专教学指导委员会 1996 年 3 月于石家庄审定通过的化学工艺专业《基本有机化工工艺学》教学大纲编写的。

按照全国化工中专教学指导委员会编制、化工部人教司 1995 年 12 月颁发的化学工艺专业指导性教学计划，化学工艺专业的《基本有机化工工艺学》课程为《化学工艺学概论》的后续课，是共性原理的具体化。

按照本课程教学大纲的基本要求，本教材以原料路线作为编写体系，按碳一、碳二、碳三、碳四和芳烃系列介绍各自的主要合成产品。

基本有机化工产品种类繁多，合成路线多种多样。本教材限于学时，只能选择其中主要而又有一定代表性的产品进行介绍，在各大原料系列中，共精选了 15 种典型产品。通过对这些产品的生产原理讨论、工艺条件确定和工艺流程介绍，使学生掌握基本有机化工产品生产的工艺原理、工艺条件确定方法和工艺流程的组织原则，以达到工艺学教学的基本要求。

为了对工艺学教材编写进行新的探索，力求做到教材内容既反映基本有机化工的生产技术和发展水平，又体现教材的科学性、先进性、启发性和实用性，本教材在编写过程中，注意了理论与生产实际相结合，不贪多求全、不攀高求深，简明扼要，深入浅出、通俗易懂，便于教与学。

我国幅员辽阔，资源丰富，各地基本有机化工的发展又不尽相同。各校在使用本教材时可因地制宜，在保证基本内容教学的前提下，结合本地实际进行选择内容的讲授，以适应各地区工业生产发展的需要。

本书稿由湖南化工学校舒均杰负责编写，并由全国化工中专教学指导委员会工艺课程组组织审稿。济南石油化工经济学校副教授黎喜林任主审，北京化工学校潘茂椿和朱宝轩、天津化工学校梁凤凯、常州化工学校李耀中等同志参加审稿。与会同志提出了许多宝贵的修改意见，有的同志还转达了有关工厂技术人员对教材的修改建议，并提出了技术资料。在此，特向在本书编写和出版过程中给予热情支持和大力帮助的单位和同志表示衷心的感谢。

本教材由于时间仓促，加之编者水平所限，书中难免存在缺点和错误，敬请各任课老师和广大读者批评指正。

编者
1997 年 8 月

第二版 前言 >>>

　　本教材第一版自 1998 年出版以来至今已有 10 年时间，期间曾多次重印，得到兄弟院校师生的广泛使用。为了更好地适应近年来基本有机化学工业的发展和职业院校教学改革的需要，编者对本书进行了修订。

　　虽然过去 10 年时间，但本书第一版前言中所阐明的指导思想仍然是适用的。本次修订在保留第一版编排体系的基础上，本着简明实用的原则，对过时的内容作了更新，删去了繁琐和次要的内容，合并了部分共性内容，增加了基本有机化学工业的原料、化工生产过程中常用指标和工业催化剂两章内容。

　　本书共分七章，选择介绍了 16 种具有代表性的基本有机化工典型产品的生产工艺。在删除乙二醇产品生产工艺以及丙烯氨氧化反应过程物料衡算的同时，增加了氯乙烯和苯乙烯两种更具典型性的产品的生产工艺。各院校在使用本教材时可因地制宜，结合本地实际有选择地进行典型产品生产工艺的教学，以适应各地区工业生产发展的需要。

　　此次修订承蒙各兄弟院校的关心和鼓励，在此谨致谢意。修订中难免还有许多缺点和不妥之处，深切希望各院校师生在使用时提出批评指正。

编者

2008 年 12 月

目录 ▶▶▶

绪　　论

一、有机化学工业的分类

有机化学工业是利用有机合成方法生产有机化工产品的工业，是化学工业的重要组成部分，是国民经济的基础工业。

随着工业生产和科学技术的迅速发展，有机化学工业产品的种类和产量与日俱增，而国民经济各项事业的发展，对这些产品的需求量也越来越多。因此，有机化学工业就不得不分出许多部门和分支。按产品的性能在有机化学工业及国民经济中所起的作用，大体可分为以下三大门类。

1. 基本有机化学工业

基本有机化学工业是有机化学工业的基础，它的任务是：利用自然界中大量存在的煤、石油、天然气及生物质等资源，通过各种化学和物理加工方法，制成一系列重要的基本有机化工产品，如乙烯、丙烯、丁二烯、醇、醛、酮、羧酸及其衍生物、芳香烃、卤代物、环氧化合物及有机含氮化合物等。这些产品有些具有独立用途，如作溶剂、萃取剂、抗冻剂等；但更大量地主要是用作其他有机化工产品生产的基础原料，经过进一步加工制成更为广泛的有机化工产品，如高分子合成材料、合成洗涤剂、表面活性剂、水质稳定剂、染料、医药、农药、香料、涂料、增塑剂、阻燃剂等。所以基本有机化学工业就是生产有机化工原料和重要有机产品的工业。

2. 精细有机化学工业

精细有机化学工业是指利用基本有机化工产品作为原料，经深度精细加工，生产具有功能性和最终使用性的高附加值有机化合物产品的工业。精细有机化学工业包括：表面活性剂、水质稳定剂、专用助剂、添加剂、胶黏剂、合成药物、染料、香料、农药等行业。精细有机化学工业产品的结构复杂、品种繁多，但生产规模不大（相对基本有机化工的产品而言）、生产过程步骤多，对产品纯度和质量的要求高。

3. 高分子化学工业

高分子化学工业是指利用基本有机化学工业产品，经过进一步化学加工，生产分子量很大的有机聚合物的工业。高分子化学工业的主要产品为三大合成材料，即合成树脂及塑料、合成橡胶和合成纤维。

基本有机化学工业在整个有机化学工业中的地位以及它们的相互关系，可以用一个形象的比喻来说明：天然气、石油和煤等天然资源好比肥沃的土壤，有机化学工业好比一棵果树，基本有机化学工业的产品好比根茎和主干，高分子化学工业、精细有机化学工业等各类有机化学工业的产品好比是枝叶和果实。要使枝叶茂盛、果实丰硕，必须使根基深固、主干苗壮。所以世界各国都在大力发展基本有机化学工业。

二、基本有机化学工业在国民经济中的作用

基本有机化学工业产品种类多、数量大、用途广，它与国民经济许多部门都有着密切关系。从直接使用来说，如溶剂、萃取剂、冷冻剂、抗冻剂、增塑剂等，都是广泛地直接应用于化学工业及其他工业部门的有机产品。更重要的是，基本有机化学工业为高分子合成材料工业提供原料。这些高分子材料不仅可以作为天然材料的代用品，而且在某些性能方面比天然材料更为优越。如维纶、锦纶、腈纶等合成纤维具有耐磨、耐酸碱、轻质保暖、经洗耐穿、不易皱、不吸水等性能，为天然纤维所不及。

基本有机化学工业对支援农业起着重要作用。它除了为农业现代化所使用的材料（合成橡胶、塑料薄膜及其他塑料制品等）提供原料和单体外，还为生产杀虫剂、杀菌剂、除草剂、植物生长调节剂等提供原料和中间体。同时又可替代农业为国民经济各部门提供原料，例如以合成乙醇代替粮食发酵法制乙醇，可大量节约工业用粮；又如为合成纤维工业提供多品种、大数量的原料和单体，可大量节约天然纤维原料——棉花，从而可使更多的耕地用于生产粮食和其他经济作物。

基本有机化学工业还为国防工业尖端科学技术的发展提供特种溶剂、高能燃料和制备特殊性能合成材料所需的原料及单体等。我国自行研制成功的"长征二号"捆绑型运载火箭和卫星，化工配套材料有化学推进剂、特种胶片、橡胶制品及高性能复合材料，占总发射重量的70%以上。所以，基本有机化学工业的发展，对我国社会主义农业现代化、工业现代化、国防现代化和科学技术现代化建设担负着重要使命，而它的发展在一定程度上也反映出一个国家的工业水平和科学技术发展的水平。

三、基本有机化学工业的发展概况

远在几千年以前，人们就已经懂得利用农林产品（生物质原料）制取某些基本有机化工产品，如用含淀粉较多的农副产品以发酵法生产酒精、醋酸就是例子。但是，大量农产品的消耗却满足不了工业需要，限制了基本有机化学工业的发展。直到20世纪初电石用于制取基本有机化工产品之后，才真正形成了基本有机化学工业。由焦炭或无烟煤与生石灰在电炉中熔融制造电石的第一个工厂于1895年建成，但电石乙炔最初主要用于金属切割和焊接，直到1910年以后，才开始用于生产基本有机化工产品。由电石乙炔可以生产乙醛、醋酸、丙酮、丁二烯、氯乙烯、乙酸乙烯酯、塑料、合成橡胶等产品，使基本有机化学工业发展成为一个巨大而重要的新兴工业。由于这一时期的化学工业是以煤为基础原料建立起来的，因此称之为煤化学工业，而基本有机化工原料（或产品）差不多都是由电石乙炔制取的，因此又把当时的基本有机化学工业称之为乙炔化学工业。

就在煤化工蓬勃发展的时期，以天然气、石油为原料制取基本有机化工产品的工业已开始出现。1920年，美国就开始采用石油为原料制取基本有机化工产品。发现将石油馏分经过高温（700～800℃）裂解，可生产大量乙烯、丙烯、丁二烯、苯、甲苯等重要基本有机化

工产品，从而开辟了比单独从乙炔出发制取基本有机化工产品更为先进的新技术路线。由于石油、天然气资源充足，用其生产烯烃、炔烃、芳香烃的生产方法远比电石乙炔法简单，且成本低，因此到 20 世纪 50 年代初，以石油、天然气为原料的化学工业——石油化学工业，引起了世界各国的普遍关注。甚至石油、天然气资源贫乏的日本和西欧各国也竞相进口石油发展石油化学工业。

采用石油、天然气为原料，是有机化学工业的一次技术革命。随着石油化学工业在整个化学工业中所占的地位日趋重要，化学工业的原料迅速由无机物、煤炭及农林副产品转向石油和天然气。到 20 世纪 60 年代末，国外有机化工产品已有 80% 以上是由石油、天然气为原料生产的。而合成树脂、合成橡胶、合成纤维这三大合成材料几乎全部依赖于石油化工生产。

近 50 年来，石油化学工业得到了迅速的发展，已成为当代化学工业的基石。它给化学工业的原料结构带来了根本性的变化，使化学工业的生产技术也发生了重大的改革。催化技术、分离技术、检测技术以及生产大型化的工程技术等方面的发展，使整个化学工业技术水平得到了大幅度提高。

乙烯是基本有机化学工业最重要的产品。它的发展带动着其他基本有机化工产品的发展。因此，乙烯产量往往标志着基本有机化学工业发展的水平。1960 年世界乙烯产量为 360 万吨，1970 年上升到 1900 万吨，1988 年达到 5450 万吨，1996 年又上升到 8490 万吨，2006 年已经达到 12250 万吨，2014 年达到 16860 万吨。乙烯生产的迅速发展，使其他基本有机化工产品的生产也有了很大的增长，并在开发新工艺和新技术、简化生产方法、降低原料单耗和能耗、开辟新的原料路线、提供新产品、防治环境污染等方面取得了较大的进步。现代科学技术的发展为基本有机化学工业生产技术的进步开辟了前进的道路，并将推进其继续向前发展。

我国具有丰富的天然气、石油、煤等原料资源，为大力发展基本有机化学工业提供了丰厚的条件。然而，中华人民共和国成立前我国有机化学工业基础十分薄弱，丰富的天然资源被帝国主义所侵占和掠夺。当时，我国石油的勘探和开发都很落后，被称为"贫油"国，连点灯的煤油也得从国外进口，更谈不上石油化学工业的发展。中华人民共和国成立后，我国石油、天然气工业得到了蓬勃发展。

我国石油化学工业虽全面起步较晚，基础薄弱，但由于党和政府的高度重视，其发展速度非常之快。20 世纪 60 年代，我国主要的石油化工企业有兰州化学工业公司和上海高桥化工厂，乙烯生产能力分别为 2.2 万吨/年和 0.6 万吨/年。70 年代，我国先后在北京、上海、辽宁、大庆和天津等地建起一批生产乙烯、合成纤维、合成树脂、合成氨、尿素等的大型石油化工装置，在四川建成了大型天然气化工基地。这些大型装置的建成投产，标志着我国的石油化工已逐步迈向现代化。80 年代，又先后在黑龙江、江苏、山东和上海建成了四套年产 30 万吨乙烯和与之配套的石油化工生产装置。进入 90 年代后，我国的石油化学工业已具备了雄厚的基础。到 2014 年年底，我国石油加工能力已达 7.46 亿吨/年，乙烯产量已突破 16860 万吨/年，均居世界前列。

在石油化工发展的同时，煤炭工业及煤化工也发展很快。2016 年，我国原煤的产量已达到 34.12 亿吨/年，跃居世界第一。随着炼焦工业的发展和煤的气化、液化技术的发展，大型煤化工相继在山西、河南、内蒙古、四川、贵州、新疆、陕西、云南等地迅速发展起来，这些都为我国的基本有机化学工业乃至整个化学工业的发展奠定了基础。

四、基本有机化学工业的生产特点

基本有机化学工业发展如此迅速，是由它的原料丰富以及生产特点所决定的。

(1) 原料资源丰富，生产路线多　自然界有着丰富的煤、石油及天然气资源，全世界已探测到的煤炭资源可供开采 2000 年以上，石油和天然气资源也相当可观。因此，以煤、石油、天然气作为化工原料，潜力很大。

生产路线多，即可以用不同的原料以不同的生产方法制取同一产品。如氯乙烯的生产可采用电石乙炔法，也可采用二氯乙烷法，还可采用乙烯为原料的氧氯化法。这些生产方法所用原料、设备及操作条件各不相同。不同地区可根据资源情况、生产技术水平和设备条件，采用不同的生产技术路线，并尽可能地采用最新的工艺、最新的技术和最简化的工艺流程。

(2) 有联产品产生，综合利用率高　例如，用石油馏分裂解制取乙烯时，可同时得到联产品丙烯、丁二烯和芳烃等，并可以进行全面的综合利用。又如，天然气经过催化转化可制成合成气，或用部分氧化法制取乙炔时，可综合利用副产物氢气来生产合成氨等。

(3) 技术水平高，集中利用了近代科学技术成就

① 催化技术。生产过程中所进行的化学反应，通常都必须在催化剂存在条件下，于气相或液相中进行。催化剂性能的优劣，对产品的产量和质量影响很大，所以要求催化剂活性高、寿命长、选择性好，并且耐磨损。

② 高、低温技术和高、低压技术。许多化工操作都是在高温或低温、高压或低压下进行的，例如石油馏分裂解制乙烯、丙烯时，操作温度为 1073～1123K，而裂解气分离则是在 173K 的低温下进行的；由合成气生产甲醇的高压法操作压力在 30MPa 左右，而由异丙苯制苯酚和丙酮则是在负压下进行操作。高温或深冷都会引起金属材料力学性能的变化。因此，工艺上要求提供优质的耐高温或耐低温的合金钢材。

③ 防腐技术。很多生产原料对普通钢材具有腐蚀性，如有机酸、无机酸、碱、盐的溶液，福尔马林及高压氢气等。为了防止化学腐蚀，要求采用合金钢或合成材料（如工程塑料）制造设备，或在普通钢材表面采取防腐措施，例如涂耐酸搪瓷、衬塑料、橡胶等。

④ 分离技术与自动控制技术。生产中由于化学反应复杂、速率快，除主产品外，还有不少副产物；而高分子合成对聚合级原料单体的产品质量（纯度）要求又十分严格，这就必须采用分离新技术，如萃取精馏、共沸精馏、超吸附等特殊分离技术，才能将沸点相接近的组分进行分离，达到产品质量规格要求。生产连续化程度高及生产工艺条件要求严格，靠手工操作很难实现正常生产，必须借助于现代仪表及自动化操作控制，才能使生产顺利进行。近年来，大量采用计算机模拟控制，显著提高了生产操作水平，保证了产品的质量。

(4) 处理物料危险性大，安全技术要求高　基本有机化工生产过程中所采用的原料和得到的产品、副产品，绝大多数易燃、易爆、有毒、有腐蚀性。尤其是一些气态原料和产品，能与空气或氧气形成爆炸性混合物，其燃烧和爆炸危险性更大。为了避免和减少事故发生，必须采取严格而科学的安全技术措施，确保生产安全顺利进行。同时消除公害、保护环境、防止污染，创造一个文明、安全的生产环境，对提高生产率也是十分重要的。

五、基本有机化学工业的发展方向

随着人类生产生活和经济社会的不断发展，也带来了市场竞争激烈、自然资源和能源减少、环境污染加剧等问题，基本有机化学工业同样也面临着这些问题的挑战。要坚持科学发展观，走可持续发展的道路，目前以及今后有机化工高新技术进步与努力创新发展的重点是以下几个方面。

1. 化学合成技术

为使化学合成选择性好、产率高、反应速率快、反应条件温和，需用物理和化学的方法和技术去设计、研制对人类健康、社会安全、生态环境无害的化学品和生产工艺，实现"零排放"。充分利用资源，从源头上阻止化学污染，确保化工清洁生产。

(1) 新合成方法 重点是电化学合成、光化学合成、声化学合成、等离子体化学合成、冲击波化学合成、微波电解质热效应合成、利用太阳能进行化学合成、手性合成、定向合成、超临界状态化学合成等。

(2) 新催化技术 重点是合成氨催化技术、环保催化技术、酶催化技术、新催化材料的研制及应用技术，进行催化反应器放大、设计和制造研究等。

(3) 一锅合成法 传统的有机合成是一步一步地进行反应，步骤多，产率低，选择性差，且操作繁杂。一锅合成法可将多步反应或多次操作置于一个反应设备内进行，不再进行许多中间产物分离，因而具有高效、高选择性、条件温和等特点，是一种绿色化学合成技术。

2. 高新分离技术

采用高新分离技术可以使产品质量（纯度）提高，其质量提高体现在使用价值增加和经济效益提高上；分离越彻底，向环境排放物越少，副产物处理更方便。高新分离技术使产品收率提高，也提高了经济效益。有些分离技术（如膜分离）是在无相变情况下实现的，具有节能减排特性。新分离技术重点是超临界萃取技术、膜分离技术、精细精馏技术、新结晶技术、变压吸附分离技术等。

3. 精细加工技术

重点是超真空技术、表面处理和改性技术、复配技术、插层化学技术、纳米级产品生产及应用技术、超纯物质加工与纯化技术等。

4. 新型环保与能源技术

燃料电池是21世纪首选的洁净、高效发电技术，将进入家庭、办公楼、交通和大型电站等领域；在纳米材料基础上发展起来的光催化技术和在超临界流体技术基础上发展起来的超临界水氧化将是未来环保技术的发展方向。此外，还有储能技术、热泵技术、热管技术、催化燃烧技术、新型氧化技术、高纯预处理技术、高效生化处理技术、再生资源利用技术、洁净煤技术、固体废物回收技术等。

5. 多功能化工设备技术

一台新型化工设备可以实现不同功能，达到高选择、高转化率、节能和减少污染的目的。

6. 计算机化工应用技术

重点是计算机生产控制与优化技术、化工故障诊断技术、监控与安全系统技术、工程设计技术、分子设计技术、仿真模拟技术等。

六、基本有机化工工艺的性质、任务、特点和学习方法

1. 基本有机化工工艺的性质

基本有机化工工艺是讲述基本有机化工产品生产过程的一门专业技术课程，是基础理论、基础知识在工业生产上的应用学科。基本有机化工工艺的学习内容主要是基本有机化工产品的生产原理、工艺条件、工艺流程和部分典型设备等。

基本有机化工工艺研究的最终目的是如何掌握并合理利用自然界无穷无尽的资源和错综复杂的化学变化，使之造福人类。目前，我国基本有机化学工业正处在蓬勃发展阶段，它的任务不仅是能够制造出所需要的生产资料和生活资料，而且还需要经常注意到生产技术的改进、劳动条件的改善、操作控制的自动化和生产管理的标准化等问题。只有这样，才能降低成本、提高产品的产量和质量，以保证最大限度地满足工业生产和人民生活的需要。

2. 基本有机化工工艺的任务

(1) 原料路线的选择　同一种产品可以从不同的原料出发而制取，例如酒精（乙醇）可以从粮食发酵制取，也可以从乙烯水合制取。实际工业生产中，需要因地制宜地选择满足产品质量要求和生产工艺条件的最佳原料路线。

(2) 生产方法的评比　原料路线确定之后，产品的生产还有不同的生产方法之分，不同生产方法的技术经济指标、能源消耗、"三废"治理也会各不相同，必须进行综合分析与评价。

(3) 工艺条件的确定　一种生产方法确定之后，可根据其影响因素，如进料配比、反应温度、反应压力、反应时间、催化剂用量等，分析确定最佳的操作参数，以求达到最佳工艺条件。

(4) 工艺流程的组织　根据以上原料路线、生产方法及工艺条件，结合化工单元操作及过程设备的优化组合，制定出合理的工艺流程。

3. 基本有机化工工艺的特点

本课程是"化学工艺学概论"的后续课程，是共性原理的具体化，教材内容以原料路线作为编写体系，突出典型和重要产品的生产工艺特点和规律。

本课程以专业能力培养为中心，重在培养学生应用所学知识分析、解决化工生产实际问题的综合能力，以及不断获取新知识的能力和应用创新能力。本课程注重体现应用性、实践性、综合性和先进性原则，突出专业知识和工程实践并重、生产技术与企业现状结合，学以致用。

4. 基本有机化工工艺学的学习方法

学习基本有机化工工艺学必须紧密联系生产实际，运用已掌握的科学技术和相关的专门技术理论及专业知识分析、解决生产实际问题。本课程强调工程技术观点、经济效益和安全意识，在系统教学的基础上，应配合观看生产工艺教学录像、化工仿真实训、现场参观、顶岗实际操作、开设专题讲座和课堂讨论等多种方式进行学习，以掌握基本有机化工生产规

律、特点、典型产品的生产方法和操作技能。

<hr>

复习思考题

1. 何谓基本有机化学工业？它与有机化学工业的关系怎样？

2. 基本有机化学工业在国民经济中的地位如何？在实现我国社会主义现代化建设方面起着怎样的作用？试举例说明。

3. 试以原料路线的变迁来说明基本有机化学工业的发展过程。

4. 举例说明基本有机化工生产的特点。

5. 基本有机化工工艺学课程的学习内容有哪些？本课程与本专业主要专业基础课、专业课有何区别和联系？

第一章
基本有机化学工业的原料

【学习目标】

- 掌握基本有机化学工业原料的来源、化学加工方法及其产品系列。
- 了解原料加工的工艺原理、工艺条件、工艺流程。

基本有机化学工业的原料主要是自然界中的煤、石油、天然气和生物质资源等。此外还有一些无机化工产品作为原料或辅助材料，如硫酸、烧碱、氯气、氨、氧、氮、氢气等。

由于我国的煤、石油、天然气等自然资源的蕴藏量相对丰富，开采量也大，为基本有机化学工业的发展提供了丰富的原料资源，因此，人们把它们称为基本有机化学工业的三大原料资源。此外，一些农林副产品和农业废弃物等生物质资源以及含有大量生物质的城市垃圾的开发利用，对生产基本有机化学工业原料和产品也具有重要意义。

对这些自然资源进行不同的化学加工，可以得到乙烯、丙烯、丁二烯、乙炔等不饱和烃和苯、甲苯、二甲苯等芳香烃以及合成气和某些烷烃。从这些有机原料出发可以生产许多重要的有机化工产品。

在 20 世纪初期，基本有机化学工业的主要原料是以煤为基础，利用煤焦油中所含的芳烃来制造染料、香料和药物等所需的原料和中间体。后来发展了由煤为原料的乙炔工业，用乙炔来生产乙醛、醋酸等化工原料及合成材料的单体。20 世纪 30 年代，开始用石油为原料来生产基本有机化工产品。由于石油和天然气资源丰富，可供大规模生产制取乙烯、丙烯等不饱和烃，成本低，效率高，以它们为原料加工制取的基本有机化工产品，比以煤（包括乙炔）为原料制取的基本有机化工产品的品种要多得多。所以在 20 世纪 50 年代以后，世界各国竞相发展以石油为原料的基本有机化学工业，一些重大的石油化工科学技术相继研究成功，从而迎来了新兴的"石油化学工业"时代。石油化学工业的迅速发展，促使基本有机化学工业的原料由煤转向石油，也使得有机化工产品无论在产品的品种还是生产规模方面都得到了前所未有的发展。

20 世纪 70 年代以后，由于受能源危机的影响，在世界范围内开展了开发新原料的研究工作，其中碳一化学新技术受到普遍重视。所谓碳一化学技术，就是以含有一个碳原子的化合物（主要是一氧化碳和甲醇）为原料，通过化学加工合成含有两个以上碳原子的基本有机化工产品的技术。这些碳一化合物除了可由天然气加工获得外，也可由煤来制取。因此，随着碳一化学技术的发展和石油供应的日趋紧张，使得煤在基本有机化学工业中的地位重新得到重视。

第一节　天然气的化工利用

一、天然气的组成及分类

天然气是埋藏在不同深度地层下的可燃性气体。它主要是由甲烷、乙烷、丙烷和丁烷组成，并含有少量戊烷以上的重组分及二氧化碳、氮、硫化氢、氨等杂质。

天然气有干气和湿气、富气和贫气之分。干气又称贫气，通常含甲烷 $80\% \sim 90\%$，因较难液化，故称干性天然气。湿气也称富气，因含有较多的乙烷、丙烷、丁烷等 $C_2 \sim C_6$ 烃类，经压缩、低温处理后较易液化，故称湿性天然气。

天然气有单独蕴藏的丰富资源，通常称为气田，由气田采出的天然气，主要成分是甲烷，有的气田所采天然气中甲烷含量可高达 99% 以上。湿天然气的产地常常和石油产地在一起，它们随石油一起开采出来，故通称为油田气，又称油田伴生气。油田气的成分也是以甲烷为主，并含有乙烷、丙烷和丁烷以及少量轻汽油，此外还有杂质硫化氢、二氧化碳和氢等。

我国天然气蕴藏量丰富，绝大多数为干气，其组成随产地而异。表 1-1 为天然气的代表性组成举例。

表 1-1　天然气的代表性组成举例

序号	组分含量/%					热值 /(kJ/m³)	相对密度
	CH_4	C_2 以上烷烃	CO_2	H_2	H_2S		
1	96.5	—	1.4	2.1	—	38738	0.58
2	86.7	9.5	1.7	2.1	—	37683	0.63
3	67.6	31.3	—	1.1	—	49063	0.71
4	67.2	—	30.4	2.4	—	64965	0.85
5	53.6	39.7	2.5	1.3	2.9	58333	0.91
6	51.3	10.4	0.1	38.2	—	27885	0.76

二、天然气的化工利用

天然气可作为燃料，也可作为化工原料。天然气的化工利用主要有三个途径：一是在镍催化剂作用下经高温水蒸气转化或经部分氧化制成合成气（$CO + H_2$），然后进一步合成甲醇、高级醇、氨、尿素以及碳一化学产品；二是经部分氧化可生产乙炔，发展乙炔化学工业；三是直接用以生产各种有机化工产品，例如炭黑、氢氰酸、各种氯代甲烷、硝基甲烷等。湿天然气或油田气经脱硫、脱水预处理后，用压缩冷冻等方法可将其中 C_2 以上烷烃分离出来，进一步加工利用。乙烷、丙烷和丁烷是裂解制乙烯和丙烯的重要气态烃原料。丙烷也可用于氧化制乙醛。丁烷可用于氧化制醋酸和顺丁烯二酸酐，或经脱氢制 1,3-丁二烯等化工产品。天然气的化工加工方向见表 1-2。

表 1-2　天然气的化工加工方向

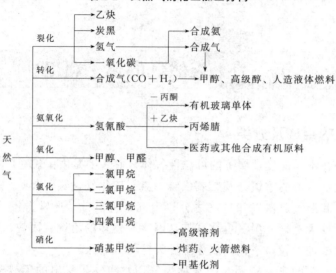

第二节　煤的化工利用

煤是一种主要由碳、氢、氧和少量氮、硫、磷等元素的化合物所组成的固体可燃性矿物，是自然界蕴藏量很丰富的资源。到目前为止，世界上已探明的煤炭资源与石油相比要丰富得多。我国的煤炭资源比较丰富，因此，从长远观点看，大力发展煤的化工利用，为基本有机化学工业提供更多的原料和产品，具有十分重要的意义。

煤的结构很复杂，是以芳香核结构为主，具有烷基侧链和含氧、含氮、含硫基团的高分子化合物。因此通过煤的化工利用，可以得到很多从石油加工产品难以得到的基本有机化工原料和产品，如萘、蒽、菲、酚类、喹啉、吡啶、咔唑等。

煤的品种很多，有泥煤、褐煤、烟煤、无烟煤等。它们都是由无机物和有机物两部分组成的，无机物主要是水分和矿物质；有机物主要是由碳、氢、氧和少量氮、硫等元素组成的。各种煤所含碳、氢、氧元素的组成见表 1-3。

表 1-3　煤的主要元素组成（质量分数）

煤的种类	元素分析			煤的种类	元素分析		
	C/%	H/%	O/%		C/%	H/%	O/%
泥煤	60~70	5~6	23~35	烟煤	80~90	4~5	5~15
褐煤	70~80	5~6	15~25	无烟煤	90~98	1~3	1~3

煤的化学加工方法很多，主要有焦化、气化、液化和生产电石等，下面介绍基本有机化学工业中有关煤的几种化学加工方法。

一、煤的干馏

将煤隔绝空气加热，随着温度的升高，煤中有机物逐渐开始分解，其中挥发性物质呈气态逸出，残留下的不挥发性产物就是焦炭或半焦。这种加工方法叫做煤的干馏。

按照加热终点温度的不同，可将煤的干馏分为三种工艺：1173～1373K 为高温干馏；973～1173K 为中温干馏；773～973K 为低温干馏。煤的高温干馏（简称焦化），是将粉煤制成球状在炼焦炉内隔绝空气加热到 1273K 左右。煤发生焦化分解，生成气体产物和固体产物焦。

煤的高温干馏是在密闭的炼焦炉内进行的，直接产物为固体产物——焦炭和气体产物——出炉煤气。气体产物经洗涤、冷却等处理后分别得到煤焦油、氨、粗苯和焦炉煤气等。各产物的收率（对煤的质量）分别为：焦 70%～78%，煤焦油 3%～4.5%，氨 0.25%～0.35%，粗苯 0.8%～1.4%，焦炉煤气 15%～19%。焦炭可供钢铁冶炼和生产电石，而煤焦油、粗苯和焦炉煤气则是基本有机化工最有用的原料。

煤焦油的组成相当复杂，已验证的有 500 多种。将煤焦油进行精馏，可分成若干馏分，见表1-4。

煤焦油中含有多种从石油加工中不能得到的有价值成分，但因分离困难，至今未能充分利用。

粗苯是由多种芳香族化合物组成的混合物，主要含有苯、甲苯、二甲苯、三甲苯和少量不饱和烃类及硫化物、酚类和吡啶等。粗苯中各组分的平均含量见表1-5。将粗苯进行分离精制，可得到苯、甲苯、二甲苯等基本有机化学工业的原料。

表1-4　煤焦油精馏所得各馏分

馏分	沸点范围/K	质量分数/%	主　要　组　分	可获得的产品
轻油	<453	0.4～0.8	苯族烃	苯、甲苯、二甲苯
酚油	453～483	1～2.5	酚和甲酚 20%～30%，萘 5%～20%，吡啶碱类 4%～6%	苯酚、甲酚、吡啶
萘油	483～503	10～13	萘 70%～80%，酚、甲酚、二甲酚 4%～6%，重吡啶碱类 3%～4%	萘、二甲酚、喹啉
洗油	503～573	4.5～6.5	甲酚、二甲酚及高沸点酚 3%～5%，重吡啶碱类 4%～5%，萘<15%，甲基萘、苊、芴等	萘、喹啉
蒽油	573～663	20～28	蒽 16%～20%，萘 2%～4%，高沸点酚 1%～3%，重吡啶碱类 2%～4%	粗蒽
沥青	>663	54～56		

表1-5　粗苯的组成

组分（芳烃）	含量(质量分数)/%	组分（不饱和烃）	含量(质量分数)/%	组分（硫化物）	含量(质量分数)/%	组分（其他）	含量(质量分数)/%
苯	55～80	戊烯	0.5～1.0	二硫化碳	0.3～1.5	吡啶	0.1～0.5
甲苯	12～22	环戊二烯	0.5～1.0	噻吩		甲基吡啶	
二甲苯	3～5	C_6～C_8 烯烃	约 0.6	甲基噻吩	0.3～1.2	酚	0.1～0.6
乙苯	0.5～1.0	苯乙烯	0.5～1.0	二甲基噻吩		萘	0.5～2.0
三甲苯	0.4～0.9	茚	1.5～2.5	硫化氢	0.1～0.2		

焦炉煤气主要含有氢、甲烷、乙烯、一氧化碳、二氧化碳、氮等，是热值很高的气体燃

料，从中也可获得基本有机化学工业所需的原料。将焦炉煤气进行分离，可以得到高纯度的氢气和甲烷、乙烯等。焦炉煤气的组成见表1-6。

表1-6　焦炉煤气的组成

组　分	含量(体积分数)/%	组　分	含量(体积分数)/%
氢	54～59	一氧化碳	5.5～7
甲烷	24～28	二氧化碳	1～3
C_nH_m(乙烯等)	2～3	氮	3～5

低温干馏固体产物为结构疏松的半焦，焦油收率较高，煤气收率较低。其焦油组成见表1-7。

表1-7　烟煤低温干馏煤焦油的组成

馏分	含量(质量分数)/%	主　要　成　分
蜡油	5.2～6.1	正构烷烃
酸性油	17.4～38.0	含氧化合物(主要是酚类),含硫化合物
碱性油	1.7～2.5	含氮化合物
中性油	40～60	各种烃类
沥青质	2.6～5.9	

总之，煤经高温干馏可得到多种有机原料，如图1-1所示。

二、煤的气化

煤、焦或半焦在高温常压或加压条件下，与气化剂反应转化为一氧化碳、氢等可燃性气体的过程，称为煤的气化。气化剂主要是水蒸气、空气或它们的混合气。煤的气化是获得基本有机化学工业原料——一氧化碳和氢（合成气）的重要途径。

工业上由煤生产合成气的方法有固定床气化法和沸腾床气化法两种。固定床气化法是将水蒸气通入炽热的煤层使其发生下列反应而转化为合成气：

$$C+H_2O \Longrightarrow CO+H_2-118.80kJ/mol$$
$$C+2H_2O \Longrightarrow CO_2+2H_2-75.22kJ/mol$$
$$CO_2+C \longrightarrow 2CO-162.37kJ/mol$$

这些反应都是吸热反应，如果连续通入水蒸气，将使煤层的温度迅速下降。为了保持煤层的温度，工业上采取交替向炉内通入水蒸气和空气的办法，当向炉内通入空气时，主要进行煤的燃烧反应，放出热量，加热煤层；当通入水蒸气时，在高温下，水蒸气与煤作用产生水煤气。反应温度越高，水蒸气对煤的分解反应越完全。用上述方法制得的煤气称为水煤气，其代表性组成(体积分数)为：H_2 48.4%，CO 38.5%，CO_2 6.0%，N_2 6.4%，CH_4 0.5%，O_2 0.2%。

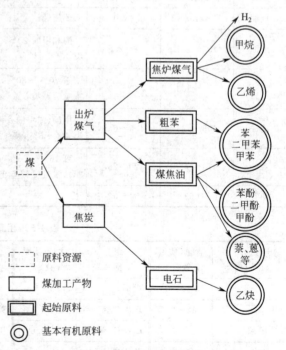

图1-1　高温炼焦由煤制取基本有机原料示意

其中所含的二氧化碳可通过高压水吸收等方法除去。剩下的主要组分氢和一氧化碳称为合成气。合成气经过净化，可以用来生产甲醇和氨等产品。

三、煤的液化

煤和石油的主要化学成分均是碳、氢和氧等可燃性元素，主要差别是煤中的氢元素比石油低得多。因此，只要增加煤中的氢元素，使它和碳元素的比例达到与石油一样时，固体煤炭就变成类似于石油的液体燃料了。

煤的液化技术是将固体的煤炭转化为液体燃料、化工原料和产品的工艺技术。煤的液化技术可分为直接液化法和间接液化法两大类。

直接液化法是在催化剂存在下，固体煤于高温（723～753K）和高压（10～20MPa）条件下与氢反应，使其降解和加氢从而转化为液体油类的工艺，又称加氢液化。一般情况下，1t无水无灰煤能转化成0.5t以上的液化油。煤直接液化油可生产洁净优质汽油、柴油和航空燃料。

间接液化法是以煤为原料，先气化制成合成气，然后通过催化剂作用将合成气转化成烃类燃料、醇类燃料和化学品的过程。

煤液化燃料的广泛用途吸引了世界各国对煤制油（CTO）的研究。美国、日本、英国和德国等主要国家历史上都曾进行过大型煤炭液化的研发项目，出现了多种煤炭液化的工艺技术，南非则成为世界上最早商业化运转煤炭液化的国家。21世纪初，随着国际石油价格的迅速上涨又吸引了包括中国在内的很多国家对煤制油工业化的兴趣。

目前，我国已建、在建及核准的煤制油项目总规模已达1700万吨/年，其中已建成投产的煤制油项目主要有神华（内蒙古）108万吨/年、榆林（陕西）100万吨/年，伊泰（内蒙古）16万吨/年和潞安（山西）16万吨/年等。根据国家发改委《煤化工产业中长期发展规划》（征求意见稿），到2020年，我国煤制油生产能力将达到3000万吨/年。

煤的液化具有广阔的前景。发展从煤中制取液体燃料，一方面可减轻基本有机化工对天然石油的需求，同时，也可使丰富的煤炭资源得以满足汽车、飞机、船舶等的实际燃料需要。煤的液化产品也可以供现在烧油的发电厂或其他行业使用，将天然石油节省下来，以供其他方面的使用。人们进行煤的利用革命，使它取代石油和天然气，在某种意义上讲，就相当于发现一种解决世界能源危机的新能源和一种满足基本有机化工迅猛发展需要的新资源。

四、煤生产电石

煤的另一具有悠久历史的化学加工利用是制造电石。将煤的炼焦产物焦炭或无烟煤与生石灰加入电炉中，在炉内电极弧光形成的2273～2473K高温下反应制得电石，其反应方程式如下：

$$CaO+3C \Longrightarrow CaC_2+CO-468.83kJ/mol$$

电石是生产乙炔的重要原料，将电石用水分解即可制得乙炔。

$$CaC_2+2H_2O \longrightarrow C_2H_2+Ca(OH)_2$$

工业电石的主要成分是碳化钙，并含有多种杂质，其大致组成见表1-8。由于工业电石中含有硫化物、磷化物等杂质，所以由电石水解所得的乙炔气含有硫化氢、磷化氢等有害气体，必须进行精制。精制方法是将乙炔气通过次氯酸钠溶液使所含杂质氧化除去。由电石生产乙炔耗电量大，1kg 化学纯碳化钙用水分解，乙炔的理论生成量为 $0.38088m^3$（293K，101.3kPa），因工业电石不纯，不能达到此值，一般要求在 $0.3m^3$ 以上。

表 1-8 电石的大致组成（质量分数）

组分	含量/%	组分	含量/%	组分	含量/%
碳化钙	77.84	氧化铁	2.00	磷	0.02
氧化钙	16.92	氧化铝	2.65	碳	0.43
氧化镁	0.06	二氧化硅	0.08	砷	少量

第三节 石油的化工利用

一、石油的组成及分类

石油是一种有气味的黏稠状液体，相对密度为 0.75～1.0，不溶于水，其色泽是黄到黑褐色，色泽深浅与密度大小有关，也与组成有关。石油组成非常复杂，主要是由碳、氢元素组成的各种烃类，并含有少量氮、硫和氧的化合物，各种元素的平均含量是：C 83%～87%，H 11%～14%，O、S、N 等 1% 左右。

石油中所含烃类有烷烃、环烷烃和芳香烃三种，没有烯烃和炔烃。根据其所含烃类主要成分的不同可以把石油分为三大类：烷基石油（石蜡基石油）、环烷基石油（沥青基石油）和中间基石油。我国所产石油大多数属于烷基石油，如大庆原油就属于低硫、低胶质、高烷烃类石油，含有较多的高级直链烷烃。

石油中所含硫化物有硫化氢、硫醇（RSH）、硫醚（RSR）、二硫化物（RSSR）和杂环化合物等。多数石油含硫总量小于 1%。这些硫化物都有一种臭味，对设备有腐蚀性。

石油中胶状物质（胶质、沥青质、沥青质酸等）对热不稳定，很容易起叠合和分解作用，其结构非常复杂，具有很大的分子量，不挥发，绝大部分集中在石油的残渣中，油品越重，所含胶状物质越多。

从地下开采出来的未经加工处理的石油称为原油。原油一般不直接利用，需经过加工制成各种石油产品。常见的石油炼制产品有轻汽油、汽油、喷气燃料、煤油、柴油、润滑油、石蜡、凡士林、沥青等。将原油加工成各种石油产品的过程称为石油加工，或石油炼制，简称炼油。

以下简单介绍与基本有机化学工业有关的石油加工方法。

二、石油的常减压蒸馏

常减压蒸馏是利用原油中所含各组分沸点的不同，以物理方法进行分离的石油加工工艺。常减压蒸馏即先在常压下进行蒸馏操作，分出部分轻馏分；再根据物质的沸点随压力降低而下降的规律，在减压条件下进行蒸馏操作，以进一步分离重馏分。

开采出的原油中伴有水，含水原油常常是一种比较稳定的油包水型乳状液，水中溶解有

NaCl、CaCl$_2$、MgCl$_2$ 等盐类。这些盐会造成蒸馏装置严重腐蚀和炉管结盐，使加热炉传热效果迅速降低。同时，原油中含水量高时，会使原油加工能耗增高。所以原油在蒸馏前，先要进行脱盐、脱水处理。要求处理后含盐量不大于 0.05kg/m^3，含水量（质量分数）不超过 0.2%。目前炼油厂广泛采用的是加入破乳剂和高压电场（促使含盐水滴凝结）联合作用的脱盐、脱水法。在加工含硫原油时，还应在炼制过程中加入适当的碱性中和剂和缓蚀剂，以减少对设备的腐蚀。原油常减压蒸馏的流程如图 1-2 所示。

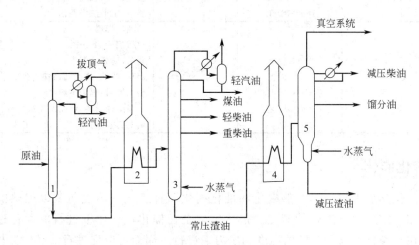

图 1-2　原油常减压蒸馏流程
1—初馏塔；2—常压加热炉；3—常压塔；4—减压加热炉；5—减压蒸馏塔

原油经预热至 493～513K 后，送入初馏塔。轻质烃由初馏塔塔顶蒸出，经冷却后入分离器分离掉水和未凝气体，分离器顶部逸出的气体称为"拔顶气"，占原油质量的 0.15%～0.4%。拔顶气含乙烷 2%～4%、丙烷 30%左右、丁烷 40%～50%，其余为 C$_5$ 和夹带的少量 C$_5$ 以上组分。拔顶气是气态烃燃料，也是生产乙烯的裂解原料。

初馏塔塔顶蒸出的轻汽油（也称石脑油），是催化重整生产高辛烷值[1]汽油和芳烃的原料，也是生产乙烯等低级烯烃的裂解原料。初馏塔塔底油送常压加热炉加热至 633～643K 后，送入常压塔进行常压蒸馏，在常压塔上部塔侧的不同高度，侧线采出轻汽油、煤油、轻柴油、柴油、重柴油等馏分，它们都可作为生产乙烯的裂解原料。轻汽油和重柴油也分别是催化重整和催化裂化的原料。

留在常压塔底的重组分称为常压渣油，含有许多高沸点组分，为了避免在高温下蒸馏而导致组分进一步分解，采用减压操作。将常压渣油在减压加热炉中加热至 653～673K 后，送入减压蒸馏塔，塔顶压力维持在 80kPa 左右进行蒸馏，由侧线分出减压柴油等减压馏分油，塔底为减压渣油。减压柴油也可作生产乙烯的裂解原料和催化裂化原料，减压渣油可用于生产石油焦和石油沥青。

表 1-9 为按照沸点范围（沸程、馏程）划分的各类产品的基本组成和主要用途。

---

[1]　辛烷值是衡量汽油作为动力燃料时抗爆震性能的一项指标。规定正庚烷的辛烷值为零，异辛烷的辛烷值为 100。在正庚烷和异辛烷的混合物中，异辛烷所占的百分率叫做该混合物的辛烷值。各种汽油的辛烷值，是把它们在汽油机中燃烧时的爆震程度与上述正庚烷和异辛烷的混合物比较而得。这并不意味着汽油就是正庚烷和异辛烷的混合物。辛烷值越高，抗震性能越好，汽油的质量越好。

表 1-9　原油中各类产品的沸点范围

产　品		沸点范围	大致组成	用　　途
石油气		40℃以下	$C_1 \sim C_4$	燃料、化工原料
粗汽油	石油醚	40～60℃	$C_5 \sim C_6$	溶剂
	汽油	60～205℃	$C_7 \sim C_9$	内燃机燃料、溶剂
	溶液油	150～200℃	$C_9 \sim C_{11}$	溶剂(溶解橡胶、涂料等)
煤油	喷气燃料	145～245℃	$C_{10} \sim C_{12}$	喷气式飞机燃料油
	煤油	160～310℃	$C_{11} \sim C_{16}$	燃料、工业洗涤用油
柴油		180～350℃	$C_{16} \sim C_{18}$	柴油机燃料
机械油		350℃以上	$C_{18} \sim C_{20}$	机械润滑油
凡士林		350℃以上	$C_{18} \sim C_{22}$	制药、防锈涂料
石蜡		350℃以上	$C_{20} \sim C_{24}$	制皂、蜡烛、蜡纸、脂肪酸、造型等
燃料油		350℃以上		船用燃料、锅炉燃料
沥青		350℃以上		防腐绝缘材料、铺路及建筑材料
石油焦		350℃以上		制电石、炭精棒,用于冶金工业

三、催化裂化

裂化是一化学加工过程,有热裂化和催化裂化两种工艺。热裂化是以加热的方法,在 743～793K 和一定压力下进行的裂化。催化裂化是在催化剂作用下进行的裂化过程。由于催化剂的存在,裂化可以在较低的温度和压力下进行,因而可以促进石油烃的异构化、芳构化和环烷化等反应。催化裂化的目的是将不能用作轻质燃料的常减压馏分油,加工成辛烷值较高的汽油等轻质燃料。由于催化裂化过程中有焦炭生成,故催化剂需频繁再生。

工业上采用的催化裂化装置主要有硅铝酸为催化剂的流化床催化裂化(FCC)和以高活性稀土型 Y 分子筛为催化剂的提升管催化裂化两种。图 1-3 为流化床催化裂化的工艺流程示意。

催化裂化原料油(主要是常减压馏分油)经加热炉 1 预热到 633～653K,用喷嘴雾化,喷入提升管(Ⅰ)的上部,使原料和再生后的高温催化剂接触而迅速气化。油气带着催化剂一起上升经分布板进入反应器 3 进行催化裂解反应,反应温度保持在 723～753K。催化裂化是吸热反应,所需反应热借高温催化剂的显热供给,反应温度主要依靠催化剂的循环量和原料油预热温度来控制。经催化剂裂化反应后的催化剂温度降低,并因表面附

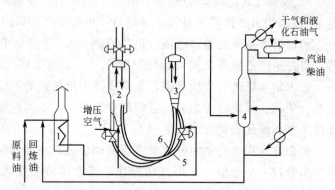

图 1-3　流化床催化裂化工艺流程
1—加热炉;2—再生器;3—反应器;4—分馏塔;
5—提升管(Ⅰ);6—提升管(Ⅱ)

着大量焦炭而失活。失活的催化剂借高温增压空气经提升管(Ⅱ)送至再生器进行烧焦再生,再生温度为 843～873K,再生后的高温催化剂复经提升管(Ⅰ)循环进行催化裂化。催化裂化产物经二级旋风分离器,分离掉所夹带的绝大部分催化剂粉末后,离开反应器进入分馏塔 4,分馏出汽油、柴油等馏分油,同时得到副产干气(C_2 以下)和液化石油气($C_3 \sim$

C_4），液化石油气的质量收率为 10%～17%，其组成因所用原料不同、催化剂不同而异。表 1-10 为液化石油气组成举例。

表 1-10 液化石油气组成举例

实例	组成（质量分数）/%										
	H_2	CH_4	C_2H_6	C_2H_4	C_3H_8	C_3H_6	n-C_4H_{10}	i-C_4H_{10}	n-C_4H_8	i-C_4H_8	C_5H_{12}
例一	—	—	1.69		11.66	23.96	6.25	23.27	21.77	6.26	5.14
例二	1	—	1.37	0.34	10.02	28.30	5.24	25.89	17.48	8.59	2.12

液化石油气是宝贵的基本有机化工原料，其中所含的丙烯、正丁烯和异丁烯都可直接用于生产各种基本有机化工产品，所含的正构烷烃也是生产乙烯的裂解原料。

四、催化加氢

催化加氢是指在氢气存在下进行的催化裂化过程。加氢裂化可由重质油生产汽油、航空煤油、低凝点柴油等，所得产品质量好、收率高。因此催化加氢已成为现代炼油工业的主要加工方法之一。

催化加氢裂化所用催化剂有贵金属（Pt、Pd）和非贵重金属（Ni、Mo、W）两种，常用的载体为固体酸，如硅酸铝分子筛等。将重质馏分油（如减压柴油）在催化剂存在下，于 10～20MPa 和 703～723K 条件下进行加氢裂解，可得到优质的汽油、煤油和柴油。加氢裂化过程的主要反应有：烷烃加氢裂化生成分子较小的烷烃；正构烷烃的异构化，多环环烷烃的开环裂化和多环芳烃的加氢开环裂化。并可同时发生有机含硫化合物和有机含氮化合物的氢解。加氢裂化产品中含不饱和烃少，重芳烃少，杂质含量少，而异构烷烃含量较高。表 1-11 是减压柴油加氢裂解产品的组成。

表 1-11 减压柴油加氢裂解产品的组成

组成	原料减压柴油（质量分数）/%	加氢裂解产品（质量分数）/%		
		加氢轻油	加氢汽油	加氢减压柴油
烷烃	22.5	24	27.7	74
环烷烃	39.0	43.2	56.1	24.6
芳烃	37.5	32.6	16.2	1.2

减压柴油中重芳烃含量高，不宜作生产乙烯的裂解原料。但经加氢裂解后所得的加氢减压柴油，虽仍是重质油，但重芳烃含量显著减少，可以作为生产乙烯的裂解原料。加氢裂化过程所产生的低级烷烃（正丁烷、异丁烷）等也是有用的化工原料。

五、催化重整

催化重整是指以一定馏分的直馏油品为原料，在催化剂作用下，使其碳键结构重新调整，正构烷烃发生异构化，转化为芳烃的化学加工过程。现在该法不仅用于生产高辛烷值汽油，而且已成为生产芳烃的一种重要方法。

催化重整常用的催化剂是 Pt/Al_2O_3，故又称铂重整。为了增加芳烃收率，近年来发展了铂-铼、铂-铱等两种以上多金属重整催化剂。

催化重整过程所发生的化学反应主要有以下几种。

（1）环烷烃脱氢芳构化 例如：

$$\text{(环己烷)} \Longleftrightarrow \text{(苯)} + 3H_2$$

（2）环烷烃异构化脱氢形成芳烃 例如：

$$\text{(甲基环戊烷)}\text{—CH}_3 \Longleftrightarrow \text{(环己烷)} \Longleftrightarrow \text{(苯)} + 3H_2$$

（3）烷烃脱氢芳构化 例如：

$$CH_3CH_2CH_2CH_2CH_3 \longrightarrow \text{(苯)} + 4H_2$$

$$CH_3CH_2CH_2CH_2CH_2CH_3 \longrightarrow \text{(甲苯)} + 4H_2$$

（4）正构烷烃的异构化和加氢裂化等反应 加氢裂化反应的发生，会降低芳烃的收率，应尽量抑制此类反应发生。

经重整后得到的重整汽油含芳烃 30%～50%，从重整汽油中提取芳烃常用液-液萃取的方法。即用一种对芳烃和非芳烃具有不同溶解能力的溶剂（如乙二醇醚、环丁砜等），将重整汽油中的芳烃萃取出来，然后再将溶剂分离掉，经水洗后获得基本纯净的芳烃混合物，再经精馏得到产品苯、甲苯和二甲苯。催化重整的工艺流程主要由原料预处理、催化重整、萃取和精馏三个部分组成。预处理及催化重整部分的工艺流程如图 1-4 所示。

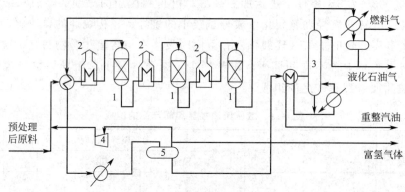

图 1-4　催化重整工艺流程
1—反应器；2—加热炉；3—稳定塔；4—循环压缩机；5—分离器

催化重整的原料油不宜过重，一般终沸点不得高于 473K。重整过程对原料油的杂质含量有严格要求，如砷、硫、汞、有机氮等都会引起催化剂中毒而失活，尤其对砷最为敏感，要求原料油中砷含量应小于 $0.1mL/m^3$。因此原料油需先进行除砷处理，再经加氢精制脱去有机硫和有机氮等有害杂质，以避免催化剂中毒而失活。

原料油预处理后进入重整装置。重整反应温度为 773K 左右，压力为 2MPa 左右。由于环烷烃和烷烃的芳构化反应都是强吸热反应，为了控制在绝热条件下进行的重整反应温度，一般重整反应器由 3～4 个反应器串联，中间设加热炉，以补偿反应所吸收的热量。自最后一个反应器出来的物料经冷却后，进入分离器分离出富氢循环气（多余部分排出），所得液体产物送入稳定塔。混合产物经稳定塔脱去轻组分（燃料气和液化石油气）后，得重整汽油。重整汽油经溶剂萃取后，萃余油可混入商品汽油，萃取液经溶剂分离和水洗后，再经精馏可分别得到纯的苯、甲苯和二甲苯以及 C_9 芳烃。

第四节　生物质的化工利用

一、生物质的分类

生物质即生物有机物质，泛指农产品、林产品以及各种农林产品加工过程中的废弃物。农产品的主要成分是单糖、多糖、淀粉、油脂、蛋白质、木质纤维素等；林产品主要是由纤维素、半纤维素和木质素三种成分组成的木材。

用于加工化工基本原料的生物质可分为以下三类。

(1) 含糖或淀粉的物质　主要成分是多糖化合物。如大米、小麦、玉米、薯类和野生植物的果实与种子。淀粉产量最大的是玉米淀粉，约占淀粉总质量的80%。

(2) 含纤维素的物质　纤维素是自然界蕴藏十分丰富的可再生资源，几乎所有的植物都含有纤维素和半纤维素。棉花、苎麻、木材等植物中都含有较高的纤维素。其中棉花的纤维素含量（质量分数）高达92%～95%。许多农作物加工过程的副产物，如麦秆、棉籽壳、玉米芯、甘薯渣以及木材采伐和加工过程中产生的下脚料等都含有纤维素。

(3) 非食用油脂　包括动植物油和脂肪，主要是各种高级脂肪酸和甘油酯等。如牛脂、羊脂、乳脂、蓖麻油和桐油等。

二、生物质的化工利用

利用生物质资源获取基本有机化学工业的原料和产品，已有悠久的历史。早在17世纪，人们就已发现将木材干馏可制取甲醇（联产乙酸和丙酮）。人类利用棉花、羊毛和蚕丝制取纤维，用纤维素制造纸张，用油脂制造洗涤剂和油漆，用天然胶乳生产橡胶等都已具有悠久的历史。

当前，利用生物质生产基本有机化工产品的加工途径见表1-12，主要方法有发酵、水解和干馏等。

1. 淀粉水解

将含淀粉的物质进行蒸煮，使淀粉糊化，再加入一定量的水，冷却至333K左右，并加入淀粉酶，使淀粉依次水解为麦芽糖和葡萄糖，然后加入酵母菌进行发酵可制得乙醇。

$$2(C_6H_{10}O_5)_n \xrightarrow{H_2O} C_{12}H_{22}O_{11} \xrightarrow{H_2O} 2C_6H_{12}O_6$$
$$\quad\text{淀粉}\qquad\qquad\text{麦芽糖}\qquad\qquad\text{葡萄糖}$$

$$C_6H_{12}O_6 \xrightarrow{\text{酵母菌}} 2C_2H_5OH + 2CO_2\uparrow$$

将发酵液进行精馏分离，得到质量分数达95%的工业乙醇并副产杂醇油。

糖厂副产物糖蜜含有蔗糖、葡萄糖等糖类50%～60%（质量分数），也是发酵法制乙醇的良好原料。含纤维素的农林副产品如木屑、碎木、植物茎秆等，经水解后再发酵也可得到乙醇。

将玉米等含淀粉物质粉碎、蒸煮糊化后，用丙酮-丁醇酶发酵，可制得丙酮、丁醇和乙醇。

$$(C_6H_{10}O_5)_n \xrightarrow{\text{水解}} C_6H_{12}O_6 \xrightarrow{\text{丙酮-丁醇酶}} C_4H_9OH + CH_3COCH_3 + C_2H_5OH + CO_2\uparrow$$
$$\quad\text{淀粉}\qquad\qquad\text{己糖}$$

所得丁醇、丙酮和乙醇的质量比为6∶3∶1。

表 1-12 生物质的化工利用途径

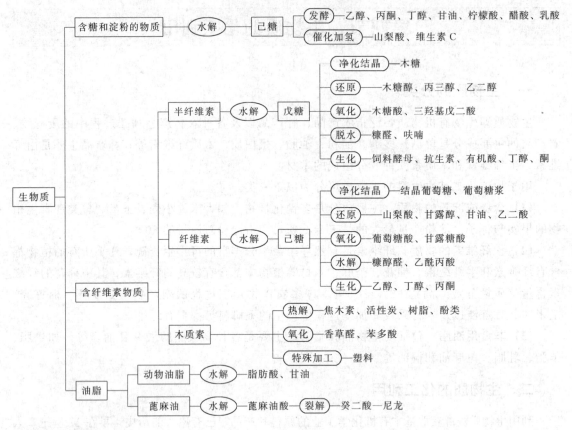

2. 纤维素水解

麦秆、稻草、麸皮、玉米芯、甘蔗渣、棉籽壳等农业副产物和农业废物中含有的纤维素是多缩己糖，半纤维素是由多缩己糖、多缩戊糖等组成的。多缩己糖水解得己糖，经发酵可制得乙醇。多缩戊糖不能用发酵，但可用酸加热水解为戊糖，戊糖在酸性介质中加热易脱水而转化为糠醛。

$$(C_5H_8O_4)_n \xrightarrow{\text{稀硫酸}} C_5H_{10}O_5$$
$$\text{多缩戊糖} \qquad\qquad \text{戊糖}$$

$$C_5H_{10}O_5 \xrightarrow{\triangle} \underset{O}{\overset{\displaystyle HC\!-\!CH}{\underset{HC\quad C}{\big\backslash\,\big/}}}\!\!-CHO + 3H_2O$$

糠醛又名呋喃甲醛，浅黄至琥珀色透明液体，贮存中色泽逐渐加深，直至变为棕褐色，具有类似杏仁油的气味或类似苯甲醛的特殊气味，暴露在光和空气中颜色很快变为红棕色。糠醛能溶解很多有机溶剂，由于它有一个呋喃环和一个醛基，其化学性质比较活泼，通过氧化、氢化、缩合等反应可以制大量衍生物，是一种重要的基本有机化工原料。糠醛的主要用途见表 1-13。

目前糠醛生产的最主要方法就是含多缩戊糖的生物质水解。工业上采用稀硫酸水解法，水解的工艺条件是：硫酸浓度 6%（质量分数）左右，固液比 1∶0.45，温度为 453K 左右，压力为 0.5～1MPa。糠醛生产的工艺流程示意图如图 1-5 所示。

表 1-13　糠醛的主要用途

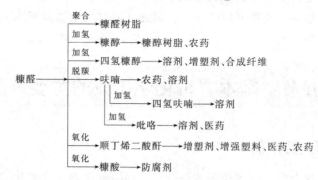

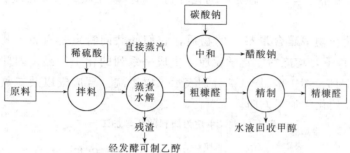

图 1-5　糠醛生产的工艺流程示意图

几种主要生物质生产糠醛的理论产率见表 1-14。

表 1-14　几种主要生物质生产糠醛的理论产率

原　料	理论产率/%	原　料	理论产率/%
麸皮	20～22	甘蔗皮	15～18
玉米芯	20～22	稻壳	10～14
棉籽皮	18～21	花生壳	10～12
向日葵籽皮	16～18		

3. 油脂水解

油脂是高级饱和脂肪酸和不饱和脂肪酸的甘油酯，是制取高级脂肪酸和高级饱和醇的重要原料，油脂水解可得高级脂肪酸。

$$\begin{array}{c} CH_2OCOR \\ | \\ CHOCOR \\ | \\ CH_2OCOR \end{array} + 3H_2O \longrightarrow 3RCOOH + \begin{array}{c} CH_2OH \\ | \\ CHOH \\ | \\ CH_2OH \end{array}$$

油脂或高级脂肪酸在高温、高压、催化剂作用下加氢，均可制得高级醇，高级醇是表面活性剂的重要原料。

蓖麻油在氧化锌作用下水解为蓖麻油酸，再在碱性和一定高温条件下裂解，经酸中和、酸化、结晶可以制得癸二酸。癸二酸是生产工程塑料尼龙和耐寒性增塑剂癸二酸二辛酯的重要原料，尼龙 1010 可以用来代替铜和不锈钢制造各种零件。

椰子油是生产十二醇和十四醇的良好原料。椰子油加氢产物组成举例见表 1-15。

表 1-15　椰子油加氢产物组成举例（质量分数）　　　　　　　　　　　　　单位：%

C_8 醇	C_{10} 醇	C_{12} 醇	C_{14} 醇	C_{16} 醇	C_{18} 醇	烷烃
9.2	6.5	49.1	16.9	6.9	6.2	5.0

综上所述，利用生物质资源经过化学加工可获得多种基本有机化工原料或产品，甚至有些产品从生物质制取是唯一或较方便的途径。因此开发利用生物质资源生产基本有机化工原料和产品具有非常重要的意义。

第五节　基本有机化学工业的主要产品

一、碳一系列主要产品

碳一是指分子中仅含有一个碳原子的化合物，如一氧化碳、二氧化碳、甲烷、甲醇、甲醛、甲酸等。

碳一是含碳化合物中碳含量最少的物质，它们的共同特点是有毒、易燃、易爆（CO_2除外），在一定条件下，均能发生化学反应，生成一系列的化工产品。因此碳一是化工生产的重要原料。表1-16、图1-6、图1-7分别表示了以甲烷、合成气以及二氧化碳为基础原料生产系列化工产品的化学加工方向。

表1-16　以甲烷为原料的化学加工方向

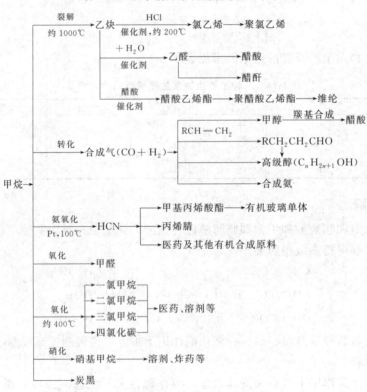

在碳一化合物中，合成气（一氧化碳和氢气的混合物）反应活性好，是优质原料。它的主要用途是转化为液态燃料和生产工业有机化学品，如甲醇、甲醛、醋酸等。除此之外，它还可以用来合成精细有机化学品，以更先进的技术取代传统的加工方法，从而扩大产品的生产途径，降低原材料及能量消耗，提高产品的经济效益。例如，它可以利用其他方法无法使用的有机废料，单独地或与煤联合作为生产化学品的初始原料。因此，合成气作为制备有机化学品和精细有机化学品的原料，具有广阔的应用前景。

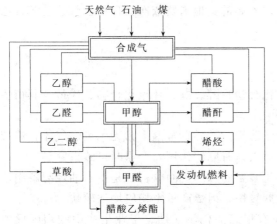

图 1-6 以合成气为原料的化学加工方向

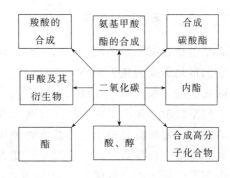

图 1-7 以二氧化碳为原料的化学加工方向

二、碳二系列主要产品

碳二通常是指含有两个碳原子的化合物，如乙烷、乙烯、乙炔、乙醇、乙醛、乙酸等。由于乙烷的键饱和性，其反应活性较低。工业上乙烷的主要用途是生产卤代烷，且可作为裂解生产乙烯的好原料。

乙炔在有机合成中的应用已有近 100 年的历史。乙炔具有不饱和三键，是化学反应活性极高的一种烃，它能与许多物质发生化学反应。工业上大量有机化工产品都可以由乙炔及其衍生物合成制得。故人们曾一度称乙炔为"有机合成工业之母"。20 世纪 60 年代后，由于石油化工的高速发展，以乙炔为原料的大宗传统产品（如氯乙烯、醋酸乙烯、丙烯腈等）几乎都由价廉、易生产、易加工的乙烯（或丙烯）路线所取代。因此，乙炔产量逐年下降，生产技术发展缓慢。但是在天然气或煤资源较丰富的地区，乙炔工业仍有其发展的现实意义。乙炔系列主要产品见表 1-17。

乙烯具有不饱和双键，反应活性高，且成本低，纯度高，易于加工利用，所以是有机化工中最重要的基本原料。以乙烯为原料可生产很多重要的有机化工产品，如乙醛、醋酸、环氧乙烷、醋酸乙烯、乙二醇等。由乙烯出发还可生产溶剂、表面活性剂、增塑剂、合成洗涤剂、农药、医药等。乙烯系列主要产品见表 1-18。

表 1-17 乙炔系列主要产品

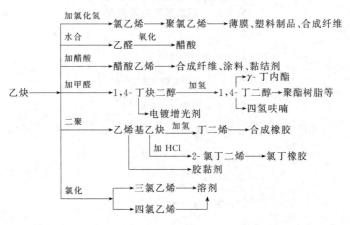

目前，乙烯的产量在各种有机产品中居首位。就用途而言，乙烯消费最大的是塑料工

业，其中又以聚乙烯生产所消耗的乙烯量最大。乙烯的其他消费依次为环氧乙烷、乙苯、乙醛、乙醇、醋酸乙烯，α-烯烃、卤代烷等。

三、碳三系列主要产品

碳三是指含有三个碳原子的脂肪烃、含卤化合物、醇、醚、环氧化合物、羧酸及其衍生物，它们都是重要的化工原料及产品。

丙烯是碳三系列中产量最大、用途最广的脂肪烃。丙烯在常温下为无色可燃气体，略带甜味，比空气重，加压下可液化，在高浓度下对人体有麻醉作用，严重时可致人窒息。

丙烯的主要来源有两个：一是由炼油厂裂化装置的炼厂气回收；二是由石油烃裂解制乙烯时联产所得。近年来，由于乙烯生产能力发展较快，丙烯产量也相应增加较快。

由于丙烯分子中有双键和α-活泼氢，因而有很高的化学活性。工业生产中利用丙烯的加成、氧化、羰基化、聚合等反应，可制得一系列的有机化工产品。丙烯系列产品的重要性仅次于乙烯系列产品，其主要产品见表1-19。

表1-18　乙烯系列主要产品

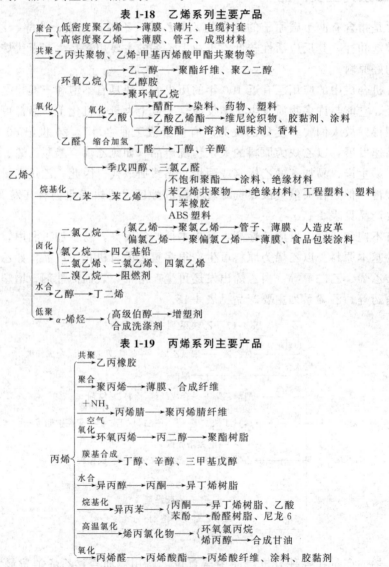

表1-19　丙烯系列主要产品

四、碳四系列主要产品

碳四烃是石油化工的产物，也是基本有机化学工业的重要原料。从油田气、炼厂气（包括石油液化气）和烃类裂解制乙烯的副产品中都可获得碳四烃，但是，来源不同，所能获得的碳四馏分组成也不同。油田气中碳四烃含量较少，且主要为碳四烷烃；炼厂气中除碳四烷烃外，还含有大量碳四烯烃；裂解制乙烯副产的碳四馏分主要是碳四烯烃和二烯烃。

表 1-20　碳四烃系统的主要产品

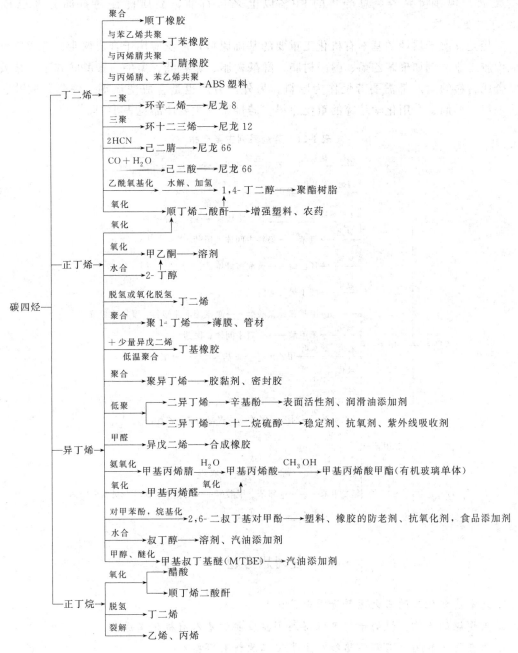

碳四系列的基本有机化工产品主要有丁二烯、顺丁烯二酸酐、聚丁烯、二异丁烯、仲丁醇、甲乙酮等。以碳四烃为原料生产的主要产品见表1-20。

五、芳烃系列主要产品

芳烃主要是指分子中含有一个或几个苯环结构的碳氢化合物，如苯、甲苯、二甲苯、萘等。

工业上芳烃主要来自煤高温干馏副产粗苯和煤焦油、烃类裂解制乙烯副产裂解汽油和烃类催化重整汽油三个途径。随着石油炼制工业、石油化学工业和芳烃分离技术的发展，现在世界芳烃总产量的90%以上来自石油，品质优良的石油芳烃已成为芳烃的主要来源。

芳烃是仅次于烯烃的基本有机化工重要的基础原料，广泛应用于合成树脂、合成纤维和合成橡胶工业。例如聚苯乙烯、酚醛树脂、醇酸树脂、聚氨酯、聚酯、聚酰胺和丁苯橡胶等重要合成材料的生产都需要芳烃作为原料。另外，芳烃也是合成洗涤剂、农药、医药、染料、香料、助剂、专用化学品等的重要原料。芳烃系列主要产品见表1-21。

表1-21 芳烃系列主要产品

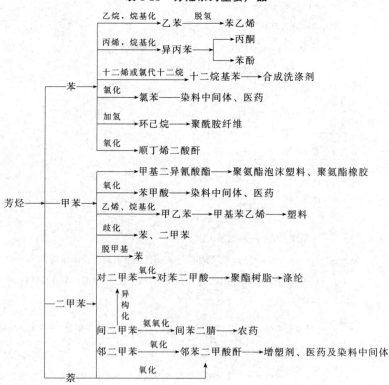

复习思考题

1. 基本有机化工的三大原料资源是什么？

2. 何谓煤的干馏？煤的干馏可以得到哪些重要的基本有机化工原料？

3. 煤在化工利用上有哪些路线？主要化工原料有哪些？

4. 何谓天然气、油田气？何谓干气、湿气？

5. 何谓原油？石油的组成如何？怎样分类？

6. 石油的主要加工方法有哪些？可以得到哪些主要油品？

7. 从炼厂气可以获得哪些基本有机化工原料？

8. 何谓汽油的辛烷值？

9. 糠醛有哪些主要用途？生产糠醛的原料有哪些？

10. 举例说明农林副产品在化工中的综合利用。

第二章
化工生产过程中常用指标和工业催化剂

【学习目标】
- 掌握化工生产过程中常用指标的基本概念及其在生产中的应用。
- 了解催化剂的组成、特性、作用及其制备方法。

第一节　化工生产过程中常用指标

在研究一个化工生产过程时，为了表明生产过程中化学反应进行的情况，说明某一反应系统中原料的变化情况和消耗情况，往往要引入一些常用的指标。

一、转化率、选择性和收率

在化工生产过程中，衡量化学反应优劣的指标有两个：一个是加入反应器的反应物（原料）有多少参加了反应；另一个是这些参加反应的反应物有多少转变成为所需要的目的产物。通常用转化率和产率表示这两个指标，用收率表示这两方面的综合指标，以评价化工生产反应过程的效果。

1. 转化率

转化率是指化学反应体系中，参加化学反应的某一种原料量占通入反应体系中该种原料总量的百分率，定义式表示如下：

$$转化率 = \frac{反应掉的原料量}{投入的原料量} \times 100\%$$

$$= \frac{投入的原料量 - 反应后原料剩余量}{投入的原料量} \times 100\%$$

(2-1)

在研究反应物料的转化率时，选择不同的反应体系范围，转化率有以下不同的表现形式。

(1) 单程转化率　是指以反应器为研究对象，参加化学反应的某种原料量占通入反应器中该种原料总量的百分率。

（2）总转化率 是指以包括循环系统在内的反应器和分离器的反应体系为研究对象，参加化学反应的某种原料量占通入反应体系中该原料总量的百分率。

通常情况下，为了提高原料的利用程度，化工生产中经常采取把未参加反应的原料从反应后的混合物中分离出来循环使用的办法，来提高物料的转化率。

例如反应 $A+B \longrightarrow R+S$，若通入原料 A 的量为 1000kg，反应后混合物中还剩 A 的量为 800kg。为了提高原料 A 的利用率，可以循环利用 A 物料。如图 2-1 所示，设立一个分离器，在分离后的产物混合物中，经分析还有 A 物料 50kg，也就是说，未反应的 800kg 原料 A 有 750kg 循环返回了反应器再次进行反应。

以反应器为计算体系，原料 A 的单程转化率为 20%。以反应器和分离器为计算体系（如图 2-1 中虚线框所示），通入的新鲜原料 A 的量为 250kg，随粗产物出去的原料 A 的量为 50kg，即这一体系中反应了的 A 的量为 200kg，则原料 A 的总转化率为 80%。

图 2-1　原料 A 的循环过程示意图

可以看出，物料在进行循环利用后，虽然在反应器中进行的反应过程并没有变化，但原料的总转化率提高到了 80%，原料 A 的利用率大大提高了。因此，在实际生产中，对于单程转化率较低的反应过程，采取物料循环是提高原料利用率的有效方法。

（3）平衡转化率 是指可逆化学反应到达平衡状态时，转化为产物的某种原料占该种原料量的百分数。它是在一定反应条件下，某种原料参加某一化学反应的最高转化率。

由于大多数化学反应尤其是有机化学反应达到平衡状态的时间相当长，因此，平衡转化率并不能反映实际生产过程中反应的效果，但平衡转化率作为一个理论值，可以作为一个参考标准，通过和实际单程转化率的比较，了解实际反应的转化情况，从而作为人们提高反应过程实际转化率、改进生产工艺过程与工艺条件的依据。

（4）实际转化率 是指在化学反应体系中，某一种原料在一定条件下参加各种主、副反应总的转化效果。实际转化率反映的是体系中某一原料参加所有反应的情况，但不能说明原料参加主反应的情况，即不能说明原料的有效利用程度，因此，用实际转化率衡量反应效果是有一定局限性的。

2. 选择性

选择性是指反应过程实际所得目的产物产量占按照反应掉的原料计算应得目的产物理论产量的百分率。即

$$选择性 = \frac{目的产物的实际产量}{按反应掉的原料计算应得目的产物的理论产量} \times 100\%$$

$$= \frac{转化为目的产物的某种原料量}{反应掉的该种原料量} \times 100\%$$

(2-2)

化学反应过程中，往往有许多化学反应同时存在，不仅有生成目的产物的主反应，还有

生成副产物的副反应。选择性表示的是参加主反应生成目的产物所消耗的某种原料量占参加全部反应转化了的该种原料量的百分比，说明了反应过程主、副反应的竞争中主反应所占的比例。选择性越高，说明反应过程的副反应越少，该物料的有效利用率越高。工业上选择性有时也称为目的产物的产率。

3. 收率

（1）单程收率　收率一般是指反应过程实际所得占按照通入反应器的原料计算应得目的产物的理论产量的百分率。以通入原料计的产率又称单程收率。即

$$单程收率 = \frac{目的产物的实际产量}{按通入反应器的原料计算应得目的产物的理论产量} \times 100\%$$

$$= \frac{转化为目的产物的某种原料量}{通入反应器的该种原料量} \times 100\% \tag{2-3}$$

单程收率表示的是参加主反应生成目的产物所消耗的某种原料量占通入反应器的该种原料量的百分比。单程收率高，说明单位时间得到的目的产物的产量大，即设备的生产能力强，未反应原料回收量小，水、电、气（汽）等能源消耗少，标志着过程经济合理。

选择性和单程收率的关系：

$$选择性 \times 转化率 = 单程收率 \tag{2-4}$$

【例 2-1】　由乙烯制取二氯乙烷，反应式为：$C_2H_4 + Cl_2 \longrightarrow ClH_2C—CH_2Cl$。已知通入反应器的乙烯量为 600kg/h，其中乙烯质量分数为 92%。反应后得到二氯乙烷量为 1700kg/h，并测得尾气中乙烯量为 40kg/h。试求乙烯的转化率、反应过程选择性及产品收率。

解　乙烯的摩尔质量为 28g/mol；二氯乙烷的摩尔质量为 99g/mol。

① 计算转化率

依据题意，参加化学反应的原料乙烯量为：

$$600 \times 92\% - 40 = 512(kg/h)$$

通入反应器中原料乙烯量为：

$$600 \times 92\% = 552(kg/h)$$

$$乙烯的转化率 = \frac{反应掉的原料乙烯量}{投入反应器的原料乙烯量} \times 100\% = \frac{512}{552} \times 100\% = 92.75\%$$

② 计算选择性

根据反应式可知

$$反应选择性 = \frac{转化为目的产物的原料乙烯量}{反应掉的原料乙烯量} \times 100\%$$

$$= \frac{1700 \times \frac{28}{99}}{512} \times 100\% = 93.91\%$$

③ 产品收率

二氯乙烷的收率 = 选择性 × 转化率 = 93.91% × 92.75% = 87.10%

也可用由下式计算得出：

$$二氯乙烷的收率 = \frac{生成目的产物消耗的原料乙烯量}{通入反应器的原料乙烯量} \times 100\%$$

$$=\frac{1700\times\frac{28}{99}}{552}\times100\%=87.10\%$$

（2）质量收率　对于物理加工过程，如分离、精制等，为了表示该加工过程的效果，常采用质量收率，即得到某种产物的实际产量占投入该工序原料质量的百分率。

对于反应物或产物是复杂混合物的情况，有时难以确定其分子量，也就难以计算理论产量；或者是反应混合物中多种组分都有生成目的产物的可能，而具体数量又很难确定的复杂化学反应过程（如裂解、聚合等），参照物理加工过程，也可采用质量收率来表示该复杂反应过程的综合反应效果。

质量收率可定义如下：

$$质量收率=\frac{实际获得的目的产物量}{通入反应或非反应过程的原料量}\times100\% \qquad (2-5)$$

【例 2-2】　输入 10000kg/h 煤油进行裂解反应，制得产品乙烯 2500kg/h、丙烯 1500kg/h，试分别计算乙烯和丙烯的质量收率。

解
$$乙烯的质量收率=\frac{2500}{10000}\times100\%=25\%$$

$$丙烯的质量收率=\frac{1500}{10000}\times100\%=15\%$$

由于混合原料的质量有时并不能包括所有参加反应的物质，例如空气中的氧参与反应时，氧的质量就无法计入原料质量，因此，质量收率的数值有时会大于 100%。

（3）总收率　当有循环物料时，收率和质量收率又往往以总收率和总质量收率来表示。

$$总收率=\frac{生成目的产物所消耗的反应物量}{新鲜原料量}\times100\% \qquad (2-6)$$

$$总质量收率=\frac{实际所得目的产物的量}{新鲜原料量}\times100\% \qquad (2-7)$$

【例 2-3】　当输入 5000kg/h 乙烷（纯度 100%）裂解制乙烯时，乙烷的单程转化率若为60%，乙烯产量为 1980kg/h，分离后将未反应的乙烷全部返回裂解炉裂解（假设过程为理想分离，且无损失），求此过程的乙烯总收率和总质量收率。

解
$$乙烷循环量=5000-5000\times60\%=2000(kg/h)$$

$$补充新鲜乙烷量=5000-2000=3000(kg/h)$$

$$乙烯单程收率=\frac{1980\times\frac{30}{28}}{5000}\times100\%=42.4\%$$

$$乙烯总收率=\frac{1980\times\frac{30}{28}}{3000}\times100\%=70.7\%$$

$$乙烯总质量收率=\frac{1980}{3000}\times100\%=66\%$$

4. 转化率、选择性和收率的关系

衡量一个反应效果的好坏，不能单凭某一指标片面地确定，应综合转化率和选择性两方面的因素进行评定，因为转化率和选择性虽然都是衡量反应效果的指标，但它们都只能从某

一个方面来说明反应进行的情况，均有局限性。

转化率高，选择性高，说明参加反应的原料多，且大多参加了主反应，这种情况反应效果最好。

转化率低，选择性高，说明参加反应的原料少，但大多参加了主反应，这种情况由于原料的消耗并不高，因此可以通过原料循环提高原料的总转化率。当然，大量物料循环必然会造成能耗增大、成本提高，同时也会增加物料的损失。这种情况在实际生产过程中应用很多。

转化率高，选择性低，说明参加反应的原料多，但大部分没有生成目的产物而变成了副产物，这种情况原料的消耗很高，是很不经济的。在实际生产过程中，通常采取使用选择性高的催化剂和寻找最佳反应条件的办法，以提高反应过程的选择性，降低原料的消耗。

二、消耗定额

消耗定额是指生产单位产品所消耗的各种原料、辅助材料及公用工程的数量等。

$$消耗定额 = \frac{消耗的原料量或辅助材料的量或公用工程的量}{产品的量} \qquad (2-8)$$

显然，消耗定额越低，生产过程越经济，产品的单位成本也就越低。

在消耗定额的各个项目中，公用工程（供水、供电、供热、供气和冷冻等）和各种辅助材料等的消耗均影响产品成本，但最重要的是原料的消耗定额。通常情况下，原料成本在大部分化学过程中占产品成本的 $60\% \sim 70\%$。所以降低产品成本，原料消耗通常是最关键的因素之一。

1. 原料的消耗定额

（1）**理论消耗定额**　是指以化学方程式的化学计量为基础，计算的初始物料转化为最终产品的消耗定额，用 $A_理$ 表示。它是生产单位目的产物必须消耗原料量的最小理论值，实际过程的原料消耗量都大于理论消耗定额。

（2）**实际消耗定额**　是指包括生产过程副反应发生以及其他损失计算在内的消耗定额，用 $A_实$ 表示。在实际生产过程中，由于副反应的发生和物料损失，实际过程与理论消耗定额 $A_理$ 相比，要消耗原料多一些。理论消耗定额与实际消耗定额的关系为：

$$\frac{A_理}{A_实} \times 100\% = 原料的利用率 = 1 - 原料的损失率 \qquad (2-9)$$

在化工企业的生产管理中，实际消耗定额的数据是根据定期盘点数据计算出来的。实际消耗定额与理论消耗定额进行比较，可以判断生产过程的经济效益，以便及时改进不足，提高生产过程的经济效益。

生产一种目的产品时，若有两种以上的原料，则每一种原料都有各自不同的消耗定额数据。对某一种原料，有时因为初始原料组成情况不同，其消耗定额也不等，差别可能还会比较大。因此，在选择原料品种时，要综合考虑原料的运输费用以及不同类型原料的消耗定额的估算等，选择一个最经济的方案。

2. 公用工程的消耗定额

公用工程指的是化工厂必不可少的供水、供热、供电、供气（汽）和冷冻等条件。公用工程消耗定额计算是通过物料衡算和能量衡算的方法计算出来的，并在实际生产过程中每年进行修订优化。

化工企业的公用工程消耗在产品成本中占有很大比重，也是评价化工生产过程经济性的重要技术经济指标之一，在生产组织与管理中必须十分重视公用工程的优化控制管理，以达到节约能源、提高效益的目的。

三、空间速率和接触时间

1. 空间速率

空间速率是指在标准状况下单位时间内通过单位体积催化剂的反应混合气的体积；或者是通过单位体积催化剂的反应混合气在标准状况下的体积流量。空间速率简称空速，常用 S_V 表示，单位为 $m^3/(m^3 \cdot h)$，简写成 h^{-1}。其计算式为：

$$S_V = \frac{V_{反}}{V_{催}} \qquad (2\text{-}10)$$

式中　$V_{反}$——反应混合气体在标准状况下的体积流量，m^3/h；

　　　$V_{催}$——催化剂的体积（堆体积），m^3。

【例 2-4】　在乙烯氧化生产乙醛的反应器中，装入 $25m^3$ 催化剂溶液，反应时，通入原料乙烯的体积流量为 $9000m^3/h$，氧气的体积流量为 $1250m^3/h$，假设均处于标准状况下，试求分别以乙烯、氧气和混合气计的空间速率。

解　以乙烯计的空间速率为：

$$S_{V乙烯} = \frac{9000}{25} = 360(h^{-1})$$

以氧气计的空间速率为：

$$S_{V氧气} = \frac{1250}{25} = 50(h^{-1})$$

以混合气计的空间速率为：

$$S_{V混合气} = \frac{9000 + 1250}{25} = 410(h^{-1})$$

2. 接触时间

接触时间是指反应混合气在反应状态时与催化剂接触的时间。接触时间常用 τ 表示，单位为 s。由于催化剂及由催化剂组成的催化剂床层结构复杂，反应混合气通过催化剂床层时准确接触时间用常规方法难以计算，通常用反应混合气以理想置换方式通过催化剂床层堆体积所需的时间来表示。其计算式为：

$$\tau = \frac{V_{催}}{V'_{反}} \qquad (2\text{-}11)$$

式中　$V'_{反}$——反应混合气在反应条件时的体积流量，m^3/h。

3. 空间速率对生产工艺的影响

空间速率、接触时间与反应物转化率、目的产物（主产物）的选择性、收率和生产能力密切相关。一般规律如下：

① 空间速率增大、接触时间缩短，反应物的转化率降低；

② 空间速率增大、接触时间缩短，连串深度副反应减少，目的产物的选择性相对增加；

③ 空间速率增大，主产物的收率和生产能力呈峰形变化，由低到高再到低。一般而言，主产物收率峰值所对应的空速为适宜空速。

第二节　工业催化剂

在化学反应系统中，加入某种少量物质，能改变反应速率而本身在反应前后的量和化学性质均不发生变化，则称该物质为催化剂，这种作用称为催化作用。其中，加快反应速率的称为正催化作用；降低反应速率的称为负催化作用。在基本有机化工生产中，一般所指的催化剂，均指具有正催化作用的催化剂。

通常按照反应物系和催化剂的物相可以将催化反应分为均相（单相）催化反应和非均相（多相）催化反应。均相（单相）催化反应是指反应时催化剂和反应物同处于均匀的气相或液相中，均相催化反应中常见的是液相均相催化反应。例如乙醇和乙酸在硫酸催化剂作用下酯化生成乙酸乙酯的反应，反应物与催化剂均为液相。

$$C_2H_5OH(l)+CH_3COOH(l) \xrightarrow{H_2SO_4(l)} CH_3COOC_2H_5(l)+H_2O$$

工业上应用最广的催化反应是非均相（多相）催化反应。非均相催化反应的催化剂自成一相，反应在催化剂表面上进行。如气-固、液-固和气-液-固非均相催化反应，其中以催化剂为固体而反应物为气体的气-固相催化反应最多，如甲醇合成、氨的合成、氯乙烯合成、醋酸乙烯酯合成、丙烯酸合成等。固体催化剂又经常将催化剂分散在多孔性物质的载体上使用。

在化工产品合成的工业生产中，使用催化剂的目的是加快主反应的速率，减少副反应发生，使反应有选择性地定向进行，缓和反应条件，降低对设备的要求，从而提高设备的生产能力和降低生产成本。某些化工产品虽然在理论上是可以合成的，但之所以长期以来不能实现工业化生产，就是因为未研究出适宜的催化剂，反应速率太慢。因此，在化工生产中研究、使用和选择适宜的催化剂具有十分重要的意义。

一、催化剂的基本特征

在化学动力学中，决定反应在某一温度下的速率和方向的基本因素是活化能。根据阿罗尼乌斯关系式可知，若能降低反应活化能，就可提高反应速率常数，即加快反应速率。催化剂的作用就是使反应经过一些中间阶段，并且每一阶段所需的活化能都比较低，这样就使每一步的反应速率都比原反应速率快，从而加快整个反应速率。因此，催化剂的作用是改变化学反应的途径，降低反应的活化能，从而改变化学反应速率。

如图 2-2 所示，简单反应 $A+B \longrightarrow AB$ 非催化反应要克服一个高的能峰，对应的活化能为 E_0；在催化剂的作用下，反应途径改变，只需翻越两个低的能峰，其总的表观活化能为 E（$E=E_1-E_2+E_3$），E 远小于 E_0。这就是催化剂加速化学反应的主要原因所在。

由图 2-2 可知催化剂的主要特征有四个方面，简述如下。

① 参与催化反应，改变化学反应的途径，降低反应的活化能，从而显著加快反应速率，但反应终了时，催化剂的化学性质和数量都不变。

② 催化剂只能加快反应，缩短到达平衡的时间，而不能改变平衡状态。催化剂的这一特征告诉人们，在寻找催化剂以前，先应进行热力学分析，如果热力学认为反应不可能，就

无需浪费精力再去寻找催化剂。既然催化剂的加入不能改变平衡常数，又使反应加速，故能使正向反应加速的催化剂必然也是逆向反应的催化剂。这一规律为催化剂的研究提供了方便。比如可以通过研究氨分解的催化反应寻找氨合成的有效催化剂。

③ 催化剂不改变反应物系的始、末状态，当然也不会改变反应热效应。

④ 催化剂对反应的加速作用具有选择性。对于存在有平行反应或连串反应的复杂反应体系，选用适宜的催化剂，可以有选择性地加快某一反应速率，从而使反应尽可能朝着人们希

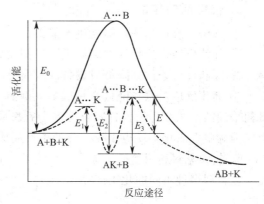

图 2-2　活化能与反应途径示意图

望的方向进行，得到更多的目的产物。催化剂的选择性还表现在对于同一反应物，当选择不同的催化剂时，可以获得不同的产品。如乙醇在不同的催化剂作用下可以得到乙醛、乙醚、乙烯、丁二烯、乙酸乙酯等多种有机产品。

二、催化剂的活性、选择性和作用

1. 活性

催化剂的活性是指催化剂改变反应速率的能力。其活性不仅取决于催化剂的化学性质，还取决于催化剂的孔结构等物理性质。催化剂的活性，可用以下几种方式来表示。

(1) 转化率　在一定的反应温度和反应物配比条件下，转化率高，说明反应物反应程度高，催化剂活性好，反之，则活性差。

工业上常用转化率来表示催化剂的活性。

(2) 空时收率　是指单位时间内，在单位催化剂（单位容积或单位质量）上生成的目的产物的量，以 $kg/(kg \cdot h)$ 或 $kg/(m^3 \cdot h)$ 为单位。生产和科研部门常用空时收率来衡量催化剂的活性和生产能力。

$$空时收率 = \frac{产品量}{催化剂容积(或质量) \times 时间} \tag{2-12}$$

(3) 比活性　单位表面积催化剂的反应速率常数。它是评价催化剂活性比较严格的方法，工业生产中一般不用。

提高催化剂的活性是研制新催化剂和改进老催化剂研究工作的最主要目标。高活性的催化剂可以有效地加快主反应的化学反应速率，提高设备的生产强度和生产能力，提高单位时间目的产物的产量。

2. 选择性

催化剂的选择性表示催化剂促使反应向所要求的方向进行，从而得到更多目的产物的能力。选择性是催化剂的重要特性之一，催化剂的选择性能好，可以减少化学反应过程的副反应，降低原料消耗定额，从而降低产品成本。催化剂的选择性通常用目的产物的产率来表示：

$$催化剂的选择性 = 主产率 = \frac{目的产物的实际产量}{以参加反应的某种原料计算的目的产物量} \times 100\% \tag{2-13}$$

3. 催化剂的作用

① 加快主反应速率，提高生产能力。

② 促使反应有选择性地定向进行，抑制副反应，提高目的产物的选择性。

③ 缓和反应条件，降低对设备的材质要求。

④ 简化反应步骤，降低产品成本。例如，人造羊毛——聚丙烯腈的单体丙烯腈的生产，最初采用的工艺流程长，且安全性差，后来采用了磷-钼-铋催化剂后，用丙烯氨氧化法一步合成丙烯腈，简化了反应步骤，降低了产品成本。

⑤ 扩大原料利用途径，综合利用资源。同一原料，采用不同的催化剂，可发生不同的反应，得到多种不同的化工产品。

三、催化剂的组成

基本有机化工生产常用的催化剂有液体催化剂和固体催化剂两种形式，又以使用固体催化剂最为普遍。

1. 固体催化剂

决定工业固体催化剂性能是否优良的主要因素是催化剂本身的化学组成和结构。但其制备方法和条件、处理过程和活化条件也是相当重要的因素。有的物质不需要经过处理就可作为催化剂使用。例如活性炭、某些黏土、高岭土、硅胶和氧化铝等。更多的催化剂需要将具有催化能力的活性物质和其他组分配制在一起，经过处理而制得，所以一般固体催化剂包括以下组分。

（1）活性组分　是指起催化作用的主要物质，是催化剂不可缺少的核心组分，没有活性组分，催化剂就没有活性。活性组分可以是单一物质，如加氢用的镍-硅藻土催化剂中的镍活性组分；也可以是多种物质的混合物，如甲醇合成用的铜基催化剂中的 CuO、ZnO 和 Al_2O_3 三元组分。

（2）助催化剂　该物质单独存在时无催化作用，但将其添加到催化剂中，可提高催化剂的活性、选择性和稳定性，这种添加组分称为助催化剂。目前，助催化剂主要是一些碱金属、碱土金属及其化合物、非金属元素及其化合物。

（3）载体　载体是负载催化剂活性组分和助催化剂的支架，是催化剂中含量最多的组分。载体的主要作用是：提高催化剂的力学性能和热传导性（载体一般具有很好的导热性能、力学性能、抗震强度等特点），减少催化剂的收缩，防止活性组分烧结，提高催化剂的稳定性；载体是多孔性物质，大的比表面积可使催化剂分散性增大，载体还能使催化剂的原子和分子极化变形，从而强化催化性能，增大催化剂的活性、稳定性和选择性；降低催化剂的成本，特别是对贵重金属（Pt、Pd、Au 等）载体的意义更大。

选择载体除了应考虑载体本身的性质和使用条件等因素外，还应考虑载体的结构特征（无定形性、结晶性、化学组成、分散程度等）、表面物理性质（多孔性、吸附性、稳定性、力学性能等）、催化剂载体活化表面的适应性等。常见的催化剂载体有硅藻土、沸石、水泥、石棉纤维、处理过的活性炭等。另外还有近年来发展起来的二氧化硅（硅胶）和氧化铝（铝胶）等载体。

2. 液体催化剂

液体催化剂可以是液态物质，例如硫酸。但有些场合液体催化剂是以固体、液体或气体催化活性物质作为溶质与液态分散介质形成的催化液。分散介质可以是外加的溶剂，也可以是液态反应物本身。催化液可以是均相，也可以是非均相，如胶体溶液。

大多数液体催化剂组成比较复杂，所含组分及其作用如下。

(1) 活性组分 即起催化作用的主要物质，如用于氧化还原型催化反应系统的钴、锰等金属的乙酸盐、环烷酸盐的乙酸溶液、烃溶液等。用于芳烃烷基化的 $AlCl_3 + HCl$ 的烃溶液；$BF_3 + HF$ 的烃溶液；用于乙烯氧化制乙醛的 $PdCl_2 + CuCl_2$ 的盐酸溶液等。

(2) 助催化剂 如甲醇羰基化合成乙酸工艺，采用铑配合物与碘化氢组成的催化剂，其中碘化氢为助催化剂。

(3) 溶剂 对催化组分、反应物、产物起溶解作用的组分。

(4) 其他添加剂 其他添加剂有引发剂、配位基添加剂、酸碱性调节剂和稳定剂等。如在用 $Co(Ac)_2$ 使烃类氧化时加醛、酮作为引发剂；在配合催化中，向反应系统中加入配位基添加剂，以保证形成所需的配合物；对于某些非均相催化液，加入稳定剂以保证相结构的稳定性。

四、固体催化剂的物理性能

催化剂的物理性能决定了催化剂的使用性能。这些物理性能包括催化剂的比表面积、堆密度、颗粒密度、真密度、空隙率、孔隙率、孔容积、粒度、力学性能等。

1. 比表面积

催化剂的总表面积是内表面积与外表面积之和。1g 催化剂所具有的总表面积，称为该催化剂的比表面积，常用符号 S_R 表示，单位是 m^2/g。

气固相催化反应是气体反应物在固体催化剂表面上进行的反应。催化剂比表面积的大小对于吸附能力、催化活性有一定影响，进而直接影响催化反应的速率。工业催化剂常加工成一定粒度的粉末、多孔物质，或使用载体使活性组分具有高度的分散性，其目的就在于增加催化剂与反应物的接触表面。比表面积大，活性中心孔多，活性高。性能良好的催化剂应具有较大的比表面积，因而应是多孔性的。

2. 密度

(1) 堆密度 催化剂颗粒堆积时（包括颗粒内孔隙和颗粒间空隙）的外观体积，叫堆积体积，又称填充体积，常用符号 V_B 表示。催化剂单位堆积体积的质量，称为堆密度，常用符号 ρ_B 表示，单位是 kg/m^3。

催化剂的堆密度影响反应器内催化剂的装填量。堆密度大，单位体积反应器装填的催化剂质量多，设备利用率大。对于固定床反应器，催化剂堆密度大时要求催化剂的强度大些，否则下层的催化剂易被压碎。对于流化床反应器，则要求催化剂堆密度不能过小，否则气流速率稍大一些，就会将催化剂吹出，从而限制了设备生产能力。

测定催化剂堆密度的方法是：用量筒取一定量催化剂，轻轻击拍筒壁，使颗粒自由堆积，测出的体积，即为堆积体积。用天平称出催化剂质量，计算即得。

(2) 颗粒密度 包括催化剂颗粒中的内孔容积、催化剂颗粒所占的体积，叫颗粒体积，又称为假体积，常用符号 V_P 表示。催化剂单位颗粒体积的质量，称为颗粒密度，或称表观密度，常用符号 ρ_P 表示。单位为 kg/m^3。

测定颗粒体积，可将一定量的催化剂颗粒之间的空隙用某一种不润湿催化剂的液体（如汞）灌满。总体积减去该液体的体积，即为颗粒体积。

（3）真密度 除去催化剂颗粒之间的空隙和颗粒的内孔容积，余下的体积称为催化剂的真实体积，或称骨架体积，常用符号 V_S 表示。催化剂单位真实体积的质量，称为真密度，常用符号 ρ_S 表示，单位是 kg/m^3。

测定真实体积，可将催化剂装入体积为 V 的密度瓶中，称得质量为 m_1。注入能润湿催化剂的液体（如 CCl_4、C_6H_6 等），待该液体渗入催化剂颗粒间空隙和内孔隙后，将液面调整至密度瓶刻度线，称得总质量为 m_2，则密度瓶中液体的质量 m_3 为：

$$m_3 = m_2 - m_1 \tag{2-14}$$

若液体密度为 ρ，则催化剂的真实体积为：

$$V_S = V_B - \frac{m_3}{\rho} \tag{2-15}$$

3. 空隙率、孔隙率和孔容积

空隙率是指催化剂床层中颗粒之间的空隙体积与整个催化剂床层体积（即堆积体积）之比，常用符号 ε 表示。粒状催化剂的空隙率一般为 $0.26\sim0.57$。

孔隙率是指催化剂颗粒内部孔隙的体积与颗粒体积之比，常用符号 θ 表示。

孔容积是指 1g 催化剂颗粒内部孔隙所占有的体积，单位是 mL/g。

4. 粒度

粒度是指催化剂颗粒的大小，常用筛目表示。筛目是指 25.4mm 筛的孔边长度内所具有的筛孔数，或称为筛号。

5. 催化剂的力学性能

催化剂的力学性能包括耐压强度、耐磨损强度和耐冲击强度等。

五、固体催化剂的制备方法

1. 沉淀法

沉淀法常用于制备氢氧化物、硫化物、碳酸盐和磷酸盐等单组分或多组分催化剂，方法是在充分搅拌下，将沉淀剂加入到含有所需要组分的盐类水溶液中，生成含活性组分的沉淀，经过洗涤、过滤、干燥、煅烧而成。沉淀法制备催化剂，一方面要注意选择原料时不能带入使催化剂失活的杂质，另一方面要注意控制沉淀时的温度以及干燥、煅烧时的温度和时间。

2. 浸渍法

浸渍法是将活性组分、助催化剂制成水溶液；将高比表面的载体进行抽空脱气（当载体孔隙较大时，可省去脱气步骤），除去载体空隙里吸附的空气分子；然后将脱气后的载体倒入活性组分、助催化剂水溶液，让溶液浸透载体，活性组分被载体均匀吸附后，用倾泻、过滤或离心分离法除去过剩的溶液，再经干燥、煅烧、活化处理，即得到催化剂。如乙炔气相法制乙酸乙烯的催化剂——载于活性炭载体上的乙酸锌，就是用乙酸锌溶液浸渍活性炭配制，然后在流化床中控制一定温度沸腾干燥而成。

3. 熔融法

熔融法是将含有所要求组分的固体粉碎、混合，再将粉状混合物在高温下进行熔融或烧结，然后冷却、破碎成一定的粒度。此法常用于制备金属或金属氧化物混合催化剂。

4. 热解法

热解法主要用于制备氧化物催化剂。该法是将含活性组分元素的固体原料（通常是一些易分解的盐类）经加热，发生分解反应，从而制取具有活性的催化剂。

5. 滤沥法

滤沥法是利用物理或化学的方法，除去固体物质中的某些不需要组分，从而获得活性表面和孔隙结构，使活性组分构成骨架，用这种方法制得的催化剂称为骨架催化剂。

六、催化剂的活化、使用和再生

1. 催化剂的活化

一般情况下，制备好的催化剂在使用之前应经过活化处理。催化剂的活化是一个重要过程，目的是将新配备的低活性催化剂经处理达到要求的高活性。也有少数催化剂不需要进行活化处理，一经配制好，就具有较高活性，可直接投入使用。

催化剂的活化是将催化剂不断升温，在一定的温度范围内，使其具有更多的接触表面和活性表面结构，将活性和选择性提高到能正常使用的操作过程。活化过程中常伴随着化学变化和物理变化。

最常用的活化方法是在空气或氧气中进行，在不低于使用温度下煅烧。加氢及脱氢催化剂一般在氢气存在条件下进行活化，少数催化剂需要在特定的条件下进行活化。催化剂的活化可以在活化炉中进行，也可以在反应器中进行。

活化过程中，必须严格控制升温速率、活化温度、活化时间和降温速率，因为它们直接影响催化剂的活化效果。

2. 催化剂的使用

催化剂寿命的长短、发挥作用的好坏，很大程度上与使用过程是否合理、操作是否适当有关。如果使用不当，催化剂寿命缩短甚至失效，催化剂不能发挥应有的活性，生产就不能正常运行。

(1) 催化剂的装填　催化剂的装填是一项很关键的操作，尤其是固定床反应器。催化剂装填是否均匀，直接影响到床层阻力与催化剂性能的正常发挥，从而影响反应物的转化率和设备生产能力；催化剂装填不均匀会造成气流分布不均匀，容易造成局部过热，以至部分催化剂被烧结而损坏。

一般情况下，装填催化剂之前要注意清洗反应器内部，检查催化剂承载装置是否合乎要求；催化剂装填完毕，要将反应器进出口封好密闭，以防其他气体进入和避免催化剂受潮（对一些还原性催化剂及易吸潮的催化剂，不宜过早配制、过早装填）。

(2) 催化剂的使用　催化剂在使用过程中应注意以下事项：

① 防止与空气接触，避免已活化或还原的催化剂发生氧化而活性衰退。

② 严格控制原料纯度，避免与毒物接触，以免催化剂中毒失活。

③ 严格控制反应温度，防止催化剂床层局部过热，以免烧坏催化剂。催化剂使用初期活性较高，操作温度应控制低一些，随着活性的逐渐下降，逐步提高操作温度，以维持稳定的活性。

④ 减少操作条件波动，严禁开停车时条件剧烈变化。温度、压力的突然变化容易造成

催化剂的粉碎，要尽量减少停车、开车的次数。

（3）催化剂活性的保持　生产中要充分发挥催化剂的作用，保持较高的生产能力和产品质量，催化剂的使用必须兼顾活性、选择性和寿命。然而生产中多种原因会使催化剂的活性随着使用时间的延长而缓慢下降。为了保持催化剂在生产过程中有稳定的活性，保证生产过程工艺指标和产品质量的均一性，确保取得好的生产效益，在工业生产中常采用如下操作方法。

① 催化剂交换（等温操作）法。此种方法是在恒温操作的反应器中，每天加进一定量的新催化剂，卸出一定量旧催化剂，以保证一定的催化剂内存量和一定的活性。使用这种操作做法，产量和质量都比较平稳。交换量可以根据经验找出规律并借助数学计算决定，原则是加入量＝卸出量＋损失量。

② 连续等温式操作法。对于由多台反应器组成的多列生产，每列反应器分作不同温度等级进行恒温操作，最低温列反应器补加新催化剂，卸出的旧催化剂依次作为比它温度略高的列反应器的补加催化剂，直至高温列卸出的催化剂才废弃。等温反应器的个数越多，其催化剂利用率就越高。此种操作方法的优点是恒温操作下，产量、质量平稳，便于实现自动化控制。

等温操作法或连续等温式操作法的缺点：一是每天都要加卸催化剂，劳动强度大，尤其是多列操作，状态互相牵连，不易实现最优控制；二是催化剂的能力不能充分发挥，生产能力较低，设备利用率也较低，而且列数越少，其缺点越明显。

③ 升温操作法。是用单列反应器独立升温操作，除了补加一些飞散损失的催化剂外，不作催化剂交换，从而大大降低了劳动强度。该法优点是既可保证一定产量，又可避免催化剂过快失活和影响质量，催化剂利用率提高。缺点是产品质量不如连续等温式稳定，不利于自动化控制。另外，一再补加新催化剂，在温度较高时不仅使新催化剂利用率降低，副反应也会增加。

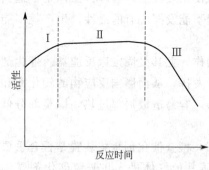

图 2-3　催化剂的活性曲线

Ⅰ—成熟期；Ⅱ—稳定期；Ⅲ—衰老期

对固定床反应器只能用升温操作法。即开始时用较低温度操作，待催化剂活性逐渐下降（空时收率降低）时，相应地逐步提高反应温度，维持催化剂活性基本稳定在一定水平上。这样既可以保证一定产量，又可以避免催化剂过快失去活性而影响产品质量，催化剂利用率也较高。

3. 催化剂的再生

（1）催化剂活性衰退　催化剂在使用过程中活性会逐渐降低，催化剂活性随时间的变化情况如图 2-3 所示。一般情况下，当催化剂刚开始使用时，随着时间的增长其活性逐渐提高，直至稳定。这段时间称为成熟期。催化剂活性维持基本稳定所经历的时间称为稳定期。随着时间的增长，催化剂的活性会逐渐下降，直到催化剂不能使用，这段时间称为衰老期。

造成催化剂活性衰退的原因一般有下列几种情况。

① 中毒。随着反应物带进的某些物质会导致催化剂的活性降低，称为催化剂中毒。使催化剂中毒的物质称为催化剂的毒物。常见的催化剂毒物见表 2-1。

表 2-1　各种常见催化剂毒物

催化剂	反应	催化剂毒物
Ni	脱水	S、Se、Te、As、Sb、Bi、Zn、化合物、卤化物
Pd	加氢	Hg、Pb、NH$_3$、O$_2$、CO（小于 435K）
Ru、Rh	氧化	C$_2$H$_2$、H$_2$S、PH$_3$、银化合物、砷化合物、氧化铁
Co	加氢裂化	NH$_3$、S、Se、Te、磷化合物
Ag	氧化	CH$_4$、C$_2$H$_6$
V$_2$O$_5$、V$_2$O$_3$	氧化	砷化合物
Fe	合成氨	PH$_3$、O$_2$、H$_2$O、CO、C$_2$H$_2$、硫化物
	加氢	Bi、Se、Te、磷化合物、水
Te	费-歇法合成汽油	硫化物
	氧化	Bi
硅胶、铝胶	裂化	有机碱、碳、烃类、水、重金属

催化剂中毒的形式：一是毒物将活性物质转变为钝性的表面化合物；二是重金属化合物沉淀在催化剂上。

② 炭沉积。是指在反应过程中，因深度裂解而生成炭或由于聚合反应生成聚合物、焦油等物质覆盖了催化剂表面，使催化剂失去活性。

③ 化学结构的改变。是指催化剂在反应条件下发生结晶、溶解、分散、松弛等情况。一般反应条件控制不好、温度过高或局部过热时更容易引起化学结构的改变。

④ 催化剂成分的改变及损失。氧化还原反应的发生及催化剂组分被反应物带走，都会导致催化剂组分的变化，从而使其活性降低。

（2）催化剂的再生　对活性衰退的催化剂，采用物理、化学方法使其恢复活性的工艺过程称为再生。

催化剂的活性丧失可能是可逆的，也可能是不可逆的，经再生处理后可以恢复活性的为可逆，称为暂时性失活。如由于炭沉积引起的活性降低就是可逆的。经再生处理不能恢复活性的为不可逆，称为永久性失活。如由于局部过热引起的活性结构改变以及永久性中毒等，这时催化剂只能废弃，要更换新的催化剂。

催化剂再生根据催化剂的性质和催化剂失活的原因、毒物的性质以及其他有关条件，各有其特定的方法。一般分化学法和物理法。

① 化学法。如脱氢催化剂，先在一定温度下使其氧化，然后再用氢气还原法进行还原。再如石油馏分催化裂化及某些有机反应的催化剂是用空气烧掉催化剂表面上的积炭而使其再生。对于某些易被氧气氧化或不耐高温的催化剂，可采用通入水蒸气，使其表面积炭发生水煤气反应而转化掉的办法再生。

② 物理法。如果某些催化剂的失活是由于催化剂组分的挥发损失，则可用物理方法如浸渍法使之再生。如用 HgCl$_2$ 溶液浸渍活性衰退的合成氯乙烯 HgCl$_2$ 催化剂，可以补充损失的组分而恢复其活性。

某些催化剂在再生过程中，会发生不可逆结构变化，再生后其活性不能完全恢复，经过多次再生后，活性会降低到不能使用的水平。

（3）催化剂的使用寿命　指催化剂从开始使用直到经过再生也不能恢复活性，从而达不到生产规定的转化率和产率的使用时间。

催化剂的寿命越长，催化剂正常发挥催化能力的使用时间就越长。使用寿命长的催化剂不但可以减少更换催化剂的操作以及由此而带来的物料损失，而且还可以减少催化剂的消耗量而降低产品成本。尤其是对价格昂贵的贵重金属催化剂，提高其性能质量、合理使用、延长使用寿命具有更重要的意义。

七、对工业催化剂的要求

从以上讨论可知，一种性能良好的工业催化剂应该具备以下条件：

① 具有较高活性、高选择性，是选择催化剂的最主要条件。

② 具有合理的流体流动性质，有最佳的颗粒形状（减少阻力，保证流体均匀通过床层）。

③ 有足够的力学性能、热稳定性和耐毒性，使用寿命长。

④ 原料来源方便，制备容易，成本低。

⑤ 毒性小。

⑥ 易再生。

在以上各条件中，活性和选择性是首先应予保证的。在选择催化剂和制造过程中也要尽量考虑同时保证其他各个因素。

复习思考题

1. 什么是转化率？转化率有哪几种表现形式？

2. 什么是选择性？什么是单程收率？

3. 选择性、转化率和收率三者的关系如何？

4. 什么是质量收率？

5. 什么是消耗定额？

6. 什么是空间速率和接触时间？

7. 何谓催化剂？催化剂的基本特征如何？

8. 催化剂的活性、选择性的含义是什么？它们说明什么问题？工业上通常是怎样进行计算的？

9. 催化剂有哪些作用？

10. 一般固体催化剂包括哪些组分？各组分的作用如何？

11. 催化剂的物理性能包括哪些指标？

12. 常见的催化剂制备方法有哪些？在制备过程中与什么因素有关？

13. 什么是催化剂的活化？催化剂在使用过程中应注意哪些事项？

14. 何谓催化剂中毒？

15. 何谓催化剂的再生？有哪些再生方法？再生对催化剂的活性有哪些影响？

16. 一种性能良好的工业催化剂应该具备哪些条件？

第三章
碳一系列典型产品的生产工艺

【学习目标】

● 掌握甲醇合成、甲醇氧化制甲醛及甲醇羰基合成制醋酸的反应原理、工艺条件、工艺流程和甲醇生产过程的操作与控制。

● 了解甲醇、甲醛、醋酸的物理、化学性质和用途；甲醇合成、甲醇制甲醛及醋酸生产工艺参数确定方法以及主要设备的结构特性。

第一节　合成气生产甲醇

甲醇是饱和醇中最简单的代表产品。在自然界中，游离态的甲醇很少见，但在许多植物油脂、天然染料、生物碱中都有它的衍生物。甲醇是具有酒精气味的无色易挥发和易燃液体，熔点为 175.6K，沸点为 337.8K。甲醇与水、乙醚、苯、酮以及大多数有机溶剂可按各种比例混溶，而且与其中一些有机化合物能形成共沸物。大部分气体在甲醇中都有良好的可溶性。甲醇具有强烈的毒性，饮入 5~10mL 可以引起严重中毒，10mL 以上会造成失明，饮入 30mL 以上则会使人中毒死亡。故操作场所空气中甲醇的最高允许浓度为 0.05mg/L。甲醇蒸气与空气能形成爆炸性混合物，爆炸极限（体积分数）为 6.7%~36.5%。

甲醇是仅次于乙烯、丙烯和芳烃的重要基础化工原料，广泛用于生产塑料、合成纤维、合成橡胶、农药、医药、染料、涂料和国防工业。传统的甲醇应用领域主要是生产甲醛，其次是作为甲基化试剂生产甲胺、甲烷氯化物、丙烯酸甲酯、甲基丙烯酸甲酯、对苯二甲酸二甲酯和硫酸二甲酯等。随着技术的发展和能源结构的改变，甲醇的应用范围不断扩大。新的应用领域主要是用于生产燃油添加剂甲基叔丁基醚、醋酸、醋酐、碳酸二甲酯、甲酸甲酯等。由甲醇催化合成烃类化合物，合成乙醇、乙醛、乙二醇等技术正在不断发展，有望实现工业化生产。甲醇混合燃料和甲醇燃料电池将成为甲醇新的重要应用领域。可以预期，随着科学技术的进一步发展，以甲醇为原料必将合成出更多的化工产品，其地位将更加重要。

甲醇最古老的生产方法是由木材干馏或木质素干馏制得，故甲醇有"木醇""木精"之称。1923 年，德国 BASF 公司在合成氨工业的基础上，首先采用 Zn-Cr 氧化物为催化剂，在高温高压操作条件下，由一氧化碳和氢气（简称合成气）化学合成制得甲醇。以合成气为原料生产甲醇的化学合成法由于产量大、成本低，促进了甲醇工业的迅猛发展，具体体现在以下几个方面。

(1) 原料路线 甲醇生产的原料有煤、石油、天然气和含一氧化碳（或二氧化碳）的工业废气。20 世纪 50 年代以前，合成甲醇的合成气主要以煤和焦炭为原料制取；50 年代以后，石油和天然气资源的大量开采，特别是储量丰富而价廉的天然气的蒸汽转化技术的发展，使生产甲醇的原料气成本降低，成为甲醇生产的主要原料路线。但是，从长远发展的观点来看，世界煤的储量远远超过石油和天然气，我国的情况更是如此，特别是随着天然气和石油价格的上涨，基于煤化工的甲醇原料路线将重占主导地位。

(2) 生产规模 甲醇生产趋势之一是单系列、大型化。21 世纪以前，甲醇单系列生产能力一般不超过 30 万吨/年，而现在合成甲醇单系列装置生产能力已超过 100 万吨/年，最高达到 180 万吨/年。最近 10 年，全球甲醇产能不断增加，2005 年只有 4495 万吨，2015 年达到 12211 万吨，年均增长 10%。预计到 2020 年全球甲醇生产能力可达 17200 万吨，到 2025 年全球甲醇生产能力将超过 23000 万吨。

(3) 节能降耗 合成甲醇成本中能源费用占较大比重，所以节能降耗的重点是研制更好的催化剂，开发新的净化方法，降低燃料消耗，采用节能型精馏工艺等。

(4) 自动控制 甲醇生产属连续操作、技术密集型生产工艺，目前正向高度自动化操作水平发展，化工过程优化控制在甲醇生产中得到广泛推广与应用。

研发中的甲醇合成方法还包括甲烷直接制甲醇、二氧化碳加氢制甲醇等，但是这些合成方法离工业化生产尚有较大距离。目前甲醇生产的主要方法是以合成气为原料的化学合成法，此法又有高压法、中压法和低压法之分。

(1) 高压法 一氧化碳和氢气在高温（573～673K）、高压（25～35MPa）下，以锌-铬氧化物为催化剂合成甲醇。其优点是生产能力大，单程转化率较高，技术成熟。但是高压法有许多缺点，如操作压力和温度高，不易控制，副产物多，原料损失量大；设备投资和操作费用高，操作复杂。

(2) 低压法 一氧化碳和氢气在压力为 5MPa、温度为 503～543K 条件下，以铜基催化剂合成甲醇。此法特点是反应选择性高，粗甲醇杂质含量少，精甲醇质量好。但由于压力低、设备庞大和不紧凑等缺点，一般只适合于中、小规模的生产。

(3) 中压法 一氧化碳和氢气在压力为 10～25MPa、温度为 523～623K 条件下，以铜基催化剂合成甲醇。此法特点是处理量大，综合了高、低压法的优点，适合于大型化生产。

一、反应原理

1. 主反应和副反应

一氧化碳和氢反应可发生许多复杂的化学反应。

(1) 主反应

$$CO + 2H_2 \rightleftharpoons CH_3OH$$

当有二氧化碳存在时，二氧化碳按下列反应生成甲醇：

$$CO_2 + H_2 \rightleftharpoons CO + H_2O$$

$$CO + 2H_2 \rightleftharpoons CH_3OH$$

两步反应的总反应式为：

$$CO_2 + 3H_2 \Longrightarrow CH_3OH + H_2O$$

（2）副反应 又可分为平行副反应和连串副反应。

① 平行副反应

$$CO + 3H_2 \Longrightarrow CH_4 + H_2O$$
$$2CO + 2H_2 \Longrightarrow CO_2 + CH_4$$
$$4CO + 8H_2 \Longrightarrow C_4H_9OH + 3H_2O$$
$$2CO + 4H_2 \Longrightarrow CH_3OCH_3 + H_2O$$

当有金属铁、钴、镍等存在时，还可能发生生碳反应：

$$2CO \longrightarrow CO_2 + C$$

② 连串副反应

$$2CH_3OH \Longrightarrow CH_3OCH_3 + H_2O$$
$$CH_3OH + nCO + 2nH_2 \Longrightarrow C_nH_{2n+1}CH_2OH + nH_2O$$
$$CH_3OH + nCO + 2(n-1)H_2 \Longrightarrow C_nH_{2n+1}COOH + (n-1)H_2O$$

这些副反应的产物还可以进一步发生脱水、缩合、酰化或酮化等反应，生成烯烃、酯类、酮类等副产物。当催化剂中含有碱类时，这些化合物生成更快。

副反应不仅消耗原料，而且影响粗甲醇的质量和催化剂寿命。特别是生成甲烷的反应为一个强放热反应，不利于操作控制，而且生成的甲烷不能随产品冷凝，甲烷在循环系统中循环更不利于主反应的化学平衡和反应速率。

2. 反应热效应

一氧化碳加氢合成甲醇的反应为放热反应，其标准反应热效应 $\Delta H^{\ominus}_{298K} = 90.8kJ/mol$。在合成甲醇反应中，反应热效应不仅与温度有关，而且与反应压力有关。加压下反应热效应的计算式为：

$$\Delta H^{\ominus}_p = \Delta H^{\ominus}_T - 2.235 \times 10^5 p - 134.4T^{-2}p \tag{3-1}$$

式中　$\Delta H^{\ominus}_p$——压力为 p、温度为 T 时的反应热效应，kJ/mol；

$\Delta H^{\ominus}_T$——压力为 0.101MPa、温度为 T 时的反应热效应，kJ/mol；

p——反应压力，Pa；

T——反应温度，K。

当压力为 0.101MPa 时，不同温度下的反应热效应可由式（3-2）计算：

$$\Delta H^{\ominus}_T = -75.21 - 6.61 \times 10^{-2}T + 5.07 \times 10^{-5}T^2 - 9.56 \times 10^{-9}T^3 \tag{3-2}$$

利用式（3-2）计算出的各温度下的反应热效应列于表 3-1 中。

表 3-1　合成甲醇在各温度下的热效应

温度/K	373	473	513	573	623	673	773
$\Delta H^{\ominus}_T/(kJ/mol)$	−93.29	−96.14	−96.97	−98.24	−98.99	−99.65	−100.4

合成甲醇的反应热效应与温度及压力的关系如图 3-1 所示。

从图 3-1 可以看出，合成甲醇反应热效应的变化范围是比较大的。在高压下温度低时反应热效应大，而且当反应温度低于 473K 时，反应热效应随压力变化的幅度大于反应温度高时，如图 3-1 中 298K、373K 等温线比 573K 等温线斜率大。所以合成甲醇在低于 573K 条件下操作比在高温条件下操作要求严格，温度与压力波动时容易失控。而在压力为 20MPa

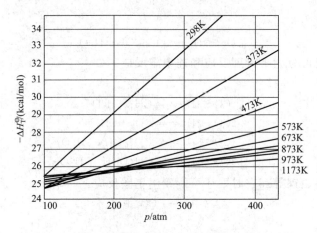

图 3-1　合成甲醇的反应热效应与温度及压力的关系

(1kcal=4.1868kJ,　1atm=0.1013MPa,　后同)

左右及温度为 573～673K 条件下进行反应时，反应热效应随温度与压力变化很小，故采用这样的条件合成甲醇，反应是比较容易控制的。

3. 高压下的化学平衡

一氧化碳加氢合成甲醇是在一定温度和加压下进行的气固相催化反应。气体组分之间在加压情况下建立化学平衡，其性质已经偏离了理想气体，因此，必须采用真实气体热力学函数式来计算化学平衡常数。即

$$K_f = \frac{f_{CH_3OH}}{f_{CO}f_{H_2}^2} \cdot \quad (3-3)$$

式中　K_f——平衡常数；

f——逸度。

平衡常数与标准自有焓的关系如下：

$$\Delta G_T^{\ominus} = -RT \ln K_f \quad (3-4)$$

式中　$\Delta G_T^{\ominus}$——标准自由焓，J/mol；

T——反应温度，K。

由式（3-4）可以看出平衡常数 K_f 只是温度的函数，当反应温度一定时，可以由 $\Delta G_T^{\ominus}$ 值直接求出 K_f 值。不同温度下的 $\Delta G_T^{\ominus}$ 与 K_f 值见表 3-2。

表 3-2　合成甲醇反应的 $\Delta G_T^{\ominus}$ 与 K_f 值

温度/K	$\Delta G_T^{\ominus}$/(J/mol)	K_f	温度/K	$\Delta G_T^{\ominus}$/(J/mol)	K_f
273	−29917	527450	623	51906	4.458×10^{-5}
373	−7367	10.84	673	63958	1.091×10^{-5}
473	16166	1.695×10^{-2}	723	75967	3.265×10^{-6}
523	27926	1.629×10^{-3}	773	88002	1.134×10^{-6}
573	39892	3.316×10^{-4}			

平衡常数 K_f 与温度的关系，也可以用式（3-5）直接进行计算。

$$\lg K_f = 3921T^{-1} - 7.971\lg T + 2.499 \times 10^{-3}T - 2.953 \times 10^{-7}T^2 + 10.20 \quad (3-5)$$

式（3-5）计算值略高于表 3-2 数值。表 3-2 中 K_f 值与实测值基本符合。

由表 3-2 可以看出，随着温度的升高，反应自由焓 $\Delta G_T^{\ominus}$ 增大，平衡常数 K_f 变小，说明在低温时对合成甲醇有利。

由气相反应平衡常数关系式可知：

$$K_f = K_\gamma K_p = K_\gamma K_N p^{\Delta n} \tag{3-6}$$

$$K_p = \frac{p_{CH_3OH}}{p_{CO} p_{H_2}^2} \tag{3-7}$$

$$K_N = \frac{N_{CH_3OH}}{N_{CO} N_{H_2}} \tag{3-8}$$

$$K_\gamma = \frac{\gamma_{CH_3OH}}{\gamma_{CO} \gamma_{H_2}} \tag{3-9}$$

式中　　　　　p——总压；

Δn——$\Delta n = -2$；

$p_{CH_3OH}, p_{CO}, p_{H_2}$——分别为 CH_3OH、CO 和 H_2 的分压；

$N_{CH_3OH}, N_{CO}, N_{H_2}$——分别为 CH_3OH、CO 和 H_2 的摩尔分数；

$\gamma_{CH_3OH}, \gamma_{CO}, \gamma_{H_2}$——分别为 CH_3OH、CO 和 H_2 的逸度系数。

K_γ 值可由图 3-2 查得。

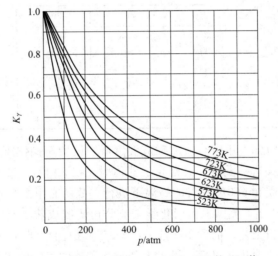

图 3-2　反应 $CO + 2H_2 \rightleftharpoons CH_3OH$ 的 K_γ 值

根据式(3-4)～式(3-9) 计算结果见表 3-3。由表中数据可以看出：在同一温度下，压力越大，K_N 值越大，即甲醇平衡产率越高。在同一压力下，温度越高 K_N 值越小，即甲醇平衡产率越低。所以，从热力学角度看，低温高压对合成甲醇有利。如果反应温度高，则必须采用高压，才有足够的 K_N 值。降低反应温度，则所需压力就可相应降低。

为了进行比较，表 3-4 列出了一氧化碳加氢合成甲醇的主反应和部分副反应在不同温度下的 $\Delta G_T^{\ominus}$ 值。从表中数据可以看出，在这些反应中，合成甲醇反应的标准自由焓最大，说明这些副反应在热力学上均比主反应有利。因此，必须采用能抑制副反应的选择性好的催化剂，才能进行甲醇合成反应。此外，由表 3-4 也可看出，各反应都是分子数减少的，而主反应减少最多，所以，增加反应压力对合成甲醇有利。

表 3-3 合成甲醇反应的平衡常数

T/K	p/MPa	γ_{CH_3OH}	γ_{CO}	γ_{H_2}	K_f	K_γ	K_p	K_N
473	10.0	0.52	1.04	1.05		0.453	4.21×10^{-2}	4.02
	20.0	0.34	1.09	1.08		0.292	6.53×10^{-2}	26
	30.0	0.26	1.15	1.13	1.909×10^{-2}	0.177	10.80×10^{-2}	97
	40.0	0.22	1.29	1.18		0.130	14.67×10^{-2}	234
573	10.0	0.76	1.04	1.04		0.676	3.58×10^{-4}	3.58
	20.0	0.60	1.08	1.07		0.486	4.97×10^{-4}	19.9
	30.0	0.47	1.13	1.11	2.42×10^{-4}	0.338	7.15×10^{-4}	64.4
	40.0	0.40	1.20	1.15		0.252	9.60×10^{-4}	153.6
673	10.0	0.88	1.04	1.04		0.782	1.378×10^{-5}	0.14
	20.0	0.77	1.08	1.07		0.625	1.726×10^{-5}	0.69
	30.0	0.68	1.12	1.10	1.079×10^{-5}	0.502	2.075×10^{-5}	1.87
	40.0	0.62	1.19	1.14		0.400	2.695×10^{-5}	4.13

表 3-4 合成甲醇主、副反应的标准自由焓 $\Delta G_T^\ominus$ 单位：kJ/mol

反　　应	温度/K				
	300	400	500	600	700
$CO+2H_2 \rightleftharpoons CH_3OH$	-20.36	3.25	20.92	45.19	69.87
$2CO \longrightarrow CO_2+C$	-119.5	-101.7	-83.76	-65.81	-47.86
$CO+3H_2 \rightleftharpoons CH_4+H_2O$	-141.7	-119.49	-96.27	-72.34	-47.86
$2CO+4H_2 \rightleftharpoons C_2H_4+2H_2O$	-113.9	-80.92	-46.44	-11.25	-24.69
$2CO+5H_2 \rightleftharpoons C_2H_6+2H_2O$	-214.7	-169.3	-112.1	-82.09	-24.56
$2CO+2H_2 \rightleftharpoons CH_4+CO_2$	-170.2	-143.8	-116.6	-88.78	-60.63

从上述热力学分析可知，甲醇合成的反应温度低，则所需操作压力也可以低，但温度低时反应速率太慢，要解决这一矛盾，关键在于催化剂。在 20 世纪 60 年代以前，由于所用催化剂的活性不高，反应需在 653K 左右的高温下进行，故所有甲醇生产装置几乎都采用高压法（25～30MPa）。1966 年，英国卜内门化学工业公司研制成功了高活性的铜基催化剂，并开发了低压合成甲醇的新工艺，简称 ICI 法。1971 年，德国鲁奇（Lurgi）公司又开发了另一种低压合成甲醇的工艺。从此以后，世界上新建和扩建的甲醇装置均采用低压法合成甲醇的工艺。以下重点讨论低压法合成甲醇。

4. 催化剂

合成甲醇广泛采用的是 ZnO 基的二元或三元催化剂。表 3-5 列出了高压法使用的锌基催化剂（ZnO-Cr$_2$O$_3$）和中、低压法使用的铜基催化剂（CuO-ZnO-Cr$_2$O$_3$）的主要特性。

表 3-5 两种催化剂的性能及特点

项　　目	锌基催化剂	铜基催化剂
活性	在较高温度（633～683K）和压力（25MPa）下，具有较好的活性	在低温（503～573K）和低压（5～20MPa）下，具有较高的活性
选择性	选择性差，甲烷化显著，弛放气量大	选择性好，无甲烷化反应

项 目		锌基催化剂	铜基催化剂
粗甲醇质量	甲醇质量分数/%	85～90	>98
	二甲醚含量/(mg/kg)	1000～30000	20～150
	醛酮酸含量/(mg/kg)	80～200	10～30
	高级醇含量/(mg/kg)	8000～15000	100～2000
经济指标		受较高压力限制,能耗和成本比低、中压法高,在相同压力下,其生产能力只为铜基催化剂60%～70%	压力降低节省了动力,与高压法相比,低、中压法的能耗和成本约降低25%,在相同压力下可提高生产能力约50%
催化剂寿命/年		2～3	1～2
催化剂价格		与铜基催化剂相近	与锌基催化剂相近

研究和生产实践表明,含铜催化剂在低温时比非含铜催化剂活性高得多,前者在较低的温度和压力下就能获得后者在较高的温度和压力下合成甲醇的浓度和产量。此点从表 3-6 中可以看出。

表 3-6 在不同温度和压力下合成甲醇反应器出口甲醇的浓度

	压力/MPa	33.42	25.32	15.20	5.065
催化剂	$CuO-ZnO-Cr_2O_3$(543K)	18.2%	12.4%	5.8%	3.0%
	$ZnO-Cr_2O_3$(648K)	5.5%	2.4%	0.6%	0.15%

但是,含铜催化剂对硫极为敏感,易中毒失活,并且热稳定性较差,因此,20 世纪 60 年代以前,工业上都采用活性稍低但热稳定性较好且不易中毒的 $ZnO-Cr_2O_3$ 催化剂,用高压法合成甲醇。随着研究工作的进展,含铜催化剂的性能大大改进,更主要的是找到了高效脱硫剂,并且改进了甲醇合成塔结构,使得能够严格控制反应温度,从而延长了含铜催化剂的使用寿命。这样,采用含铜催化剂的低、中压法合成甲醇才实现了工业化,并得到迅猛发展。

催化剂中 CuO 或 ZnO 是主要成分,但由于纯的氧化铜或氧化锌活性并不高,往往需要加入少量助催化剂以提高催化剂的活性。最常用的助催化剂是 Cr_2O_3 和 Al_2O_3,另外 CuO 和 ZnO 有相互促进作用。Al_2O_3 作为 ZnO 的助催化剂的效果比 Cr_2O_3 差得多;而作为 CuO 的助催化剂效果却非常好。

铜基催化剂的活性与铜含量有关。实验表明,铜含量增加则活性增加,但耐热性和抗毒(硫)性下降;铜含量降低,使用寿命延长。我国目前使用的 C_{301} 型 Cu 系催化剂,为 $CuO-ZnO-Al_2O_3$ 三元催化剂,其大致组成(质量分数)为:CuO 45%～55%,ZnO 25%～35%,Al_2O_3 2%～6%。

铜基催化剂一般采用共沉淀法制备,即将多组分的硝酸盐或乙酸盐共沉淀制备。沉淀时要控制溶液的 pH 值,然后仔细清洗沉淀物并烘干,再在 473～673K 下煅烧,将煅烧后的物料磨粉成型即得。

二、工艺条件

为了减少副反应,提高收率,除了选择适当的催化剂外,选择适宜的工艺条件也非常重要。工艺条件主要有温度、压力、原料气组成和空间速率等。

1. 反应温度

甲醇合成反应是一个可逆放热反应，反应速率随温度的变化有一最大值，此最大值对应的温度即为最适宜反应温度。

实际生产中的操作温度取决于一系列因素，如催化剂、压力、原料气组成、空间速率和设备使用情况等，尤其取决于催化剂的活性温度。由于使用的催化剂活性不同，最适宜的反应温度也不同。对 $ZnO-Cr_2O_3$ 催化剂最适宜温度为653K左右，而对 $CuO-ZnO-Al_2O_3$ 催化剂最适宜温度为503～543K。

最适宜温度与转化深度及催化剂的老化程度也有关。一般为了使催化剂有较长的寿命，反应初期宜采用较低温度，使用一定时间后再升至适宜温度。其后随催化剂老化程度的增加，反应温度也需相应提高。由于合成甲醇是放热反应，反应热必须及时移除，否则易使催化剂温升过高，不仅会使副反应增加——主要是高级醇的生成，而且会使催化剂因发生熔结现象而活性下降。尤其是使用铜系催化剂时，由于其热稳定性较差，严格控制反应温度显得极其重要。

2. 反应压力

从反应方程可以看出，合成甲醇的主反应与副反应相比，是分子数减少最多而平衡常数最小的反应，因此增加压力对提高甲醇的平衡浓度和加快主反应速率都是有利的。图3-3所示为不同压力下甲醇平衡浓度的关系曲线。从图可以看出，随着压力的增高，甲醇平衡浓度增高。但是增加压力要消耗能量，而且还受设备强度限制，因此需要综合各项因素确定合理的操作压力。用 $ZnO-Cr_2O_3$ 催化剂时，反应温度高，由于受平衡限制，必须采用高压，以提高其推动力。而采用铜系催化剂时，由于其活性高，适宜反应温度可降至503～543K，故所需压力也可相应降至5～10MPa。在生产规模大时，压力太低会影响经济效果，一般采用10MPa左右较为适宜。

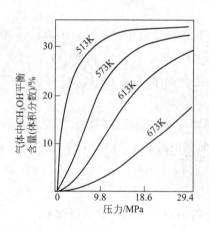

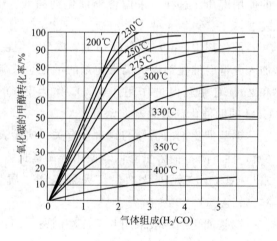

图3-3　不同温度下合成压力与气体混合物中
甲醇平衡浓度的关系（原料气 H_2 与CO的摩尔比为4∶1）

图3-4　合成气中气体组成与一氧化碳
生成甲醇转化率的关系

3. 原料气组成

合成甲醇反应的化学计量比是 H_2∶$CO=2∶1$。但生产实践证明，一氧化碳含量高不好，不仅对温度控制不利，而且能引起羰基铁在催化剂上的积聚，使催化剂失去活性。故一般采用氢过量。氢过量可以抑制高级醇、高级烃和还原性物质的生成，提高粗甲醇的浓度和纯度。同时，过量的氢可以起到稀释作用，且因氢的导热性能好，有利于防止局部过热和降低整个催化层的温度。但是，氢过量太多会降低反应设备的生产能力。工业生产中采用铜系催化剂操作时，一般控制 $H_2:CO=(2.2\sim3.0):1$，也有为了延长催化剂寿命以及其他原因，采用更大 H_2/CO 操作的。H_2/CO 对 CO 转化率的影响见图3-4。

由于二氧化碳的比热容较一氧化碳为高，其加氢反应热效应却较小，故原料气中有一定二氧化碳含量时，可以降低反应峰值温度。对于低压法合成甲醇，二氧化碳体积分数为5%时甲醇收率最好。此外，二氧化碳的存在也可抑制二甲醚的生成。

原料气中有氮及甲烷等惰性物存在时，使氢气及一氧化碳的分压降低，导致反应转化率下降。由于合成甲醇空速大，接触时间短，单程转化率低，因此反应气体中仍含有大量未转化的氢气及一氧化碳，必须循环利用。为了避免惰性气体的积累，必须将部分循环气从反应系统中排出，以使反应系统中惰性气体含量保持在一定浓度范围。工业生产上一般控制循环气量为新鲜原料气量的3.5~6倍。

4. 空间速率

空间速率（空速）同样是影响甲醇合成反应的一个重要因素。表3-7列出了在铜基催化剂上转化率、生产能力随空速变化的实际数据。

表 3-7　铜基催化剂上空速与转化率、生产能力的关系

空速/h^{-1}	CO 转化率/%	粗甲醇产量/[$m^3/(m^3$ 催化剂·h)]
20000	50.1	25.8
30000	41.5	26.1
40000	30.2	28.4

从表3-7中数据可以看出，增加空速在一定程度上意味着增加甲醇产量。另外，增加空速有利于反应热的移出，防止催化剂过热。但空速太高，转化率降低，导致循环气量增加，从而增加能量消耗。同时，空速过高会增加分离设备和换热设备负荷，引起甲醇分离效果降低；甚至由于带出热量太多，造成合成塔内的催化剂温度难以控制正常。适宜的空速与催化剂的活性、反应温度以及进塔气体的组成有关。采用铜基催化剂的低压法合成甲醇，工业生产上一般控制空速为 $10000\sim20000h^{-1}$。

三、工艺流程

工业上合成甲醇的工艺流程主要有高压法和中、低压法之分。由于中、低压法合成甲醇的技术经济指标优于高压法，现在世界各国甲醇合成已广泛采用了中、低压合成法，所以下面主要介绍中、低压法甲醇合成工艺流程。

1. 低压法合成甲醇工艺流程

低压法合成甲醇的工艺流程如图3-5所示，这是目前各生产厂家普遍采用的工艺流程。

净化后的合成气经压缩机1加压后与分离器来的循环气汇合，进入循环气压缩机2，升压后的大部分原料气进入换热器4与合成塔出来的反应气体进行换热，温度升至483K进入甲醇合成塔3；小部分原料气作冷激气，用于调节控制催化剂床层温度。合成气在合成塔内与铜基催化剂接触，发生反应生成甲醇。反应后的气体（含6%~8%的甲醇）进入换热器4

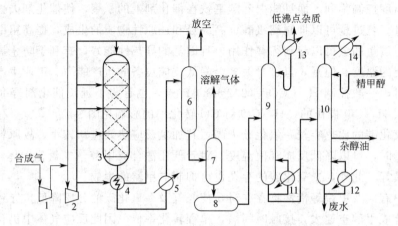

图 3-5 低压法合成甲醇的工艺流程

1—合成气压缩机；2—循环气压缩机；3—甲醇合成塔；4—换热器；5,13,14—冷凝器；6—分离器；
7—闪蒸槽；8—粗甲醇贮槽；9—脱轻组分塔；10—甲醇精馏塔；11,12—再沸器

及冷凝器5，降温后送入分离器6，将未反应的气体分出并送入循环压缩机2。分出的液体产物为粗甲醇，入闪蒸槽7，闪蒸出溶解的气体，然后送入粗甲醇贮槽8。

粗甲醇中除甲醇外，含有的杂质可以分为两类：一类是溶于其中的气体和易挥发的轻组分，如氢气、一氧化碳、二氧化碳、二甲醚、乙醛、丙酮等；另一类是难挥发的重组分，如乙醇、高级醇、水分等。因此，粗甲醇的精制可采用两个塔精制：第一塔9为脱轻组分塔，采用加压操作，分离易挥发物，塔顶馏出物经冷却冷凝回收甲醇，不凝性气体及轻组分排放；第二塔10为精馏塔，用以脱除重组分和水。重组分乙醇、高级醇等杂醇油在塔的加料板下6～14块板处侧线采出，水由塔釜分出，塔顶排出残余的轻组分，距塔顶3～5块板处侧线采出产品甲醇。产品甲醇的纯度（质量分数）可达99.85%。

2. 中压法甲醇合成工艺流程

中压法是在低压法研究基础上发展起来的，所以合成塔及工艺流程与低压法基本相似。图3-6为中压法合成甲醇的工艺流程。

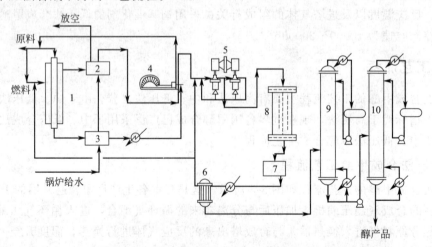

图 3-6 中压法合成甲醇的工艺流程

1—转化炉；2,3,7—换热器；4—压缩机；5—循环压缩机；6—甲醇冷凝器；8—合成塔；9—粗分离塔；10—精制塔

原料为天然气，经过重整转化为合成气。转化炉1管内填充镍催化剂，原料、燃料天然气和驰放气在转化炉内燃烧、加热，并发生转化反应。从转化炉出来的气体（合成气）进行热量交换后，送入合成气压缩机4，经压缩与循环气一起，进入循环压缩机5增压，然后进入合成塔8，其压力为8.106MPa，温度为490K。在合成塔中，合成气在催化剂作用下合成甲醇。出塔气体预热进塔气体，然后冷却，将粗甲醇在冷凝器6中冷凝分离出来。气体大部分循环，多余驰放气用作转化炉燃料。粗甲醇分离同低压法。

3. 粗甲醇的分离

甲醇合成反应过程由于受其选择性的限制，以及受反应压力、温度及合成气组成的影响，反应生成的副反应产物比较多，其中包含了水、醇、醛、酮、醚、酸和烷烃等，故称为粗甲醇。

以甲醇为原料加工生产甲醇衍生物时，对甲醇的纯度都有一定的要求，否则会影响其衍生物的质量或单耗，或者影响催化剂的使用寿命。因此，需要进行粗甲醇的分离。在工业上，粗甲醇的分离就是通过精馏的方法，除去粗甲醇中的水分和有机杂质，根据不同纯度的要求，制得不同纯度的精甲醇。

精馏工艺的设计，首先要使产品精甲醇的各项指标达到国家的指标要求。其次，精馏及加工过程中甲醇损耗与能耗也是考核生产工艺的重要指标。另外，对于加工过程中馏出物的回收利用、环境保护及安全技术措施也是十分重要的。粗甲醇的精馏主要有双塔精馏工艺和三塔精馏工艺。

（1）双塔精馏工艺 双塔精馏工艺流程如图3-7所示。粗甲醇由粗甲醇贮槽3用泵6-2抽出，经预塔换热器与预塔底加热蒸汽换热，使粗甲醇温度提高到343K左右，约在高度为2/3的位置进入预精馏塔7。同时在预精馏塔顶以大约为20%的粗甲醇入料量加入冷凝水，控制在预精馏塔底的甲醇密度为0.86～0.87g/mL（约含甲醇为70%的甲醇水溶液），增大各馏分之间的相对挥发度，有利于各组分之间的分离。预精馏塔底有再沸器8-1，用压力为0.35MPa的蒸汽加热，使塔内液体蒸发。甲醇及其他组分的蒸气由塔顶蒸出后，在冷凝器9-1中用冷却水使部分蒸气冷凝，此冷凝器是部分冷凝器，用冷却水流量控制出气温度在318～328K之间，以使低沸点组分排出系统。被冷凝的液体进冷凝液收集槽10-1，用回流泵6-3再送至预精馏塔塔顶作回流液。由于塔内粗甲醇pH保持在8左右，在碱性溶液中随粗甲醇带来的少量有机胺分解，与二甲醚、醛、酮及少量烷烃都被排出塔外。

预精馏塔底为经脱除轻馏分的预精馏后甲醇，温度在351～353K，用主塔进料泵6-4抽出，经过主塔进料换热器5-2，温度提高到363K以上进入主精馏塔12。换热器是用主精馏塔再沸器的冷凝水加热。预精馏后甲醇进入主精馏塔的高度可根据主精馏塔进料温度、组分沸点、采出产品精甲醇的质量和塔底残液中甲醇含量来进行调节，通常主精馏塔进料位置在从塔底向上的第9～17塔板之间。主精馏塔底设有再沸器8-2加热，使塔底料液温度维持在377～383K。主精馏塔顶蒸气出塔后进入冷凝器9-2，冷凝的液体进入收集槽10-2，由回流泵6-5再送往塔顶回流。为防止回流液中偶尔可能混有极少量的低沸点杂质，确保产品精甲醇的纯度，一般在距塔顶3～7块塔板上进行精甲醇采出。精甲醇是沸点采出，采出液经精甲醇冷却器13冷却至常温，经计量控制后用泵或靠静压送到精甲醇成品贮槽储存。

在主精馏塔底部，当混合液温度达到383K时，混合液中的甲醇含量在0.4%左右，其中大部分是水和少量高沸点杂质，被排出塔外，送往废水处理装置。

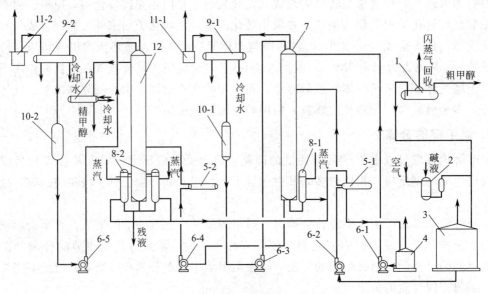

图 3-7　粗甲醇双塔精馏工艺流程

1—闪蒸槽；2—扬液器；3—粗甲醇贮槽；4—冷凝水贮槽；5-1,5-2—换热器；6-1～6-5—泵；

7—预精馏塔；8-1,8-2—再沸器；9-1,9-2—冷凝器；10-1,10-2—冷凝液收集槽；

11-1,11-2—液封槽；12—主精馏塔；13—精甲醇冷却器

由于主精馏塔顶几乎是将所有的蒸气全部冷凝，没有脱除低沸点杂质的能力，所以预精馏塔的工作效率往往是从主精馏塔中反映出来。如果预精馏塔没有把低沸点杂质脱尽而带入主精馏塔，尽管不在预精馏塔顶或回流液中采出成品精甲醇，但当低沸点杂质的量积累到一定程度时，就会从精甲醇成品中体现出来。要在主精馏塔中除去低沸点杂质，是比较困难的。然而预精馏后粗甲醇中多少还有一些低沸点杂质被带入主塔，为了不使这些低沸点杂质在回流液中积累，保持物料平衡，可以从主精馏塔回流液中定量采出少量回流液，把它返回到预精馏塔，进行再次脱除。采出量根据成品精甲醇或主精馏塔回流液分析低沸点杂质含量而定，一般采出量为回流量的 2% 左右。

预精馏塔采用加入冷凝水作为萃取剂，进行萃取精馏，使大部分原溶解于甲醇的杂质相对挥发度发生变化。较为明显的是大部分饱和烃类杂质被提到预精馏塔上层及回流液中，尤其是辛烷以上的饱和烃，被提到预精馏塔上层。由于回流液温度低，杂质又不能被分出塔外，因而在预精馏塔回流液中会导致杂质积累。由于烃类杂质几乎不溶于水，所以这些杂质的积累必然会影响精甲醇的水溶性。所以必须从回流液中采出部分回流液，以消除杂质积累。采出量是根据粗甲醇中饱和烃的含量及精甲醇的水溶性决定的，一般为回流量的 2%～3%。

从回流液采出的含有较多饱和烃的采出物称为初馏物。由于其中含有 90% 左右的甲醇和 2% 左右的饱和烃，必须进一步回收处理。根据饱和烃在甲醇水溶液中的溶解度随着甲醇浓度的降低而下降的性质，在采出初馏物的同时，以采出量的 50% 加入蒸馏水，混合后送入油水分离器，静置萃取分层。从上部可以得到较为纯粹的饱和烃混合物，叫做杂醇油，经萃取杂醇油后的稀甲醇，再送回收精馏。

(2) 双效三塔精馏工艺　双塔精馏和一般三塔精馏的能耗都比较大，甲醇收率也较低，近年来，为了更为合理地利用能量，降低蒸汽消耗，提高甲醇质量和收率，研究发展了双效

三塔精馏工艺。

双效三塔精馏工艺采用两个主精馏塔，第一主精馏塔加压操作，操作压力为0.56～0.60MPa，第二主精馏塔为常压操作。第一主精馏塔由于加压，可使沸点升高，顶部气相甲醇液化温度约为394K，远高于第二主精馏塔塔釜液体的沸点温度，将其冷凝潜热作为第二主精馏塔再沸器的热源。这一方法不仅节省了加热蒸汽，同时也节省了冷却用水，有效地利用了能量，较双塔流程节约热能30%～40%。两个主精馏塔塔板数较一个精馏塔增加了1倍，分离效率自然大大提高。

因为双效三塔精馏第一塔为加压操作，对于向塔内提供热源的蒸汽要求较高，对受压容器的材质、壁厚及制造要求也相应提高，设备投资相应增加。

双效三塔精馏工艺流程如图3-8所示。粗甲醇进入预精馏塔1之前，先在粗甲醇预热器中，用蒸汽冷凝液将其预热到338K。粗甲醇进入预精馏塔，其中残余的溶解气体及低沸物从塔顶分出，依次进入塔顶设置的两个冷凝器。塔顶上升气中的甲醇大部分冷凝下来进入预塔回流槽4，经预塔回流泵8送入预蒸馏塔顶作回流。不凝气、轻组分及少量甲醇蒸气通过压力调节后送至加热炉作燃料。

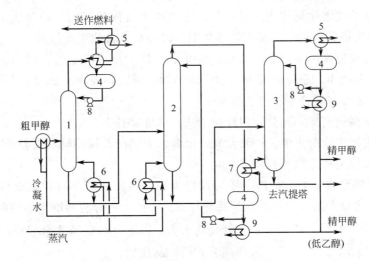

图3-8 双效三塔粗甲醇精馏工艺流程

1—预蒸馏塔；2—第一精馏塔（加压）；3—第二精馏塔（常压）；4—回流液收集槽；

5—冷凝器；6—再沸器；7—冷凝再沸器；8—回流泵；9—冷却器

预精馏塔塔底设热虹吸式再沸器6，采用低压蒸汽加热以向塔内提供热量。

为了防止粗甲醇对设备的腐蚀，在预精馏塔下部高温区加入一定量的稀碱液，使预精馏后甲醇的pH值控制在8左右。

由预精馏塔塔底出来的预精馏后甲醇，经加压塔进料泵加压后，进入第一主精馏加压塔2。塔顶甲醇蒸气进入冷凝再沸器7，即利用第一精馏加压塔的气相甲醇冷凝潜热加热第二精馏常压塔的塔釜，被冷凝的甲醇进入回流槽4。冷凝甲醇在回流槽稍加冷却，一部分由加压塔回流泵8升压至0.8MPa送到加压塔作回流液，其余部分经加压塔精甲醇冷却器9冷却到313K后作成品送往精甲醇计量槽。

加压塔塔釜设热虹吸式再沸器6，用低压蒸汽加热以向塔内提供热量，通过低压蒸汽的加入量来控制塔的操作温度。加压塔的操作压力大约为0.57MPa，塔顶操作温度大约为

394K，塔釜操作温度大约为 400K。

加压塔塔釜排出的甲醇溶液送入第二主精馏常压塔 3 下部，从常压塔塔顶出来的甲醇蒸气经常压塔冷凝器 5 冷却到 313K 后，进入常压塔回流槽 4，再经常压塔回流泵 8 加压后，一部分送到常压塔塔顶作回流，其余部分送到精甲醇计量槽。常压塔顶操作压力大约为 0.006MPa，塔顶操作温度大约为 339K，塔釜操作温度大约为 368K。

常压塔的塔釜残液（主要是水）可送至废水汽提塔，回收其中含有的少量甲醇，以提高甲醇精馏的回收率。废水再送生化处理装置处理。

四、甲醇合成主要设备

甲醇合成的主要设备有甲醇合成反应器、水冷凝器、甲醇分离器和循环压缩机。

1. 甲醇合成反应器

(1) 工艺对甲醇合成反应器的要求

① 甲醇合成是放热反应，因此，合成反应器的结构应能保证在反应过程中及时将反应放出的热量移出，以保持反应温度尽量接近理想温度分布。

② 甲醇合成是在催化剂作用下进行的，生产能力与催化剂的装填量成正比例关系，所以要充分利用合成塔的容积，尽量多装催化剂，以提高设备的生产能力。

③ 高空速能获得高产率，但气体通过催化剂床层的压力降必然会增加，因此应使合成塔的流体阻力尽可能小，避免局部阻力过大的结构。同时，要求合成反应器结构必须简单、紧凑、坚固、气密性好，便于检修、拆卸。

④ 尽量组织热量交换，充分利用反应余热，降低能耗。

⑤ 合成反应器应能防止氢、一氧化碳、甲醇、有机酸及羰基物在高温下对设备的腐蚀。

⑥ 便于操作控制和工艺参数调节。

(2) 合成反应器的结构与材质 甲醇反应器的结构形式较多，根据反应热移出方式不同，可分为绝热式和等温式两大类；按照冷却方式不同，可分直接冷却的冷激式和间接冷却的列管式两大类。以下介绍低压法合成甲醇所采用的冷激式和列管式两种反应器。

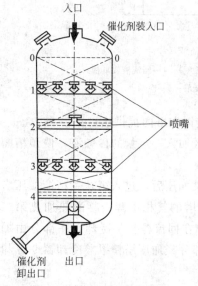

图 3-9 冷激式绝热反应器结构示意图

① 冷激式绝热反应器。这类反应器把反应床层分为若干绝热段，段间直接加入冷的原料气使反应器冷却，故称之为冷激式绝热反应器。图 3-9 是冷激式绝热反应器的结构示意图，反应器主要由塔体、气体喷头、气体进出口、催化剂装卸口等组成。催化剂由惰性材料支撑，分成数段。反应气体由上部进入反应器，冷激气在段间经喷嘴喷入，喷嘴分布于反应器的整个截面上，以便冷激气与反应气混合均匀。混合后的温度正好是反应温度低限，混合气进入下一段床层进行反应。段中进行的反应为绝热反应，释放的反应热使反应气体温度升高，但未超过反应温度高限，于下一段间再与冷激气混合降温后进入再下一段床层进行反应。

冷激式绝热反应器在反应过程中流量不断增大，各段反应条件略有差异，气体的组成和空速都不一样。这类反应器的特点是：结构简单，催化剂装填方便，生产能力大，但要有效控制反应温度，避免过热现象发生，冷激气和反应气的混合及均匀分布是关键。冷激式绝热反应器的温度分布如图 3-10 所示。

②列管式等温反应器。如图 3-11 所示，Lurgi 型甲醇合成反应器又是废热锅炉。该合成反应器类似于一般的列管式换热器，列管内装催化剂，管外为沸腾水。甲醇合成反应放出的热量很快被沸腾水移走，同时产生高压蒸汽。通过对蒸汽压力的调节，可以方便地控制反应器内反应温度，使反应器内温度保持近乎恒定不变，有效避免了催化剂因局部过热而影响使用寿命。

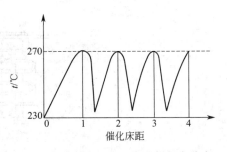

图 3-10　冷激式绝热反应器的温度分布

列管式等温反应器的优点是温度易于控制，单程转化率较高，循环气量小，能量利用较经济，反应器生产能力大，设备结构紧凑。

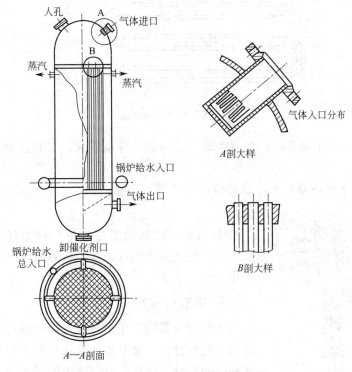

图 3-11　Lurgi 型甲醇合成反应器

③反应器材质要求。合成气中含有氢和一氧化碳，氢气在高温高压下会和钢材发生脱碳反应，即氢分子扩散到金属内部，和金属材料中的碳发生反应生成甲烷逸出的现象，因此会大大降低钢材的性能。一氧化碳在高温高压下易和铁发生作用生成五羰基铁，引起设备的腐蚀，对催化剂也有一定的破坏作用。为防止反应器被腐蚀，保护反应器钢材强度，一般采用耐腐蚀的特殊不锈钢 1Cr18Ni18Ti。

2. 水冷凝器

水冷凝器的作用是用水冷却并冷凝从甲醇合成反应器出来的反应后的气体，使甲醇冷凝，从而与不凝气体分离出来。水冷凝器系由高压管制成，常用的有两种结构形式：一为喷淋式，二为套管式，以喷淋式效果为好。这两种形式的冷凝器只区别在冷却水的流动和淋洒方式不同，喷淋式是敞开的，而套管式是封闭的。其结构如图 3-12 和图 3-13 所示。

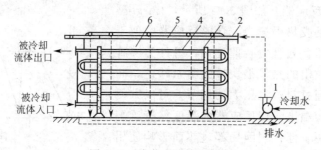

图 3-12　喷淋式蛇管换热器

1—冷却水泵；2—淋水管；3—支架；4—蛇管；5—淋水管盖板；6—淋水板

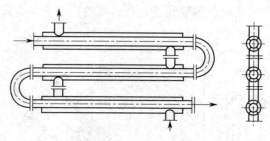

图 3-13　套管式换热器

① 喷淋式因冷却水敞开，有部分水蒸发，不利于环境管理，又有淋洒损失，而套管式则比较干净。

② 喷淋式高压管裸露在外，容易检查、清理、检修，而套管式则比较困难，要求比较高。

③ 喷淋式冷却效果受环境条件如气温、气压影响较大，而套管式采用强制冷却，传热效率比喷淋式要高，但投资大。

3. 甲醇分离器

甲醇分离器的作用是将经过冷凝器冷凝下来的液体甲醇进行气液分离，被分离的液体甲醇从分离器底部减压后送粗甲醇贮槽。甲醇分离器结构如图 3-14 所示。

分离器由外筒与内筒两部分组成，内筒外侧绕有螺旋板，下部有几个圆形进气孔。气体从甲醇分离器上部以切线方向进入后，沿螺旋板盘旋而下，从内筒下端的圆孔进入筒内折流而上，这时由于气体的离心作用与回流运动，以及进入内筒后空间增大、气流速度降低，使甲醇液滴分离。气体经多层钢丝网，进一步分离甲醇雾滴，从外筒顶盖出口管排出。分离器底部有粗甲醇排出口，筒体上装有液面计。

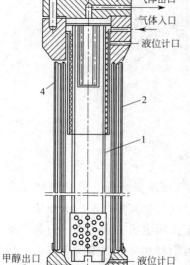

图 3-14　甲醇分离器

1—内筒；2—外筒；3—顶盖；4—钢丝网

4. 循环压缩机

循环压缩机的任务是把出合成反应器未反应的气体送回甲醇合成塔。

根据生产对循环压缩机的要求，选择透平循环压缩机更为合适。透平循环机即为多级离心式循环压缩机，现被用于甲醇生产的机型主要有两种：450/320 型和 GP4/14 型。透平循环压缩机主要由三个部分组成。

(1) 筒体 由高压容器制成，两端有可拆的端盖，用高压螺栓固定在封头上，气体进、出口分别在两端封头上。在进气端的端盖上设有供引入电源线的小端盖。

(2) 电动机 特殊的全封闭式防爆电机，圆形外壳的电机置于高压筒体内，与筒体形成的环隙为气体进口通道，以气体的流动带走电机做功发出的热量。电机与离心压缩机用联轴器连接。

(3) 多级离心式压缩机 压缩机外壳与高压主筒体采用紧密配合。气体通过电机与外筒的环隙后，进入离心压缩机的叶轮。叶轮的级数是由甲醇合成回路的最大压力差来决定的，通常联醇生产用循环压缩机为 9 级。

五、生产操作与控制

(一) 甲醇合成工段（以低压等温合成甲醇系统为例）

1. 甲醇合成工段的开车、停车操作

(1) 开车操作 正常生产时，由于事故、停电、停水、检修或其他原因停产，停车时间较长，催化剂床层温度已降至常温或低于活性温度低限，此时反应器内已有经还原好的催化剂，在这种情况下开车，不需要催化剂的还原，只需要把温度、压力提至正常的操作指标，就能转入正常生产。

正常开车操作步骤：

① 检查系统内的各阀门开关情况及仪表、电器、集散控制系统。

② 联系生产调度，送循环水、软水、中压蒸汽、低压蒸汽入系统，水冷器排气通水，各蒸汽管道排水暖管。

③ 合成反应器废热锅炉汽包建立 30% 的液位，启动循环机贯通合成系统，稍开合成塔开车蒸汽喷嘴进行升温。

④ 合成塔温度升至 473K 左右，合成系统开新鲜气阀引气开车，逐步调整负荷和温度达到指标；醇分离器建立液位后向外送出粗醇产品，汽包压力达到指标后向外送蒸汽。

(2) 停车操作 工业生产装置的停车一般可分为生产计划性正常停车和事故突发性停车两种。

甲醇合成系统正常停车步骤：

① 接到停车指令后，逐步减少直至切断新鲜气进料负荷，同时循环机减少循环量进行循环。

② 关汽包外送蒸汽调节阀组和汽包上水调节阀组。

③ 根据醇分离器液位情况，逐渐关小输醇阀，直至全关。

④ 关小弛放气阀，待循环气中一氧化碳、二氧化碳全部反应完，停循环机，系统保温

保压。

甲醇合成系统紧急停车步骤：

① 联系生产调度室和压缩机岗位切断送气，关新鲜气阀，同时打开新鲜气阀前放空阀。

② 关外送蒸汽阀、汽包上水阀和输醇阀。

③ 如果是着火、泄漏或循环机跳车，应当即开吹除气放空阀缓缓卸压；如果是外系统的原因，则继续循环，系统保温保压。

2. 正常操作要点及控制指标

甲醇合成塔的操作是甲醇生产的中心，不仅关系到甲醇的产量、质量、消耗，而且影响催化剂和设备的使用寿命，乃至全厂的经济效益。因此，一切操作条件都要维护甲醇合成塔的生产条件。前面讨论了影响甲醇合成的各种因素，如温度、压力、空间速率、进料组成等，现在进一步讨论控制和维护正常生产条件的方法。

(1) 温度控制　等温合成反应器内催化剂层一般不设温度测量装置，催化剂层温度由合成塔出口气体温度进行判断。影响合成塔出口气体温度的因素主要有：①汽包压力；②入塔气量；③入塔气体成分；④系统负荷等。

主要调节手段有：

① 调节外送蒸汽量。即开大外送蒸汽阀门，送出蒸汽量增大，汽包压力降低，合成塔内水的沸腾温度降低，移出热量增加，催化剂层温度下降，使合成塔出口气体温度下降；反之，合成塔出口气体温度上升。这种方法适用于正常情况下对温度的小幅度调节。

② 调节循环气量。在新鲜气量一定的情况下，增大循环气量，则入塔气量随之增加，气体带出的热量增加，催化剂层温度下降，使合成塔出口气体温度下降；反之，合成塔出口气体温度上升。这种方法适用于对温度的较大幅度调节。

③ 调节入塔气中一氧化碳、二氧化碳和惰性气体的含量。适当提高入塔气中一氧化碳含量或者二氧化碳含量和惰性气体含量，将加剧合成反应，增加反应放出的热量，提高催化剂层温度，使合成塔出口气体温度上升；反之，合成塔出口气体温度下降。一般只有在调节汽包压力和循环气量的方法用尽之后，方可采用这种调节手段。

(2) 压力控制　合成系统的压力取决于合成反应的好坏及新鲜气量的大小。合成反应正常进行，新鲜气量适量时，系统压力稳定。当合成反应进行好，新鲜气量少时，则压力降低；反之，则压力升高。压力调节的控制要点：

① 严禁系统超压，保证安全生产。当系统压力超标时，应立即减少新鲜气量，必要时加大吹除气量或打开吹除气放空阀，卸掉部分压力。

② 正常操作条件下，应根据循环气中惰性气体的含量来控制系统的压力，但不宜控制过高，以便留有压力波动的余地。

③ 压力的调节应缓慢进行，以避免系统内的设备和管道因压力突变而损坏，调节速度一般应小于 0.1MPa/min。

(3) 入塔气体成分控制

① 氢碳比。入塔气中氢碳比主要取决于新鲜气中的氢碳比。新鲜气中正常氢碳比应为 2.05～2.15，当氢碳比过高（大于 2.15）或过低（小于 2.0）时，都不利于甲醇的合成反应，应与变换岗位联系，要求尽快调整，同时应调整汽包压力或循环气量，以防止合成塔出口气体温度（即催化剂层温度）波动。

② 惰性气体含量。入塔气中惰性气体含量取决于吹除气量，在催化剂活性好、合成反应正常、系统压力稳定时，可适当减少吹除气量，维持较高的惰性气体含量，以减少原料气的消耗。反之，应增加吹除气量，降低惰性气体含量，维持系统压力不超标。

③ 硫化物含量。在发现硫化物含量大幅度超过指标时，应立即减少或切断新鲜气，以免催化剂中毒，并通知脱硫工序采取措施，提高脱硫效率，降低原料气硫含量。

(4) 甲醇分离器的控制 反应混合气体在醇分离器中的分离效果，取决于气体经水冷器冷却后的温度及气体流量。温度越低，气态甲醇冷凝越完全，分离后的气体中甲醇残留量越少。当温度超过指标时，应及时增加循环冷却水量或联系生产调度室要求循环水岗位增开风机，降低循环冷却水温度。同时应降低醇分离器液位，以增大分离空间。必要时可适当减少循环气量，防止循环气中带醇的现象。气流量小，有利于气态甲醇的冷凝和分离。

(5) 工艺控制指标

① 压力

新鲜气	混合气	循环气	醇分离器	输醇管压力	汽包压力	汽包上水	合成塔压差
≤5.3MPa	≤5.3MPa	≤5.3MPa	≥4.9MPa	≤0.3MPa	2.5～3MPa	≥4.5MPa	≤0.2MPa

② 温度

合成塔入口	合成塔出口	冷凝器出口气	外送蒸汽
463～493K	483～543K	≤313K	≤523K

③ 气体成分

新鲜气 总硫含量	新鲜气氢碳比 $\dfrac{H_2-CO_2}{CO+CO_2}$	入塔气中 CO 含量	出塔气中 CO 含量	入塔气中 CO_2 含量	入塔气中惰性组分含量
≤0.01mg/m³	2.05～2.15	5%～8%（初期） 8%～12%（后期）	2.5%～3.5%（初期） 4%～6%（后期）	5%～6%	≤20%

3. 非正常现象的分析判断及处理方法

(1) 合成塔系统阻力增加

原 因 分 析 判 断	操 作 处 理 方 法
①催化剂局部烧结	①停车更换
②换热器管程被堵塞	②停车清理
③阀门开得太小或阀头脱落	③将阀门开大或停车检修
④设备内件损坏，零部件堵塞气体管道	④停车检查、更换、清理
⑤催化剂粉化	⑤改善操作条件，保护催化剂

(2) 合成塔温度升高

原 因 分 析 判 断	操 作 处 理 方 法
①汽包压力控制过高	①调整汽包压力在指标范围内
②循环量过小，带出热量少	②加大循环量
③汽包液位低	③适当加大软水入汽包
④入塔气中 CO 含量过高，反应剧烈	④适当降低 CO 含量
⑤温度表失灵，指示假温度	⑤联系仪表维修，校正温度计

(3) 合成塔压力升高

原 因 分 析 判 断	操 作 处 理 方 法
①催化剂层温度低,反应状态恶化	①适当提高催化剂温度
②负荷增大	②负荷增大后,其他工艺作相应调整
③惰性气体含量增大,反应差	③开大吹除气量,降低惰性气体含量
④氢碳比失调,合成反应差	④联系变换岗位作相应调整

(4) 醇分离器液位突然上涨

原 因 分 析 判 断	操 作 处 理 方 法
①放醇阀阀头脱落,醇送不出去	①开旁路阀或停车检修
②系统负荷增大,而放醇阀未相应开大	②开大放醇阀
③输醇管被蜡堵塞	③停车处理
④液位计失灵,发出假液位指示	④联系仪表维修,校正液位计

(5) 催化剂中毒及老化

原 因 分 析 判 断	操 作 处 理 方 法
①原料气中硫化物、氯化物超标	①加强精制脱硫效果,严格控制气体质量
②气体中含油水,覆盖在催化剂表面	②各岗位加强油水排放
③催化剂长期处于高温下,操作波动频繁	③保持稳定操作

(6) 输醇压力猛涨

原 因 分 析 判 断	操 作 处 理 方 法
①醇分离器液太低,高压气体串入输醇管	①调整液位在指标内
②醇库进口阀未开或堵塞,醇无法进入贮槽	②联系醇库将阀门打开或检修
③放醇阀内漏,大量跑气	③停车更换阀门
④输醇管被异物堵塞	④停车疏通处理
⑤误操作,打开阀门大量跑气	⑤修正并稳定操作

(二) 甲醇精馏工段（以双效三塔精馏系统为例）

1. 精馏工段的开、停车

(1) 正常开车　正常开车是三塔回流槽具有一定液位的开车,其开车步骤如下。

① 检查各电器、仪表、仪表空气具备开车条件,各台泵倒淋阀、取样阀是否关闭,打开循环泵进出口总阀和各冷却器、冷凝器进出口阀门,打开三塔回流流量计前后阀门,打开三塔回流气动调节阀,打开加压精馏塔和预精馏塔蒸汽冷凝泵气动调节阀前后阀,打开粗醇流量计前后阀,打开预精馏塔预热器前粗甲醇气动调节阀前后阀,打开预精馏塔顶排气冷凝器和加压精馏塔回流槽管线上气动调节阀前后阀,打开粗甲醇槽出口阀和常压回流槽放空阀。

② 联系调度长,通知送循环水。

③ 打开配碱槽上软水阀门,配制浓度为 5% 左右的 NaOH 溶液,打开配碱槽出口阀门,使 NaOH 溶液至碱槽备用。

④ 打开蒸汽倒淋阀,排除管线内积水。

⑤ 打开预精馏塔再沸器蒸汽进口阀门,用蒸汽冷凝泵出口气动调节阀开启度调节升温速率。

⑥ 根据预精馏塔回流槽液位，打开预精馏塔回流泵进口阀门，泵启动后表压上升，逐渐打开泵的出口阀门，用回流管线上的气动调节阀的开启度控制预精馏塔回流槽液位。

⑦ 用预精馏塔排气冷凝器放空气动调节阀的开启度控制预精馏塔顶压力。

⑧ 预精馏塔液位下降时，打开预精馏塔入料进口阀，泵启动后根据出口表压，逐渐打开泵出口阀。

⑨ 用入料管线上的气动调节阀的开启度控制进入预精馏塔粗醇流量。

⑩ 当预精馏塔底温度达 355K 时，循环 15～30min，打开预精馏塔釜出口阀门。

⑪ 打开加压精馏塔再沸器蒸汽进口阀门，用蒸汽冷凝泵出口气动调节阀的开启度控制升温速率。

⑫ 根据加压、常压两精馏塔回流槽液位，分别打开两塔回流泵进口阀，启泵后根据表压逐渐开启出口阀门，并用两塔回流管线上的气动调节阀的开启控制两塔回流量。

⑬ 用加压塔回流槽放空管线上的气动调节阀的设定值控制加压塔顶压力。

⑭ 当加压塔液位下降时，打开加压塔进料泵进口阀，启泵后根据表压逐渐开启出口阀开度，并用进料管上的气动调节阀的开启度控制加压精馏塔进料。

⑮ 当常压塔液位下降时，打开常压塔进料管上气动调节的前后阀，根据常压塔液位，调节气动阀的开度。

⑯ 常压塔底温度＞378K，分析残液合格，打开残液管上气动调节阀的前后阀，用气动调节阀的开启度控制常压塔底液位。

⑰ 加压、常压两精馏塔回流分析合格后，打开两塔采出气动阀的前后阀，用采出气动调节阀的开启度控制加压、常压二塔回流槽液位。

⑱ 打开中间罐区贮罐的进口阀门。

（2）短期停车　因生产需要而采取的短期正常停车，其步骤如下。

① 关闭加压、常压两精馏塔采出管线上的气动调节阀及其前后阀。

② 停预精馏塔进料泵和碱液泵并关闭其进出口阀门，停加压精馏塔进料泵并关闭其进出口阀门，关常压精馏塔进料和残液排放调节阀及其前后阀门。

③ 关闭蒸汽总阀、预精馏塔和加压精馏塔再沸器蒸汽进口阀并打开蒸汽倒淋阀。

④ 根据三塔回流液位，调节三塔回流管上调节阀的开启度，当液位降至下限时，停三塔回流泵，并关闭气动调节阀及其前后阀门。

⑤ 当塔温降至 313K 以下时，联系调度停循环水。

⑥ 关闭开车所有开启阀门，以防泄漏。

（3）长期停车　因生产需要必须进行长期停车或检修设备的停车，其停车步骤如下。

① 停碱液泵。

② 关闭粗甲醇预热器蒸汽阀。

③ 停预精馏塔进料。

④ 打开精甲醇管线和粗甲醇管线上的连通阀，将精甲醇采往粗醇槽，并关闭精甲醇成品槽进口阀。

⑤ 减少向加压精馏塔进料，逐渐减少预精馏塔回流液。

⑥ 当预精馏塔和预精馏塔回流槽的液位降到最低时，停预精馏塔回流泵，关预精馏塔再沸器蒸汽进口阀。

⑦ 向预精馏塔系统充氮气。

⑧ 随着加压精馏塔进料减少，减少加压精馏塔向常压精馏塔进料，减少加压精馏塔和常压精馏塔的采出和回流。

⑨ 当加压精馏塔回流槽和常压精馏塔回流槽液位降到最低时，关闭加压精馏塔再沸器蒸汽进口阀，关闭加压精馏塔精甲醇采出控制阀和常压塔精甲醇控制阀，停止两塔采出。

⑩ 停加压精馏塔进料泵和回流泵，关常压精馏塔进料控制阀。

⑪ 停常压精馏塔回流泵和常压精馏塔残液排放控制阀，向塔内充氮气。

⑫ 当加压精馏系统压力降至 0.1MPa 时，向塔内充氮气。

⑬ 当三塔温度降至 313K 以下时，停各冷凝器循环水。

⑭ 如不检修，保持系统微正压；如检修，液体管线和气相管线用水冲至排出水中不含甲醇为止，气体管线和设备应用氮气置换至可燃物含量小于 0.1%，然后再将装置充氮气置换。

2. 正常操作与控制

① 通过调节碱液泵的行程来调节加入粗甲醇中的碱液量，使粗甲醇的 pH 在 8 左右。

② 调节预精馏塔预热器蒸汽冷凝气控阀，使预热后的粗甲醇升温到 65℃。

③ 调节预精馏塔回流管线上的气控阀，控制预精馏塔回流槽液位在 50%～70% 之间。

④ 调节预精馏塔冷凝器放空气控阀，控制塔顶压力为 0.03MPa。

⑤ 调节预精馏塔再沸器蒸汽冷凝水气控阀，控制预精馏塔底温度达到 355K。

⑥ 调节加压精馏塔进料泵气控阀或预精馏塔进料气控阀，控制预精馏塔液位在 50%～80% 之间。

⑦ 调节加压精馏塔再沸器蒸汽冷凝泵气控阀，控制加压精馏塔底温度为 398K。

⑧ 调节常压塔进料气控阀，控制加压精馏塔液位在 50%～80% 之间。

⑨ 调节加压塔精甲醇采出管线上的气控阀，控制加压塔回流槽液位保持在 50%～70% 之间。

⑩ 调节加压塔回流槽管线上放空气控阀，控制加压塔回流槽压力为 0.54MPa。

⑪ 调节加压塔回流管线上流量调节气控阀，控制回流量为进料量的 2 倍左右。

⑫ 调节常压精馏塔残液气控阀，控制常压塔釜液位在 50%～80% 之间。

⑬ 调节常压塔回流管线上流量调节气控阀，控制常压塔回流量为进料量的 1.5～2.5 倍。

⑭ 调节常压塔采出管线上的气控阀，保证常压塔回流槽液位在 50%～70% 之间。

⑮ 调节常压塔回流槽放空阀，控制常压塔底、塔顶及回流槽压力，塔顶压力控制为 0.003MPa。

3. 异常现象的判断分析及处理

(1) 异常现象发生原因及处理方法　见表 3-8。

表 3-8　异常现象发生原因及处理方法

异 常 现 象	原 因 分 析	处 理 方 法
向塔中供料急剧增加或减少	供料管线上的调节阀故障	手动或旁路调节消除故障
向再沸器供蒸汽急剧增加或减少	塔底温度调节系统故障	手动或旁路调节消除故障
回流液量不正常	回流液管故障	手动或旁路调节消除故障

异　常　现　象	原　因　分　析	处　理　方　法
预精馏塔内压力增大	冷凝器放空阀故障	手动或旁路调节消除故障
	再沸器调节系统故障	手动或旁路调节消除故障
	冷凝器循环水中断	恢复循环水的供给
常压塔底温度低	加压再沸器的负荷太低	增大加压再沸器负荷
	精甲醇采出太少	增大精甲醇采出量
甲醇中水含量超标	甲醇采出量大	减少精甲醇采出
	回流量小	增大回流量
精甲醇中低沸点组分含量增大	预精馏塔底温度太低	提高预精馏塔底的温度
塔底液位急剧变化	塔底液位自动调节系统故障	手动或旁路调节消除故障
回流槽液位急剧变化	回流槽的自动调节系统故障	手动或旁路调节消除故障
塔中压力急剧下降	再沸器的蒸汽负荷急剧下降	增大再沸器蒸汽负荷
蒸汽管线出现水击	蒸汽管线内出现冷凝液	排出蒸汽管线内冷凝液
冷凝液管线出现水击	蒸汽进入冷凝液管线	查出蒸汽进冷凝液管的原因并进行处理
再沸器出现水击	再沸器中冷凝液位过高	开大冷凝液的排放阀
泵突然停止	电机出现故障	启动备用泵,停故障泵检修
泵内出现撞击声和其他杂音	泵内机械故障	启用备用泵,停故障泵检修

（2）事故处理基本原则

① 事故的处理必须分秒必争，做到及时、果断、正确，不得耽误拖延。

② 立即通知车间值班主任、调度及有关部门。

③ 发生事故应立即抢救，尽力减少事故的损失和伤害。

④ 发生事故应立即发出报警信号。

⑤ 如果有人伤亡或中毒，应首先对受害人进行抢救并通知医护部门。

⑥ 发生火灾、爆炸、触电、机械事故时，应立即切断电源，防止发生二次事故。

⑦ 抢救受伤人员应首先抢救重伤人员，在医护人员未到来之前不得停止对受伤人员的抢救。

⑧ 进入有毒气体事故现场抢救，应配戴齐全的防护用具。

（3）急性中毒事故处理

① 立即将中毒者抬离现场，放到空气新鲜、温度适当的地方。

② 如果中毒者呼吸或心脏停止，应立即进行人工呼吸和人工心脏按压，未经医生确诊死亡，不得中断抢救工作。

③ 抢救人员之后应立即消除毒源、消除毒场，以免发生二次事故。

（4）火灾爆炸事故处理

① 立即报警，通知消防部门及有关领导。

② 立即开动消防装置和利用消火栓、灭火器等灭火设备灭火。

③ 立即切断电源和在火灾或爆炸区域内部可燃气体供给。

④ 立即移开或切断火灾区域附近的易燃易爆物品。

第二节　甲醇催化氧化生产甲醛

甲醛是醛类中最简单的化合物，常温下是无色而具有特殊气味的气体，只要有很少量杂质存在就会发生聚合。因此，市场上没有单体甲醛出售。

甲醛易溶于水，形成各种浓度的水溶液，含质量分数37.6%的甲醛水溶液称为福尔马林（即商品甲醛）。

甲醛有毒，浓度很低时就能刺激眼、鼻的黏膜；浓度较大时，对呼吸道黏膜也有刺激作用；吸入浓度大的甲醛会引起肺部化脓性水肿。甲醛也能刺激皮肤造成灼伤。

甲醛蒸气与空气能形成爆炸性混合物，爆炸极限（体积分数）为7%～73%。

甲醛是一种重要的有机化工产品，除独立作为产品使用外，更多的是用作原料以制取其他重要化工产品，其衍生物已达上百种。由于其分子中具有碳氧双键，因此易进行聚合与加成反应，形成以下各种高附加值的产品。

① 甲醛与苯酚或尿素聚合生产酚醛树脂或脲醛树脂，广泛用于制造各种电器材料，也可制成各种用途的涂料和耐腐蚀材料。

② 生产新型塑料——聚甲醛。聚甲醛是一种新型工程塑料，具有优良的综合性能，某些性能指标比有色金属还好，广泛应用于国民经济和国防建设的许多部门。聚甲醛的生产和应用有着广阔的发展前景。

③ 用作合成橡胶和合成纤维的原料。如甲醛与异丁烯发生反应，生成异戊二烯，后者是合成橡胶的重要原料。

④ 生产乌洛托品和炸药。甲醛与氨缩合可制得六亚甲基四胺（即乌洛托品），六亚甲基四胺是重要的化工和医药原料。乌洛托品与浓硝酸反应制得三亚甲基三硝胺，后者是一种高效烈性炸药。

⑤ 在农业、医药卫生及日常生活中，甲醛用作杀虫剂和杀菌剂。

生产甲醛的方法主要有甲醇氧化法和甲烷氧化法。目前工业上大量采用的是甲醇氧化法，其产量已占总量的90%以上。

甲醇氧化法即在银或铁催化剂存在下，用空气将甲醇氧化成甲醛，经水吸收得到甲醛水溶液。反应为：

$$CH_3OH + \frac{1}{2}O_2 \xrightarrow[923K]{Ag\ 催化剂} HCHO + H_2O$$

若以天然气为原料，首先是制成甲醇，然后再氧化成甲醛，这种经由甲醇氧化制甲醛的方法又称为两步法。

甲烷氧化法系指天然气中的甲烷和其他烃类，在二氧化氮催化作用下，以空气氧化一步制得甲醛，这种方法也称为一步法。

$$CH_4 + O_2 \xrightarrow[923\sim973K]{NO_2} HCHO + H_2O$$

本法看来虽然简单，但因反应复杂，甲醛收率低，在工业上未能得到大规模应用。

由甲醇制取甲醛，工业上目前有两种方法：一种是用金属银为催化剂，简称银法。这种方法在原料混合气中甲醇的操作浓度高于爆炸区上限（＞36%），即在甲醇过量和较高浓度下操作。另一种是以铁、钼、钒等金属氧化物为催化剂，简称铁钼法。此法是在空气、甲醇混合气中，甲醇浓度低于爆炸区下限（<6.7%），即在含有过量空气的情况下操作，由于空气过剩，甲醇几乎全部被氧化，可制得低醇浓甲醛。

银法的优点是工艺成熟，设备和动力消耗比铁钼法小；缺点是反应收率低。铁钼法的优点是反应温度较低，副反应少，收率高；缺点是设备庞大，动力消耗大。

以下分别介绍这两种方法。

一、银催化法生产甲醛

1. 反应原理

在银催化剂作用下，甲醇、空气和水蒸气的混合物在反应器中主要发生下列反应：

$$CH_3OH + \frac{1}{2}O_2 \longrightarrow HCHO + H_2O \qquad \Delta H_{298K}^{\ominus} = -159kJ/mol \qquad (1)$$

$$CH_3OH \Longleftrightarrow HCHO + H_2 \qquad \Delta H_{298K}^{\ominus} = 284.2kJ/mol \qquad (2)$$

$$H_2 + \frac{1}{2}O_2 \longrightarrow H_2O \qquad \Delta H_{298K}^{\ominus} = -248.2kJ/mol \qquad (3)$$

反应(1)要在473K左右才进行，因此经预热进入反应器的原料混合气，必须用电热丝点火加热。它是一个放热反应，放出的热量使催化床温度逐渐升高，反应（1）随之加快。实际上，点火后催化床的温度是非常迅速地上升的。

反应(2)在低温下几乎不进行，当催化床温度达到873K左右时，它就成为生成甲醛的主要反应之一。反应(2)是一个吸热反应，故它对控制催化床温度的升高是有利的。反应(2)是可逆的，但当原料混合气中的氧与反应(2)生成的氢化合为水时，可使反应(2)不断向生成甲醛的方向移动，从而提高了甲醇的转化率。

反应(1)和反应(3)所放出的热量，除满足反应（2）所需及反应气体升温之外还有剩余。因此工业生产上在原料混合气中加入部分水蒸气，以利于将多余的热量从反应系统中移出，并可稳定反应温度。

甲醇氧化制甲醛除上述基本反应外，还有生成甲烷、二氧化碳和少量甲酸等副反应。

$$CH_3OH + \frac{3}{2}O_2 \longrightarrow CO_2 + 2H_2O$$

$$CH_3OH + H_2 \longrightarrow CH_4 + H_2O$$

$$HCHO + \frac{1}{2}O_2 \longrightarrow HCOOH$$

副反应不仅消耗原料，降低产物收率，还会影响反应温度的控制，应设法减少其发生。

甲醇氧化生产甲醛的银催化剂有两种。一种是采用载于浮石上的银，其制造方法是将4mm左右的浮石颗粒用硝酸处理，除去铁杂质后，浸于硝酸银溶液中煮沸、蒸发，再将载有硝酸银的浮石在高温下煅烧、分解：

$$2AgNO_3 \longrightarrow Ag_2O + NO_2 + NO + O_2$$

氧化银在使用时被还原成银。该催化剂的表面积大，活性较高，甲醇转化率可达84%，选择性可达88%。另一种催化剂是采用无载体的电解银。其制造方法是将含硝酸的硝酸银水溶液置于电解槽中，通直流电进行电解，制成金属网状高纯度银。电解催化剂活性高，甲醇转化率可达90%，选择性可达91%以上。

2. 工艺条件

(1) 反应温度 工业生产上反应温度的选择主要是根据催化剂的活性、反应过程甲醛收率、催化剂床层压降以及副反应等因素决定的。图 3-15 给出了甲醛单程收率和反应温度的关系。

由图 3-15 可见，当反应温度在 873～913K 之间时，均可获得较高的甲醛收率；当温度超过 913K 时，甲醛收率明显下降。产生这一现象的原因主要有以下两点。

① 在高温条件下，电解银催化剂开始发生熔结，导致晶粒变大、变粗，使活性表面减少，催化剂活性下降，因而反应收率下降。

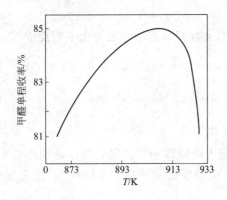

图 3-15 甲醛单程收率与反应温度的关系　　　图 3-16 甲醛单程收率与氧醇摩尔比的关系

② 甲醛的热分解反应为：

$$HCHO \longrightarrow H_2 + CO$$

该反应的反应速率随反应温度的升高而加剧，因而在高温下反应选择性下降。

(2) 反应压力 由于高温下甲醇氧化反应平衡常数较大，故压力对甲醇氧化反应的化学平衡基本无影响。生产中一般采用常压操作，反应压力（表压）为 0.02MPa 左右，主要是为了克服系统阻力。有时为了避免甲醛蒸气泄漏，也有采用微负压操作的。

(3) 氧醇摩尔比 原料气在银催化剂上发生的主要反应有甲醇的氧化和脱氢反应。从反应方程可见，增大氧醇比有利于提高甲醛的收率。图 3-16 表示了甲醛单程收率与氧醇摩尔比的关系。

由图 3-16 可见，甲醛的单程收率随氧醇摩尔比的增大而升高。因此，适当提高氧醇摩尔比是有利的，但过大的氧醇比并无好处。当氧醇比超过 0.39 之后，甲醛的单程收率增加缓慢，而尾气中碳的氧化物含量增加，即消耗于二氧化碳和一氧化碳的甲醇量增多，反应的选择性下降。鉴于以上原因，在工业生产中一般采用 0.39～0.40 的氧醇摩尔比。

(4) 原料气纯度 原料气中的杂质严重影响催化剂的活性，因此对原料气的纯度应有严格的要求。当甲醇中含硫时，它会与催化剂形成不具活性的硫化银；含醛酮时，则会发生树脂化，甚至成碳，覆盖于催化剂表面；含五羰基铁时，在操作条件下析出的铁沉积在催化剂表面，会促使甲醛分解。为此，空气应经过滤，以除去固体杂质，并在填料塔中用碱液洗涤以除去二氧化硫和二氧化碳。为了除去五羰基铁 [Fe(CO)$_5$]，可将混合气体在反应前于 473～573K 通过充满石英或瓷片的设备进行过滤。

(5) 反应时间 反应时间增加，有利于甲醇转化率的提高，但深度氧化、分解等副反应随之增加，因此，工业上为了减少副产物的生成，采用短停留时间的快速方法。一般控制接触时间为 0.1s 左右。

3. 工艺流程

以银为催化剂，甲醇氧化生产甲醛的工艺流程如图 3-17 所示。

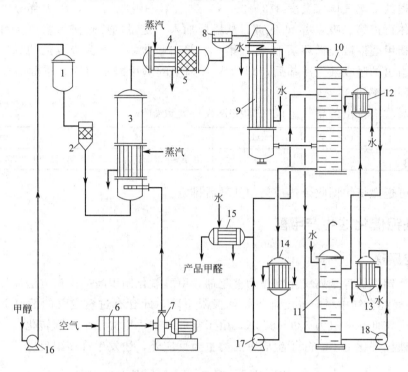

图 3-17   甲醇氧化制甲醛的工艺流程

1—甲醇高位槽；2—甲醇过滤器；3—蒸发器；4—过热器；5—阻火器；

6—空气器；7—鼓风机；8—过滤器；9—氧化反应器；10—第一吸收塔；

11—第二吸收塔；12～15—冷却器；16—甲醇泵；17，18—循环泵

原料甲醇用泵送入高位槽 1，以一定流量经过滤器 2 进入间接蒸汽加热的蒸发器 3。同时在蒸发器 3 底部由鼓风机 7 送入经除去灰尘和其他杂质的定量空气。空气鼓泡通过被加热到 318～323K 的甲醇层时，被甲醇蒸气所饱和，每升甲醇蒸气和空气的混合物中甲醇含量约为 0.5g。为了控制甲醇氧化反应速率，在甲醇蒸气和空气混合物中加入一定量的水蒸气。为了保证混合气在进入反应器后即进行反应，以及避免混合气中存在甲醇凝液，使甲醇液体进入催化剂层后猛烈蒸发而使催化剂层翻动，破坏床层均匀，导致操作不正常，还常将混合气进行过热。过热在过热器 4 中进行，一般过热温度为 378～393K。过热后的混合气经阻火器 5，以阻止氧化器中可能发生燃烧时波及蒸发系统；再经过滤器 8 滤除含铁杂质，进入氧化反应器 9，在催化剂作用下，于 653～923K 发生催化氧化和脱氢反应。

氧化反应器由两部分组成，上部是反应部分，在气体入口处连接一锥形的顶盖，使气体分布均匀，然后原料混合气在置于搁板上的金属网上的催化剂层中进行催化反应。为了防止催化剂层过热，在催化剂层中装有冷却蛇管，通入冷水以带出部分反应热。在开车时，用电引火器来引发反应，以后借助反应热自动进行。反应情况可通过视孔观察。反应器所有与气体接触的地方都是用紫铜制成的。氧化器下部是一紫铜的列管式冷却器，管外通冷水冷却。

从催化剂层出来的反应气体在这里迅速地冷却至373～403K，以防止甲醛在高温下发生深度氧化等副反应；但也不能冷却到过低的温度，以免甲醛聚合，造成聚合物堵塞管道。由于铁（可生成 [Fe(CO)$_5$]）能促进甲醛分解，因此生产甲醛的设备和管道应避免采用铁制件，例如蒸发器是不锈钢或铜制的，反应器以后的所有设备和管道都是采用铝制成的。

出氧化器的反应气体（温度373～393K）进入第一吸收塔10，将大部分甲醛吸收；未被吸收的气体再进第二吸收塔11底部，从塔顶加入一定量的冷水进行吸收。由第二吸收塔塔底采出的稀甲醛溶液经循环泵18打入第一、第二吸收塔，作为吸收剂的一部分。自第一吸收塔塔底引出的吸收液经冷却后，即为含10%甲醇的甲醛水溶液。甲醇的存在可防止甲醛聚合。甲醛产率约80%。

由第二吸收塔排出的尾气组成（体积分数）大致如下：

CO$_2$	CO	CH$_4$	O$_2$	H$_2$	N$_2$
4.0%～5.0%	0.2%～0.6%	0.3%～0.8%	0.3%～0.5%	7.5%～21.5%	73.5%～75.7%

此尾气可送燃烧炉回收余热或集中处理后排空。

二、铁钼催化法生产甲醛

1. 反应原理

采用铁、钼、钒等金属氧化物作为催化剂，甲醇氧化制甲醛的生产方法简称铁钼法。它是在甲醇-空气混合气中甲醇浓度低于爆炸极限下限，即含有过量空气的情况下操作的。铁钼法反应温度较低，一般为533～623K，由于空气过剩，甲醇几乎全部转化。

甲醇在铁钼催化剂上，除了生成甲醛的主要反应外，还发生许多副反应：

$$CH_3OH + \frac{3}{2}O_2 \longrightarrow CO_2 + 2H_2O \tag{1}$$

$$HCHO + \frac{1}{2}O_2 \longrightarrow CO + H_2O \tag{2}$$

$$HCHO + \frac{1}{2}O_2 \longrightarrow HCOOH \tag{3}$$

其中副反应（1）、（2）对主反应生成甲醛的收率有一定的影响。二氧化碳的生成主要发生在催化剂层中，是平行反应的产物；而一氧化碳和甲酸主要是脱离催化剂层后生成的，是甲醛深度氧化的连串反应产物。对于二氧化碳的抑制目前尚无有效的方法，但对脱离催化剂层后深度氧化的连串副反应，则可以通过让反应产物急速冷却的方法加以控制。

采用铁-钼氧化物为催化剂，进行甲醇催化氧化制甲醛，具有高转化率（几乎接近100%）、高选择性和甲醇原料消耗低的特点。产品中仅含有极少量未转化的甲醇，一般低于1%。由于生产中无需加入水蒸气作为稀释剂，因此可以直接制得低醇高浓度甲醛。这对某些需用低醇高浓度甲醛为原料的产品生产来说，其技术经济的先进性和合理性与"银法"相比是显而易见的。例如，聚甲醛生产要求原料甲醛浓度高于60%，含醇量低于1%，以往是用福尔马林（约含甲醛37%的水溶液）浓缩及脱醇处理而制得。采用铁钼法，节省了后处理设备费用，而且甲醇原料消耗降低到约440kg甲醇/吨（银法甲醇消耗定额约为540kg）。单以生产37%浓度甲醛溶液而言（不包括浓缩、脱醇），铁钼法的成品价格就可比"银法"降低约50%。

对于甲醇氧化制甲醛的反应，若单独以氧化钼作催化剂，反应选择性好，但转化率太低；单独用铁氧化物作催化剂，活性较高，但选择性太差，大量生成二氧化碳。因此，只有铁、钼氧化物以适当比例制成的催化剂，才能取得满意的效果。一般氧化铁含量（质量分数）控制在15%～20%为适宜，过量的氧化钼（80%～85%）可作为助催化剂而存在。加入少量铬（0.2%～0.3%），有利于稳定催化剂的操作。此外，加入少量铬、锰、铈、钴、锡、镍和钒等都可以提高催化效果。

选用载体填料也是很重要的。适量的高岭土或硅藻土（其含量为30%～50%），加入"铁-钼"体系中，不仅增加催化剂强度，而且可以改进铁-钼催化剂活性过高的某些缺点，使反应进行得较为平缓，副产物（如CO）生成量有所减少，甲醛单程收率有所提高。

铁-钼催化剂活性稳定性好，一般正常条件下，持续使用寿命可达1年以上。每吨催化剂生产能力不低于2万吨37%甲醛。

2. 工艺条件

（1）反应温度 铁-钼催化剂导热性能差，不耐高温，必须严格控制反应温度。工艺上要求操作温度比催化剂允许的最大使用温度（即制备时的焙烧温度）低20～40K，即在653K以下操作。温度超过753K时，催化剂活性被破坏。

甲醇进料浓度对氧化温度的影响很敏感。甲醇浓度绝对值增加0.1%，反应热点温度大约升高5K，因此要保持原料气中甲醇浓度恒定。

反应温度对氧化反应的影响如图3-18所示。由图3-18可知，在573～633K之间甲醛单程收率可达90%左右。温度愈高，一氧化碳生成量愈多。温度达703K时，甲醛单程收率下降为75%，一氧化碳收率已高达23%。因此认为一氧化碳主要是从甲醛热分解生成的。二氧化碳的量在一定温度范围内几乎不变，保持在20%左右。提高反应温度，甲酸生成量反而减少，这是由于高温下促进了甲酸的分解。为了保证甲醛收率较高，同时使甲酸生成量尽量降低，选择反应温度在623K左右为宜。

（2）原料配比 在一定浓度范围内（3%～8%），甲醇在空气混合气中的配比对甲醛和一氧化碳收率无显著影响，但甲醇操作浓度太低，生产能力受限制。工业上通常采用在甲醇和空气混合物爆炸区下限浓度的最高值下进行安全生产。即原料中甲醇的操作浓度（体积分数）一般应在6%左右。

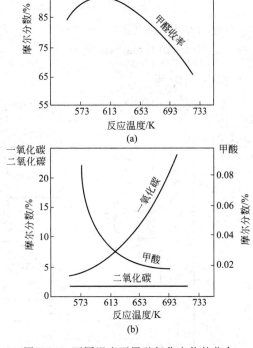

图3-18　不同温度下甲醇氧化产物的分布

氧化反应具有高空速、放热量大的特点，若采用流化床反应器，可提高甲醇操作浓度，使生产能力增加。

（3）接触时间（或空间速率） 甲醇在铁-钼催化剂上用过量空气氧化适宜于在高空速条件下进行。常用的接触时间为0.2～0.5s。接触时间与反应温度有密切关系。催化剂层的温度具有鲜明的最大值，即所谓反应热点温度。空间速率的变化，引起催化剂层沿气流方向的温度分布也发生变化。空间速率减小，反应热点就往催化剂层的前部移动。图 3-19 表示了不同空速下催化剂层沿气流方向氧化温度的分布及热点位移的情况。

接触时间对氧化反应的影响如图 3-20 所示。

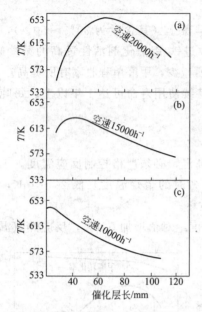

图 3-19　铁钼催化法生产甲醛不同空速
时催化剂层的热点位移和温度分布

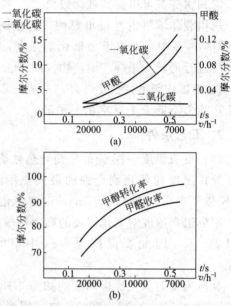

图 3-20　铁钼催化法生产甲醛接触时间对
反应产物分布的影响

3. 工艺流程

铁钼催化法甲醇空气氧化生产甲醛的工艺流程如图 3-21 所示。

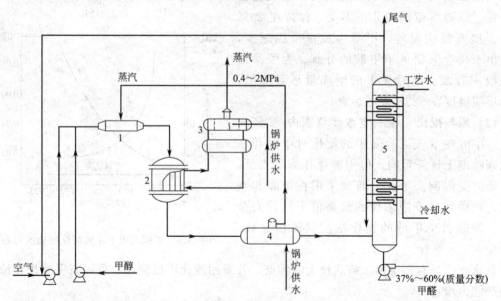

图 3-21　铁钼催化法甲醛生产工艺流程图

1—汽化器；2—反应器；3—废热锅炉；4—冷却器；5—吸收塔

甲醇与空气及循环尾气通过汽化器 1 汽化加热后进入列管式固定床反应器 2。在催化剂作用下发生氧化反应，反应温度控制在 573～623K。反应气体离开反应器后经冷却器 4 迅速冷却，以避免副反应发生。冷却器用水冷却反应气体，产生蒸汽供汽化器用。在反应器中甲醇氧化产生的热量由管间传热介质带走，至废热锅炉产生 0.4～2MPa 蒸汽。传热介质（联苯醚等导热油）利用热虹吸作用自然循环，既回收了热量，又利于控制温度。

经冷却后的反应气体进入吸收塔 5（吸收塔为不锈钢设备），气体中甲醇被逆流而下的工艺水吸收。通过调节喷淋水量，可得到 60% 以下任何浓度的甲醛水溶液。吸收过程的热量和反应气体余热被吸收塔内的冷却系统带走。本法所得到的甲醛溶液通常只含 0.02% 以下的甲酸，无需再处理即可作为商品。吸收塔顶未冷凝气体小部分放空，其余循环回到反应原料气中，以提高产品回收率。

铁钼法甲醇氧化生产甲醛，在工艺过程中全部热量能够做到自给有余，但也存在一些缺陷，如采用固定床反应器，甲醇操作浓度限制在爆炸范围下限，生产潜力未能充分发挥；又由于原料中空气配比高，其中大量氮气存在，对整个生产过程带来了设备、动力和热能方面的不经济因素。

三、甲醛生产技术评述

1. 银法和铁钼法工艺比较

两种不同生产方法的技术经济指标（以 37% 甲醛水溶液计）列于表 3-9。

表 3-9　银法和铁钼法生产甲醛的技术经济指标

项　　目	银　法	铁钼法	项　　目	银　法	铁钼法
投资比	1.00	1.15～1.30	反应效果		
甲醇单耗/(kg/t)	445～470	420～437	甲醛浓度/%	37～40	55～60
能耗节余/(美元/t)	6.2	11.9	产品醇含量/%	4～8	0.5～1.5
生产成本比	1.0	1.0	产品酸含量/(mg/kg)	100～200	200～300
			收率/%	86～90	95～98
工艺指标			催化剂		
甲醇浓度(空气中)/%	>37	<7	组分	电解银或载体银	Fe-Me
反应温度/℃	600～700	280～350	对毒物敏感度	大	小
催化剂寿命/月	3～6	12～18	失活原因	烧结或中毒	Mo 升华

银法在爆炸上限操作，原料气中甲醇浓度较高，设备生产效率亦高，所以基建投资较低。但是，由于银法在 873K 以上的高温下操作，银粒易熔结增大，加之对毒物（Fe、S）很敏感，因而催化剂易失活，寿命仅为铁钼催化剂的 1/2～1/3。同时，由于反应温度高，生成副产物多，导致甲醇单耗比铁钼法高 2.5%～3%。另外，由于甲醇过量，反应时间短，转化率低，导致产品中未反应甲醇含量高，这对甲醛下游产品的制备极为不利，必须分离精制。

铁钼法是在空气过量条件下操作，进反应器混合气中甲醇浓度低，必然使设备效率降低，动力消耗增大。但由于该法是强放热反应，加之反应温度低，对所产蒸汽余热的利用率高，以致其成本与银法类似，甚至更低。

2. 甲醛生产技术发展趋势

(1) 发展高浓度甲醛工艺　随着新材料工业的兴起，世界范围内聚甲醛、亚甲基二苯基二异酸酯（MDI）和 1,4-丁二醇发展很快，年均增长率达 5％以上。这些产品的生产均需要高浓度甲醛，从而刺激了以铁钼法为主的高浓度甲醛的快速发展。据统计，世界新建成的大型甲醛装置中，铁钼法占总生产能力的 60％以上。随着聚甲醛消费的甲醛占其总量的不断上升，进而促使人们开发出了独特的甲缩醛法工艺，该工艺生产的甲醛产品浓度（质量分数）高达 70％～75％。

（2）改进催化剂性能 银法催化剂的改进主要是致力于提高催化剂稳定性和甲醛产品浓度等。例如，德国 BASF 公司采用了 3 层催化剂结构：上层为结晶银，中层为石英，下层为银磷氧化物，制得了含甲醇 0.8％、甲醛 50％的甲醛产品。铁钼法催化剂研究着重于添加第三组分，以便提高耐热性、机械强度和使用寿命。俄罗斯采用添加 7％～8％（质量分数）的 TeO_2，使反应选择性接近 100％。日本在催化剂中添加 Cr、K 等，使催化剂稳定性大大提高。

（3）设备集约化，控制程序化 日本广荣化工公司设计了一种设备，将各自独立的甲醇汽化器、甲醇-空气混合气预热器、过滤器、氧化反应器及产品吸收器组合在一个单元设备中，使水蒸气耗量比传统银法减少约 0.2t/h。

为了防止甲醇深度氧化，达到最佳动态平衡控制，国外开发了多因素程序控制法。例如，以蒸汽压力来调节氧醇比、混合温度和反应状态，从而达到降低甲醇消耗定额的目的。

（4）规模大型化 基于节能减排、安全环保、经济效益等因素，近年来许多小型甲醛装置（1 万～3 万吨/年）开始被动规范和关闭，新建甲醛装置趋向大型化（5 万～20 万吨/年），多数还配套了下游产品——甲缩醛、多聚甲醛、聚甲醛、1,4-丁二醇等。如广西钦州业成化工 4 套年产 7 万吨装置，总产能 28 万吨/年；河北文安凯跃化工单套甲醛装置产能 16 万吨/年；俄罗斯乌拉尔单套甲醛生产装置产能 10 万吨/年；美国路易斯安那州 2015 年投产 2 套年产 20 万吨装置，总产能 40 万吨/年。

第三节　甲醇羰基合成生产醋酸

醋酸（学名乙酸），因冬季纯醋酸会凝固成像冰一样的固体，所以纯醋酸又称为冰醋酸。醋酸是无色透明液体，有特殊的刺激性气味，具有腐蚀性，其沸点为 391.3K，凝固点为 289.9K。醋酸可与水、醇、苯等有机溶剂互溶。

醋酸是一种重要的有机化工原料，在有机酸中产量最大。醋酸的最大用途是生产醋酸乙烯，其次是用于生产醋酸纤维素、醋酐、醋酸酯，并可用作对二甲苯生产对苯二甲酸溶剂。此外，纺织、涂料、医药、农药、照相试剂、染料、食品、胶黏剂、化妆品、皮革等行业的生产都离不开醋酸。醋酸深加工系列产品及其用途见表 3-10。

工业生产醋酸的特点是历史悠久、原料路线多，如图 3-22 所示。

我国醋酸生产主要采用乙醇法、乙烯法、甲醇羰基合成法三种工艺。

乙醇法是我国最早采用的醋酸生产工艺，国内几乎所有小型装置都采用此法。该法经过国内企业几十年的生产实践和技术改造，在节能降耗、"三废"治理等方面均有较大改进，但由于乙醇消耗量大（＞900kg/t 醋酸），其利润空间相当小。

20 世纪 60 年代开发的乙烯法制醋酸工艺，由于其技术经济上的竞争力，在 60～70 年代得到迅速发展，80 年代我国相继引进 4 套生产装置。该法乙烯消耗＞500kg/t 醋酸，随着乙烯价格不断上涨，使得该法生产的醋酸成本高涨，该工艺已逐渐退出市场。

表 3-10　醋酸深加工系列产品及其用途

```
                  ┌→醋酸乙烯酯(详见表 4-2 醋酸乙烯酯深加工系列产品)
                  │
                  │        ┌─β-丙内酯→用于有机合成
                  │        │─山梨酸→山梨酸钾→食品添加剂
                  │        │                      ┌─薄膜、过滤嘴
                  │ ┌→乙烯酮┤        ┌─乙酸纤维素┤
                  │ │      │        │            └─纺织、片基、涂料
                  │ │      │        ├─乙酰水杨酸 ── 医药
                  │ │      └─乙酸酐┤─对乙酰氨基苯乙醚 ── 医药
                  │ │              ├─香豆素 ── 香料、定香剂
                  │ │              └─乙酰丙酮 ── 催化剂、饲料添加剂、涂料、助剂等
                  │ │
                  │ │              ┌─乙酰乙酸乙酯 ── 有机合成、医药、染料、香料、催化剂等
                  │ └→双乙烯酮┤─喹吖啶酮 ── 涂料、油墨等用的染料、医药
                  │            └─脱氢乙酸 ── 食品添加剂、医药
                  │        ┌─医药
                  ├─乙酰苯胺┤─过氧化物稳定剂、橡胶硫化促进剂
                  │        └─染料中间体
  乙酸─┤─乙酰氯 ── 有机合成、染料、医药
                  │           ┌─羟甲基纤维素→┌─洗涤促进剂、乳化稳定剂、纸张、纺织品胶料
                  │           │              └─食品工业
                  │           │          ┌─丙二酸二甲酯→维生素 B₂ 原料
                  │           ├─丙二酸┤
                  │           │          └─医药原料
                  │           ├─氯乙酸乙酯→有机合成、溶剂、染料
                  │           │                      ┌→巯基乙酸辛酯→PVC 稳定剂
                  │           ├─巯基乙酸(硫代乙醇酸)┤
                  │           │                      └─其钠盐和铵盐作冷烫精,其钙盐作脱毛剂
                  │           ├─甘氨酸→有机合成、食品添加剂
                  ├─氯乙酸┤─肌氨酸→洗涤剂
                  │           ├─羟基乙酸(乙醇酸)→用于制造洗涤剂、染色剂、电镀添加剂、合成中间体等
                  │           ├─氰乙酸─医药、染料中间体
                  │           ├─2,4-二氯苯氧基乙酸(2,4-D 酸)┐
                  │           │                              ├─除草剂
                  │           ├─2,4,5-三氯苯氧基乙酸(2,4,5-T 酸)┘
                  │           │                  ┌─水处理剂、螯合剂
                  │           └─乙二胺四乙酸(EDTA)┤
                  │                              └─漂白液稳定剂
                  │           ┌─乙酸甲酯
                  │           ├─乙酸丁酯
                  │           ├─乙酸异丙酯
                  ├─乙酸酯┤─二甲基乙二醇醚乙酸酯┐
                  │           ├─乙基乙二醇醚乙酸酯├─萃取剂、溶剂、染料、医药、合成香料、纺织助剂
                  │           ├─丁基乙二醇醚乙酸酯┘
                  │           └─乙酰乙酸甲(丙)酯 ── 有机合成、溶剂
                  │                      ┌─溶剂、焊药组分、涂料、皮革、胶片
                  └─乙酸铵→乙酰胺┤
                                      └─增塑剂
```

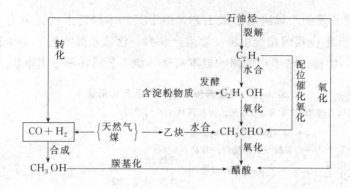

图 3-22　醋酸生产工艺路线示意图

甲醇低压羰基合成法以碘化铑为催化剂生产醋酸，原料甲醇和一氧化碳来源广泛，价格低廉，工艺条件温和（压力约 3.4MPa、温度约 450K），反应选择性高（99%），几乎无副产物生成，产品收率高（甲醇对醋酸的选择性达 99% 以上）、纯度高，生产成本低，并随着生产规模的扩大和高效催化剂的采用，其优势更加明显。目前除少数国家仍采用丁烷或轻油氧化法外，甲醇羰基化法已成为醋酸生产的主流技术，生产的醋酸已占全球醋酸产量 70% 以上。

一、反应原理

1. 主、副反应

$$CH_3OH + CO \longrightarrow CH_3COOH$$

在主反应进行的同时，有以下副反应发生。

$$CH_3COOH + CH_3OH \Longrightarrow CH_3COOCH_3 + H_2O$$

$$2CH_3OH \Longrightarrow CH_3OCH_3 + H_2O$$

$$CO + H_2O \longrightarrow CO_2 + H_2$$

由于生成醋酸甲酯和二甲醚的反应是可逆反应，在低压羰基化条件下如将生成的副产物循环回反应器，则都能羰基化生成醋酸，故使用铑催化剂进行低压羰基化，副反应很少，以甲醇为基础生成醋酸选择性可高达 99%。在温度高、催化剂浓度高、甲醇浓度下降时，一氧化碳变换的副反应容易发生，故以一氧化碳为基准生成醋酸的选择性只有 90%。

2. 催化剂

甲醇低压羰基化生产醋酸的主催化剂是铑化合物，助催化剂是碘化物，二者溶于适当的溶剂中，成为均相液体。

由于铑的价格昂贵，铑回收系统步骤复杂费用高，人们不断开发甲醇羰基化其他催化剂。目前采用价格相对便宜的铱为催化剂，但铱催化剂的用量比铑催化剂多。另外，也有采用非稀有金属如钴、镍等的催化剂研究，但都还停留在试验研究中，没有成功的工业化应用，且这类催化剂的活性还不如铑、铱催化剂。各大公司的甲醇羰基化生产醋酸的核心技术就是催化剂体系。表 3-11 为六种甲醇中低压羰基化催化剂体系的比较。

表 3-11　六种甲醇中低压羰基化催化剂体系的比较

催化剂体系	主催化剂	助催化剂	系统水含量/%	催化剂活性/[mol/(L·h)]
传统 Monsanto 法	羰基铑	CH_3I、HI	13～15	7～8
BP Cativa	羰基铑	羰基钌、LiI、CH_3I、HI	2～5	20～30
Celeance AO Plus	羰基铑	LiI、CH_3I、HI	0.4～4	20～40
上海吴泾	羰基铑	羰基钌、LiI、CH_3I、HI	3～6	17～20
江苏索普	螯合型顺二羰基铑双金属	CH_3I、HI	3～6	17～25
UOP/Chiyoda Acetic	羰基铑	CH_3I	3～8	—

二、工艺条件

1. 反应温度

升高温度，有利于提高主反应速率，但温度过高，副反应也明显增加，因此，适当的反应温度，对于确保良好的反应效果非常重要。结合催化剂活性，甲醇低压羰基化生产醋酸的最佳反应温度，一般控制在 438～458K 范围内。

2. 反应压力

甲醇羰基化生产醋酸是一个气体体积减小的反应，压力增加有利于提高一氧化碳的吸收率，有利于反应向生成醋酸方向进行。但是，升高压力会增加设备投资和操作费用。因此，实际生产中，操作压力控制在 3～4MPa。

3. 反应液组成

主要指反应液中醋酸和甲醇浓度，生产过程中，一般控制醋酸和甲醇物质的量比在 1.44∶1。如果物质的量比<1，醋酸收率低，副产物二甲醚生成量增加。另外，反应液中的水含量影响催化剂的活性，水含量控制 1%～3%（质量分数），羰基化反应活性最好，超出该范围，系统反应活性将下降。

三、工艺流程

1. 高压法工艺流程

1960 年，德国 BASF 公司成功开发高压羰基化制醋酸的方法，并实现工业化。该法的操作条件是：反应温度 483～523K，压力 65～70MPa，以羰基钴与碘组成催化体系。其工艺流程如图 3-23 所示。

甲醇经尾气洗涤塔后，与一氧化碳、二甲醚及新鲜补充催化剂及循环返回的钴催化剂、碘甲烷一起连续加入高压反应器，保持反应温度 483～523K、压力 65～70MPa。由反应器顶部引出的粗醋酸与未反应的气体经冷却后进入低压分离器，从低压分离器出来的粗醋酸送至精制工段。在精制工段，粗醋酸经脱气塔脱去低沸点物质，然后在催化剂分离器中脱除碘化钴，碘化钴在醋酸水溶液中作为塔底残余物质除去。脱除催化剂后的粗醋酸在共沸蒸馏塔中脱水并精制，由塔釜得到不含水与甲酸的醋酸再经两个精馏塔精制成纯度为 99.8% 以上的纯醋酸。以甲醇计醋酸的收率为 90%，以一氧化碳计醋酸的收率为 59%。副产 3.5% 的甲烷和 4.5% 的其他液体副产物。

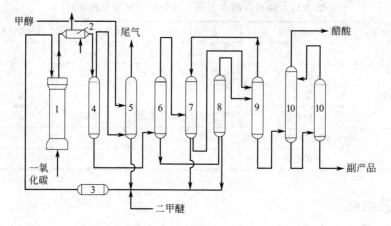

图 3-23　甲醇高压羰基化生产醋酸工艺流程

1—反应器；2—冷却器；3—回流罐；4—低压分离器；5—尾气洗涤塔；6—脱气塔；

7—分离塔；8—催化剂分离器；9—共沸蒸馏塔；10—精馏塔

2. 低压法工艺流程

20 世纪 70 年代，美国孟山都（Monsanto）公司开发铑配位催化剂（以碘化物作为助催化剂），使甲醇羰基化制醋酸在低压下进行，并最终实现了工业化。1970 年建成生产能力 135kt 醋酸的低压羰基化装置。由于低压羰基化生产醋酸技术经济先进，从 70 年代后新建工厂大多采用低压羰基化生产醋酸技术。

甲醇低压羰基化生产醋酸工艺流程如图 3-24 所示。原料甲醇、一氧化碳气体和经过净化的反应尾气混合，进入反应系统 1 中，在催化剂作用下，于压力 1.4～3.4MPa 及温度 453K 左右进行羰基化反应。从反应系统上部出来气体经洗涤系统 2 洗涤，回收其中的轻组分（包括助催化剂有机碘化物等），并循环回反应系统。从反应器中部出来的粗产物，首先进入轻组分分离塔 3，塔顶轻组分和含催化剂的塔釜物料均循环回反应器。产物醋酸从塔的中部侧线采出，然后进入脱水塔 4，用普通精馏方法进行脱水干燥。脱水至塔顶的醋酸和水的混合物，用泵升压后部分回流，其余循环回到反应系统 1。由脱水塔釜流出的无水醋酸进

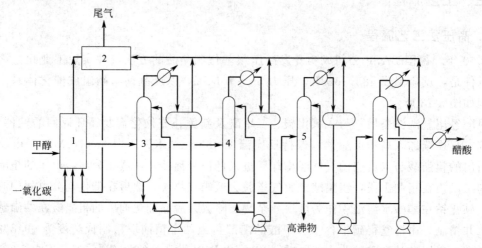

图 3-24　甲醇低压羰基化生产醋酸工艺流程

1—反应系统；2—洗涤系统；3—轻组分分离塔；4—脱水塔；5—重组分分离塔；6—醋酸精制塔

入重组分分离塔 5，由塔釜除去重组分丙酸等。重组分分离塔塔顶馏出的醋酸进入精制塔 6 进行进一步提纯，采用气相侧线出料，从而得到高纯度的最终产品醋酸。精制塔塔顶和塔釜物料均循环使用。

3. 我国醋酸生产技术进展

我国拥有甲醇低压羰基合成生产醋酸工艺的完全自主知识产权，装置规模较大，甲醇低压羰基合成装置已成为国内主流工艺。为打破国外技术封锁，西南化工研究设计院从 1972 年开始进行甲醇低压羰基合成醋酸技术的研发，历经 20 多年终于完成了 20 万吨/年醋酸工业装置工艺软件包设计，使我国醋酸行业进入一个技术创新的发展时期。江苏索普、山东兖矿集团和大庆油田采用该技术。

与国际上一样，我国醋酸技术进展主要是对甲醇羰基合成法的改进。由中国科学院化学所与江苏索普（集团）有限公司共同开发的甲醇羰基合成工艺，生产醋酸用催化剂——一种正负离子双金属催化剂及其制备方法与应用，荣获第十一届中国专利奖金奖。这标志着我国醋酸生产拥有一项完全自主知识产权的高效催化剂，将推动我国醋酸生产进入世界先进行列。目前，该项技术已申请专利 30 余项，包括多相、均相、气（固）相多种催化剂，形成了完整的自主知识产权催化剂体系。

反应器是甲醇低压羰基合成醋酸工艺中最关键的核心设备，直接决定着醋酸的产量和质量。但由于其用途的特殊性，对材料和制造技术要求都非常严格，此前我国羰基合成法使用的醋酸反应器一直依赖进口。国家"十一五"重大装备国产化项目、羰基合成醋酸工艺核心设备——醋酸反应器在西安核设备有限公司（简称西核公司）成功实现国产化。西核公司为山东金沂蒙有限公司醋酸项目承制的首台国产醋酸反应器已经安装投入使用。此举打破了该设备长期依赖进口的局面，确立了我国在醋酸反应器设备制造领域的地位。

复习思考题

1. 试述碳一及其化工产品的发展方向。
2. 简述甲醇的主要物理、化学性质。
3. 叙述甲醇的用途以及工业合成方法。
4. 试写出 CO 与 H_2 合成甲醇的主、副反应方程式，并分析影响反应的因素。
5. 通过合成甲醇反应的热力学分析说明了什么问题？
6. 合成甲醇的催化剂有哪几种？它们的性能怎样？
7. 铜基催化剂在使用前为什么要进行还原？还原分哪几个阶段？
8. 画出甲醇合成工艺流程并简述。
9. 粗甲醇为什么要精制？简述精馏原理。
10. 画出甲醇精馏双塔流程并简述主塔和预塔的作用。
11. 简述低压法合成甲醇的开、停车步骤。
12. 工业生产甲醛的方法有哪几种？试比较之。
13. 何谓"低醇浓甲醛"？它的生产过程具有哪些优越性？为什么？

14. 铁-钼催化剂具有哪些特性？其基本成分有哪些？各起什么作用？

15. 试讨论低醇浓甲醛的反应原理和工艺条件确定。

16. 画出低醇浓甲醛生产的工艺流程，并叙述。

17. 醋酸生产工艺有哪几种？试简单比较。

18. 试分析甲醇低压羰基化生产醋酸的优点。

19. 叙述甲醇低压羰基化生产醋酸的工艺流程。

20. 什么叫共沸蒸馏？生产醋酸工艺流程中共沸塔的作用是什么？

21. 醋酸生产工艺中的脱轻组分塔、脱重组分塔的作用是什么？

第四章

碳二系列典型产品的生产工艺

【学习目标】
- 掌握碳二系列典型产品生产的反应原理、工艺条件、工艺流程和安全特性。
- 了解碳二系列产品生产的反应机理、催化剂应用和动力学分析及生产装置工艺设备防腐措施。

第一节　乙烯配位催化氧化生产乙醛

乙醛是易挥发、易燃、有辛辣味的液体，沸点为293.5K，可与水、乙醇、乙醚等以任何比例混合。乙醛蒸气与空气混合可形成爆炸性混合物，爆炸极限（体积分数）为4.0%～57%。

乙醛蒸气对人的眼、鼻、呼吸器官有刺激作用，对中枢神经系统有麻醉作用，慢性中毒表现为体重减轻、贫血、神态恍惚、听觉错乱等症状。操作场所空气中乙醛的允许浓度为≤0.1mg/L。

乙醛是一种重要的有机化工中间体，因其分子中含有羰基，反应能力很强，容易发生氧化、缩合、环化、聚合及许多类型的加成反应。可用于生产醋酸及其衍生物（醋酐、醋酸酯等）、丁醇、异丁醇、季戊四醇、巴豆醛、三氯乙醛和吡啶类化合物等，在纺织、染料、农药、医药、塑料、化纤、香料、食品和饲料添加剂等方面具有广泛的用途。乙醛深加工系列产品及其用途见表4-1。

历史上乙醛生产主要通过乙炔水合法、乙醇催化氧化或催化脱氢或是氧化与脱氢两者相结合的方法制得。1959年乙烯直接氧化法生产乙醛的工业化，使工业生产乙醛的原料路线发生了重大变化，该法由于乙烯来源丰富而价廉，又具有反应条件温和、选择性好、收率高、工艺流程简单及"三废"处理容易等优点，受到世界各国重视，发展非常迅速。目前，世界上的大型乙醛生产装置主要采用乙烯直接氧化法进行生产，我国乙醛生产方法采用乙醇氧化法和乙烯直接氧化法，其中乙烯直接氧化法占比超过2/3。

表 4-1 乙醛深加工系列产品及其用途

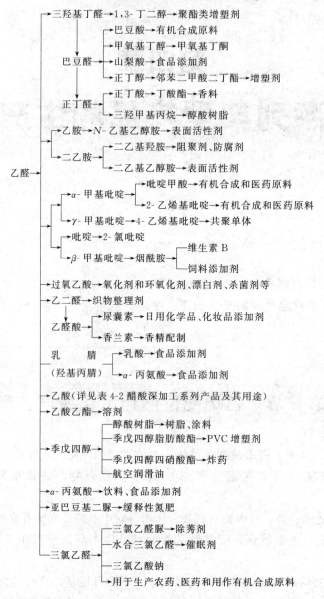

一、反应原理

1. 基本反应过程及主、副反应

在一定条件下，将乙烯和氧（或空气）通入由氯化钯、氯化铜、盐酸组成的催化剂水溶液中，乙烯被氧化为乙醛。

$$CH_2=CH_2+\frac{1}{2}O_2 \xrightarrow{\text{PdCl}_2\text{-CuCl}_2\text{-HCl 水溶液}} CH_3CHO \qquad \Delta H_{298K}^{\ominus}=-243.68\text{kJ/mol}$$

实际上，上述反应并不是一步完成的，而是经历以下三个基本步骤：

(1) 乙烯的羰基化反应　乙烯在催化剂水溶液中选择性氧化为乙醛，并析出金属钯。

$$CH_2=CH_2+PdCl_2+H_2O \longrightarrow CH_3CHO+Pd+2HCl$$

(2) 金属钯的再氧化　反应（1）析出的金属钯被系统中的氯化铜氧化，使钯盐的催化性能恢复。

$$Pd + 2CuCl_2 \longrightarrow PdCl_2 + 2CuCl$$

(3) 氯化亚铜的氧化 反应（2）生成的氯化亚铜在盐酸溶液中，迅速被氧化为氯化铜。

$$2CuCl + \frac{1}{2}O_2 + 2HCl \longrightarrow 2CuCl_2 + H_2O$$

很明显，上述第二、第三步反应构成了催化剂循环体系，即

$$
\begin{array}{c}
Pb^{2+} \xrightarrow{(1)} Pb \\
+ \\
Cu^{2+} \xrightarrow{(2)} Cu^+ \\
[O](3)
\end{array}
$$

反应中氯化钯（$PdCl_2$）是催化剂，氯化铜（$CuCl_2$）实质上是氧化剂，也称共催化剂，没有氯化铜的存在就不能构成此催化过程。但氧的存在也是必要的，要使反应能连续稳定地进行，必须将还原生成的低价铜复氧化为高价铜，以保持催化剂溶液中有一定浓度的 Cu^{2+}。

在 $300 \sim 700K$ 温度范围内，主反应的标准自由焓变与温度的函数关系为：

$$\Delta G_T^{\ominus} = -52600 - 0.2T - 7 \times 10^{-4}T^2$$

由式可见 $\Delta G_T^{\ominus} \ll 0$，其反应平衡常数较大，可近似作为不可逆反应处理。

乙烯液相氧化生产乙醛，虽然反应选择性很高（可达 95% 左右），但控制不当，仍会有副反应发生。生成的副产物可分为平行副产物和连串副产物。在一次产物中有原料乙烯与氯化氢的加成产物氯乙烷，乙烯与氯化钯形成的配合物经过一系列转化反应而生成的氯乙醇。在二次产物中，有乙醛进一步氧化生成的醋酸，乙醛与氯化铜氧氯化生成的各种氯代醛，乙醛缩合生成的丁烯醛（巴豆醛）、三聚乙醛以及非可溶性树脂等。还有氯代乙醛水解和氧化生成的草酸，草酸与二价铜离子反应生成的草酸铜沉淀，并由此分解成最终氧化产物二氧化碳。所以，乙烯液相催化氧化生产乙醛的副产物种类繁多，较为复杂。但它们的量甚少，一般除一氯乙醛外，均无分离回收价值。通常将气体副产物通入火炬焚烧，液体副产物作生化处理后排放。

2. 反应机理和动力学分析

乙烯液相催化氧化制乙醛的三步反应中，乙烯的羰基化反应速率最慢，是反应的控制步骤。对乙烯的羰基化反应机理和动力学已进行了许多研究工作，并获得了比较一致的结果。目前一致公认烯烃羰基化反应机理是通过形成中间络合物进行的。因此，乙烯催化氧化生成乙醛的反应是一种典型的络合反应实例，即在钯盐水溶液中氯化钯（$PdCl_2$）以络合物 $[PdCl_4]^{2-}$ 状态存在，而在反应过程中，它又以另一种络合物方式配位形成钯-乙烯（σ-π）络合物，从而使乙烯分子活化。

$$PdCl_2 + 2Cl^- \longrightarrow [PdCl_4]^{2-}$$

$$[PdCl_4]^{2-} + CH_2{=}CH_2 \Longrightarrow
\begin{array}{c}
Cl \quad\ CH_2{=}CH_2 \\
\diagdown\ | \\
Pd \\
\diagup\ \diagdown \\
Cl \qquad Cl
\end{array}
+ Cl^-$$

然后此络合物经置换、解离、异构、重排，最终分解生成乙醛，钯离子则被还原为金属钯。

$$[PdCl_3C_2H_4]^- \longrightarrow \cdots \longrightarrow [(H_2O)Cl_2Pd(CH_2CH_2OH)]^- \longrightarrow CH_3CHO + Pd + H_3^+O + 2Cl^-$$

根据反应推导，在钯盐水溶液中，乙烯络合催化氧化生产乙醛的反应动力学方程如下：

$$v = k\frac{[PdCl_4^{2-}][C_2H_4]}{[Cl^-]^2[H^+]}$$

式中　　v——乙烯羰化反应速率；

　　　　k——反应速率常数。

由上式可知，乙烯羰基化反应速率与络离子 $[PdCl_4]^{2-}$ 的浓度和乙烯浓度成正比，与氢离子浓度和氯离子浓度的平方成反比，而与氯化铜和氧气的浓度无关。

3. 催化剂溶液组成及其对反应的影响

要使乙烯液相催化氧化生产乙醛的反应能以一定速率稳定地进行，催化剂溶液的组成是关键。工业生产中，对催化剂溶液的控制指标有：钯含量、总铜含量、氧化度 $[Cu^{2+}]/([Cu^{2+}]+[Cu^+])$ 和 pH 值。

(1) 钯含量　在乙烯羰化反应中，具有催化能力的组分是氯化钯。由乙烯羰基化反应动力学方程可知，羰基化反应的速率与 $[PdCl_4]^{2-}$ 浓度的一次方成正比。因此，催化剂溶液中氯化钯含量高，则催化剂更为有效，装置的生产能力也会增加。但是钯含量的增加受到金属钯（Pd^0）氧化热力学限制，当 Pd^{2+} 浓度超过其平衡浓度时，过量的钯不以 $PdCl_2$ 的形式存在于催化剂溶液中，而以金属钯沉淀析出，失去其催化作用。此外，在 Cl^- 存在下，Cl^- 除与 Pd^{2+} 能形成稳定的络离子 $[PdCl_4]^{2-}$ 之外，还可与亚铜离子（Cu^+）形成稳定的络离子 $[CuCl_2]^-$，从而形成以下平衡：

$$Pd + 2Cu^{2+} + 8Cl^- \Longrightarrow [PdCl_4]^{2-} + 2[CuCl_2]^-$$

所以，高的钯浓度还要靠高的 Cu^{2+} 浓度维持。但 Cu^{2+} 浓度增高，必然带来游离氯离子浓度也相应增高，会导致一系列不良后果。如羰基化反应速率下降，溶液 pH 值降低，从而易产生高分子化合物（黑色残渣）。但钯含量也不能控制过低，过低则溶液 pH 值上升，易引起草酸铜沉淀，不利于催化剂的活性，影响乙醛产量。因此，催化剂溶液中钯、铜离子、氯离子三者之间应有一个适当的比值。由于钯是贵重金属，为使氯化钯含量保持在一定范围内，又节省钯，工业生产中常在催化剂溶液中加入适量的氯化铜，使金属钯不至于从溶液中析出，同时在维持必要的反应速率前提下，宜采用较低的钯含量，一般是 $0.2 \sim 0.4 kg$ 钯$/m^3$ 溶液。

(2) 铜含量　催化剂溶液中氯化铜在反应中是金属钯的氧化剂，一般以 Cu^+ 和 Cu^{2+} 之和称为催化剂溶液中总铜含量。如上所述，因为催化剂溶液中存在着三种主要离子的平衡，为充分发挥氯化钯的催化作用，必须有足够数量的 Cu^{2+}，从而维持钯氧化反应有效地进行。一般总铜含量控制为 $65 \sim 70 kg/m^3$ 溶液，铜、钯摩尔比为 $200:1$ 左右。总铜含量过高，可造成催化剂活性过高，反应不易控制，副产品醋酸增多，乙醛收率下降。在生产中若遇到催化剂溶液中总铜含量突然下降，可推测是形成 CuCl 沉淀所致，此时宜增加盐酸量，使沉淀溶解，如仍不见效，应适当补加 $CuCl_2$ 溶液。

(3) 氯铜比、氧化度和 pH 值　氯铜比、氧化度和 pH 值三者是互相关联、互相制约的。氯离子在催化剂溶液中存在着两种形式，一种是作为中心金属离子 Pd^{2+} 和 Cu^{2+} 的配位体，各自形成 $[PdCl_4]^{2-}$ 和 $[CuCl_2]^-$ 稳定配合物，保证了 $[PdCl_4]^{2-}$ 的平衡及 Pd^0 的被氯化。另一种是游离的氯离子，提高其浓度显然有利于钯的氧化，但却使乙烯的羰基化反应速率下降，因此，必须适当控制氯离子的浓度。一般在满足钯氧化平衡的前提下，通常采用低浓度氯离子。但由于反应中往往会生成一些含氯副产物，使氯离子浓度不足，影响钯氧化。所以，在反应过程中要不断补加盐酸溶液。

图 4-1 表示乙醛空时收率与氯铜比的关系。

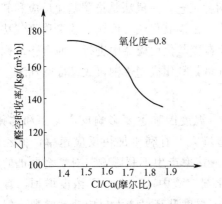

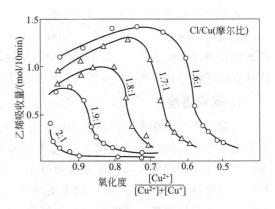

图 4-1　乙醛空时收率与氯铜比的关系　　　　图 4-2　氧化度与羰基化反应速率的关系

由图 4-1 可见，乙醛空时收率随氯铜比的降低而增大，这是因为游离氯离子浓度过高，使含氯副产物增加、反应选择性降低的缘故。但是，氯铜比过低，不利于 CuCl 沉淀的溶解，会导致金属钯析出。通常氯铜摩尔比为 1.4～1.6。

所谓催化剂溶液的氧化度是指 Cu^{2+} 与总铜离子浓度之比，即 $[Cu^{2+}]/([Cu^{2+}]+[Cu^+])$。氧化度对羰基化反应速率的影响如图 4-2 所示。

由图 4-2 可知，对于一定的氯铜比，对应有一最佳的氧化度范围，此时乙烯羰基化速率最快。氧化度过高，意味着 Cu^{2+} 在一定氯铜比下增加，Cu^{2+} 减少，与 Cu^+ 络合所耗 Cl^- 也随之减少，游离的 Cl^- 增加，从而阻碍乙烯羰基化反应的进行。相反，氧化度过低，Cu^{2+} 较少，不能维持较高的 $[PdCl_4]^{2-}$ 浓度，Pd 易从溶液中析出，同样使乙烯羰基化反应速率降低。工业生产中一般控制氧化度为 0.5～0.7。

从羰基化反应动力学方程看，催化剂溶液的 pH 值是影响羰基化反应速率的另一因素。pH 值低，即 H^+ 浓度高，反应阻力大。但 pH 值过高（H^+ 浓度过低），副反应生成的草酸能与 Cu^{2+} 生成较多的草酸铜沉淀。当氯铜比低于 2 时，Cu^{2+} 还会形成碱式铜盐，即 $Cu_2Cl(OH)_3 \cdot xH_2O$ 沉淀，它与草酸铜的生成可降低催化剂溶液中的铜含量，使催化剂溶液的活性大大下降。因此，工业生产中一般控制 pH 值在 0.8～1.3 范围内。

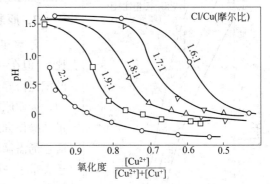

催化剂溶液的 pH 值和氧化度之间也有一定关系，可用图 4-3 表示。

图 4-3　氧化度与溶液 pH 值的关系

由图 4-3 可见，氯铜比、pH 值和氧化度三者密切相关。当氯铜比固定时，随氧化度增大，pH 值增大，H^+ 浓度降低，游离氯离子浓度增大。

由以上讨论可知，催化剂溶液的组成对乙烯液相氧化生产乙醛的影响是错综复杂的。因此在生产中，合理配制催化剂溶液，并在反应过程中经常测定并调节钯含量、氧化度和 pH 值等影响参数，保证催化剂溶液中各项指标相对稳定，显得尤其重要。

二、工艺条件

乙烯液相氧化生产乙醛可分为一段法和二段法两种工艺。一段法是指羰基化反应和其他两步氧化反应在同一反应器中进行。用氧气作氧化剂将一价铜氧化成二价铜，故又称氧气法。二段法则需用两个反应器，即羰基化反应与钯氧化反应在羰基化反应器中进行，而含一价铜的催化剂溶液需移到另一氧化反应器内，在加压下用空气将其氧化成二价铜，故又称空气法。

1. 反应温度

乙烯液相氧化生产乙醛在热力学上是很有利的，温度因素主要影响反应速率和选择性。从动力学方程可知，升高温度，反应速率常数 k 值增大，有利于加快反应速率，但乙烯在催化剂溶液中的溶解度随温度升高而减小，又对反应速率产生不利影响。对于金属钯的氧化而言，温度高，可以提高 Pd^{2+} 的平衡浓度，使催化剂溶液中 $[PdCl_4]^{2-}$ 浓度增加，有利于加速羰基化反应速率。就氯化亚铜的氧化反应而言，温度升高可增大反应速率常数，但氧气的溶解度却随之降低。综合以上分析可知，温度对反应速率产生的影响，需视两个相反效应何者占优势而言。在温度不太高时，反应速率随温度升高而加快，但随着温度的升高，有利因素的优势逐渐减小，而不利因素的影响逐渐显著，且反应温度高，副反应速率也相应加快，故存在一适宜的反应温度。一般控制反应温度在 393～403K 之间。

2. 反应压力

乙烯配位催化氧化生产乙醛是一个气液相反应，增加压力可提高乙烯和氧气的溶解度，加快反应速率，提高生产能力。但是，由于乙烯氧化生产乙醛是一个热效应较大的放热反应，反应热的移除是利用产物乙醛和催化剂溶液中水的蒸发来实现的，所以催化剂溶液是处于沸腾状态操作的，反应压力也就根据所选定的温度而自然确定。当反应温度为 393～403K 时，反应器操作压力（表压）为 0.3～0.38MPa。压力增加，反应温度也必然相应提高，总的效果未必有利。且反应温度的提高还受到反应设备防腐材料耐热性能及反应副产物生成量增加等因素的制约。

3. 原料气配比

乙烯和氧气的配比按计量反应方程式应为 2∶1（摩尔比），但在一段法中，乙烯和氧气是同时进入反应器的，2∶1 的配比恰好处于爆炸范围内，造成生产不安全。在实际生产中，为使原料气处于爆炸范围之外，人们常采用乙烯大大过量的操作方式。但这种操作方式乙烯转化率较低，大量未反应乙烯需循环使用。循环气中除含未反应的乙烯、氧气外，还夹带了一些副产物，如二氧化碳、水、卤代烃、氮气、乙烷等。生产实践表明，当循环气中氧含量（体积分数）大于 12%，乙烯含量（体积分数）小于 58% 时，仍会形成爆炸混合物。因此，工业生产中要求严格控制循环气中氧含量和乙烯含量分别在 8% 和 65% 左右。为保证安全生产，生产装置中设有联锁报警停车系统。

循环气中的氧含量、乙烯转化率与反应器进料组成之间的相互关系可用图 4-4 表示。图中循环气安全氧含量

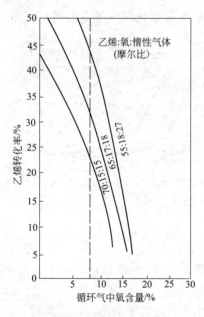

图 4-4　原料气配比与乙烯转化率和循环气中氧含量的关系

（8％）用垂直虚线表示。由图 4-4 可见，当原料气组成采用乙烯：氧：惰性气体等于 55：18：27 时不符合安全要求。而采用 70：15：15 时，虽满足安全生产要求，但对反应不利，经济上也不合理。当采用乙烯：氧：惰性气体等于 65：17：18 为进料组成时，乙烯转化率可控制在 35％左右，循环气中氧含量和乙烯的浓度两者均可满足安全要求，较为经济合理。

4. 原料气纯度

由于乙烯络合催化氧化生产乙醛的单程转化率不高，大量未反应的乙烯和氧气需循环使用。当原料乙烯和氧气纯度不高时，其惰性物质随反应进行及未反应气体多次循环，将逐渐积累在系统中。为此，必须将循环气排走一部分，以保持反应器进料组成的稳定。由于排除惰性气体，必定会损失部分乙烯，因此，乙烯在循环使用后的总转化率只达 95％左右。为减少乙烯损失，对原料气的纯度要求就很高，乙烯的纯度（体积分数）要在 99.7％以上。实践证明，当乙烯纯度由 99.7％降到 99.4％或氧气纯度由 99.5％降到 99.0％时，均可导致乙烯放空损失增加一倍。

原料乙烯中的乙炔能与催化剂溶液中的 Cu^{2+} 形成爆炸物乙炔铜，并可与钯盐作用生成易爆炸的难溶性钯炔化合物，进而析出钯，导致催化剂活性明显下降，操作也不安全。为此，要求乙烯中乙炔含量小于 $30mL/m^3$。原料乙烯中的硫化物易与催化剂氯化钯生成不溶性的硫化钯，使催化剂中毒，故要求其含量应小于 $3mg/m^3$（以 H_2S 计）。

三、工艺流程

1. 一段法乙烯氧化生产乙醛的工艺流程

一段法乙烯液相氧化生产乙醛的工艺流程如图 4-5 所示。工艺过程主要由三部分组成，即氧化反应系统、乙醛分离精制系统与催化剂再生系统。

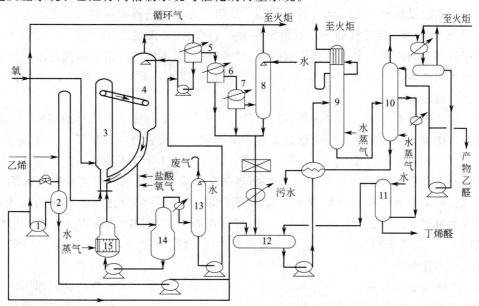

图 4-5　一段法乙烯络合催化氧化生产乙醛工艺流程图

1—水环泵；2—气液分离器；3—反应器；4—除沫分离器；5～7—第一、第二、第三冷凝器；

8—乙醛吸收塔；9—脱轻组分塔；10—精馏塔；11—丁醛提取塔；12—粗乙醛贮槽；

13—水洗塔；14—分离器；15—再生器

（1）氧化反应系统　反应器采用立式圆筒型鼓泡床塔式反应器，其结构简单，无内部构件，催化剂溶液的装填量为反应器体积的 $1/2\sim2/3$。新鲜乙烯与循环气混合后一并进入反应器 3 底部，反应器下部侧线通入新鲜氧气。操作压力控制在 $0.33\sim0.36MPa$，反应温度控制在 $393\sim403K$。原料气经催化剂溶液层发生反应，反应热由产物乙醛和水的汽化移除。气态的反应混合物和夹带的催化剂液沫经反应器上部导管进入除沫器 4，经除沫和气液分离，处于液相的催化剂溶液经除沫器底部循环管返回反应器底部，形成催化剂溶液的快速循环。气态反应混合物从反应器顶部逸出进入第一冷凝器 5，其组分有乙醛、水、未反应的乙烯和氧气、惰性气体及少量副产物。

第一冷凝器温度控制在 388K 以上，在此大部分水蒸气冷凝下来，冷凝液全部返回除沫器。由于第一冷凝器不可能使蒸发出来的水全部冷凝回收，故在除沫器上部需连续补充一些纯水，以维持反应器内催化剂液位高度及其浓度的恒定。自第一冷凝器出来的气体混合物则进入第二冷凝器 6，温度控制在 $348\sim358K$。未冷凝气体继续进入第三冷凝器 7，温度控制在 $307\sim318K$。未冷凝气体和自第二、第三冷凝器出来的冷凝液分别进入吸收塔 8 塔釜上部和塔釜。吸收塔塔顶用水喷淋，吸收未冷凝的乙醛。从吸收塔底部出来的吸收液约含 10% 的乙醛，称为粗乙醛，进入粗乙醛贮槽 12。从吸收塔顶部出来的气体含乙烯约 65%，氧约 8%，其他为惰性气体、氮及少量副产物二氧化碳、氯代烃等，乙醛含量仅 $100mL/m^3$ 左右。为了不使惰性气体在循环系统中积累，将其一部分排放至火炬燃烧，其余作为循环气经补充压力后返回至反应器。反应系统乙烯的单程转化率为 $35\%\sim38\%$，选择性为 95%。

（2）粗乙醛分离精制系统　本系统的任务是将粗乙醛经精馏分离，获得合格的乙醛成品。粗乙醛溶液用泵送至换热器进行预热后进入脱轻组分塔 9，塔釜用直接蒸汽加热，塔顶压力控制在 $0.29MPa$，塔顶温度为 $336\sim338K$。该塔的作用是将沸点比乙醛低的组分（如氯甲烷、氯乙烷及溶解的乙烯和二氧化碳等）从塔顶除去。塔釜物料利用压差进入乙醛精馏塔 10，塔釜也采用直接蒸汽加热，塔顶压力为 $0.118MPa$，温度为 $310\sim313K$。塔顶乙醛蒸气经冷凝后部分回流，其余作为成品（纯度 $>99.7\%$）送入成品贮槽。侧线连续采出中沸程的丁烯醛等副产物，塔釜连续排放含有少量高沸物的废水。此废水经换热、冷却、加碱中和、生化处理后排放。

（3）催化剂再生系统　从除沫器底部循环管中连续抽出一定量的催化剂溶液，经加入氧气和盐酸，使溶液中的氯化亚铜全部被氧化为氯化铜，泄压后进入分离器 14。在分离器中，溶解于催化剂溶液中的乙醛、二氧化碳、乙烯、氮气、氧气等气体从分离器顶部排出，经冷却器冷凝和水洗塔 13 水吸收，回收乙醛和捕集夹带出来的催化剂液雾滴后排至火炬。含有催化剂和乙醛的凝液及吸收液用泵送回除沫器上部。分离器中催化剂溶液送入再生器 15，直接通入水蒸气加热，温度控制在 448K，压力为 $0.78\sim0.88MPa$。在再生器中，借助催化剂溶液中 Cu^{2+} 的氧化能力将草酸铜氧化分解，放出 CO_2 并生成 Cu^+，再生后的催化剂溶液送回反应器连续使用。

（4）工艺设备防腐措施　因为催化剂溶液中含有盐酸介质，有强烈的腐蚀作用，所以凡是与催化剂直接接触的设备和管道都需要采取防腐措施，这也是液相氧化生产乙醛存在的主要缺陷。对反应器、除沫器和再生器，外壳均用碳钢制成，内壁衬两层橡胶（一层天然胶，一层合成胶），但由于橡胶层不耐高温，为了保证橡胶层温度不超过 353K，再衬 $2\sim3$ 层耐酸瓷砖。其他设备和管道防腐措施以操作温度 353K 为界。若低于 353K，如催化剂贮槽，只需在碳钢内壁衬橡胶即可；若高于 353K，则橡胶及耐酸瓷砖兼衬。对于口径小难以衬防腐材料的管道及管件，则需采用特种材料——钛材制造，如第一、第二冷凝器。在乙醛精制部分，由于副产物中有少量醋酸及氧化物，宜采用含钼不锈钢制造。

2. 二段法乙烯氧化生产乙醛的工艺流程

二段法是乙烯的羰基化和氯化亚铜的氧化反应分别在两个串联的反应器中进行。由于空气不与乙烯直接接触，反应较一步法安全，且避免了过多的乙醛发生氧化、氧氯化等连串副反应。二段法由于没有游离氧存在，反应温度和压力可以分别独立控制，一般反应温度较一段法低，为 373～383K。为了增加乙烯溶解度，加快羰基化反应速率，压力控制比一段法高，为 1.0～1.2MPa。二段法的另一特点是由于乙烯转化率可达 99％以上，无需循环，故可采用较低纯度的乙烯原料气（60％～95％均可），并可采用空气作为氧化剂。

二段法反应部分的工艺流程如图 4-6 所示。

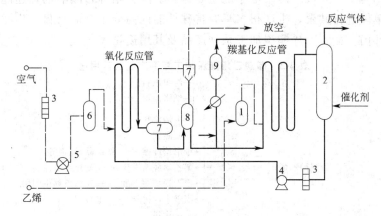

图 4-6　二段法乙烯氧化生产乙醛工艺流程图

1—乙烯缓冲器；2—闪蒸塔；3—过滤器；4—钛泵；5—鼓风机；
6—空气缓冲器；7—分离器；8—贮槽；9—再生器

原料乙烯经乙烯缓冲器 1 进入羰基化反应管内，在催化剂溶液作用下，于温度 373～383K 和压力 1.0～1.2MPa 的条件下进行反应生成乙醛。含产品乙醛的催化剂溶液随即在闪蒸塔 2 中泄压，利用蕴藏的反应热将乙醛与水从塔顶蒸出，冷凝后即得粗乙醛。

自闪蒸塔塔底得到的催化剂溶液，经过滤器 3 后，用钛泵 4 送至氧化反应管。空气自高空吸入，经过滤后用鼓风机 5 送至空气缓冲器 6，然后进入氧化反应管。在氧化反应管中，催化剂溶液中的氯化亚铜被氧化为氯化铜。具有一定氧化度的催化剂在分离器 7 中与剩余空气分离后，大部分送入羰基化反应管，小部分送入再生器 9 再生。

粗乙醛精制与一步法相同。

乙烯络合催化氧化生产乙醛的两种方法各有所长。例如，一段法流程短，设备投资少，耗用钛钢等特种材料较少；二段法流程长，设备复杂，特种材料耗用多。但二段法省去了空分装置，操作安全，原料乙烯纯度要求不高；一段法却存在安全防爆、原料乙烯要求苛刻，以及转化率低，需采用循环工艺等不足。因此，工业生产上这两种方法都有采用。

第二节 醋酸乙烯的生产

醋酸乙烯又称醋酸乙烯酯，是无色可燃性液体，具有醚的特殊臭味。醋酸乙烯的沸点为345.7K，微溶于水，能溶于大多数有机溶剂。其蒸气与空气可形成爆炸性混合物，爆炸极限（体积分数）浓度为 $2.65\% \sim 38\%$。醋酸乙烯有毒，其蒸气对人的眼睛和皮肤有刺激作用，空气中最高允许浓度为 5mg/m^3。醋酸乙烯可与水形成共沸物，共沸点为333K，共沸物中醋酸乙烯的质量分数为 93.5%。

醋酸乙烯酯是饱和酸和不饱和醇的简单酯，其化学结构的特点是含有不饱和双键，因而具有加成反应和聚合反应的能力。醋酸乙烯的主要用途是通过自聚生产聚醋酸乙烯。聚醋酸乙烯经醇解可得聚乙烯醇。聚醋酸乙烯用于胶黏剂、涂料、纸张涂层、纺织品加工、树脂胶等。聚乙烯醇则是生产合成纤维维尼纶的主要原料。除自聚外，醋酸乙烯还能与氯乙烯、乙烯、丙烯腈等单体进行共聚，生产很多具有特殊性能的高分子合成材料，广泛用于国民经济和国防工业各部门。醋酸乙烯酯深加工系列产品及其用途见表4-2。

表 4-2　醋酸乙烯酯深加工系列产品及其用途

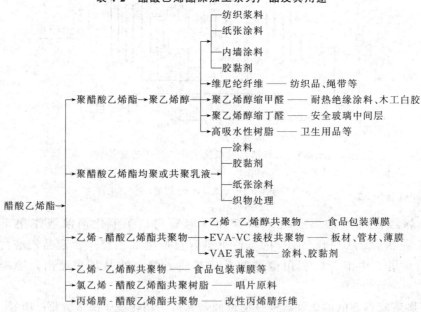

醋酸乙烯的生产方法主要有乙烯法和乙炔法。两种方法生产的醋酸乙烯成品中，醋酸乙烯含量都超过 99.5%，不同之处是所含杂质略有差异。乙烯法由于其流程短、环保达标及经济性好等优点，在世界总生产能力中占据主导地位（超过 80%）。乙炔法在经济上和环保达标方面不如乙烯法，但在水电煤和天然气资源比较丰富的地区，乙炔法仍具有一定的竞争力，仍被广泛采用。

一、乙烯氧化法生产醋酸乙烯

1. 反应原理

(1) 主、副反应　乙烯法采用载在硅胶上的贵金属钯和金（或铂）为催化剂，并添加一些醋酸钾（或醋酸钠）为助催化剂，原料乙烯、氧气和醋酸呈气相，一步合成醋酸乙烯。其反应方程式为：

$$CH_2{=}CH_2 + CH_3COOH + \frac{1}{2}O_2 \longrightarrow CH_3COOHC{=}CH_2 + H_2O \qquad \Delta H^{\ominus}_{298K} = -146.5 kJ/mol$$

经计算，主反应的平衡常数 $K_{p,423K} = 1.334 \times 10^{19}$，$K_{p,473K} = 4.219 \times 10^{11}$，所以主反应可作为不可逆反应处理。

主要副反应是原料乙烯的深度氧化：

$$CH_2{=}CH_2 + 3O_2 \longrightarrow 2CO_2 + 2H_2O \qquad \Delta H^{\ominus}_{298K} = -1340 kJ/mol$$

此外还有少量副产物乙酸、醋酸乙酯、醋酸甲酯、丙烯醛、二醋酸乙二醇酯等生成。

$$CH_3COOHC{=}CH_2 + H_2O \longrightarrow CH_3COOH + CH_3CHO$$

$$CH_3COOH + C_2H_4 \longrightarrow CH_3COOC_2H_5$$

$$2CH_3COOH + 2C_2H_4 + 3O_2 \longrightarrow 2CH_3COOCH_3 + 2H_2O + 2CO_2$$

$$2CH_3COOH + 2C_2H_4 + 3O_2 \longrightarrow 2CH_2{=}CHCHO + 4H_2O + 2CO_2$$

$$2CH_3COOH + C_2H_4 + \frac{1}{2}O_2 \longrightarrow \underset{CH_3OCO \quad\quad OCOCH_3}{CH_2{-}CH_2} + H_2O$$

（2）催化剂 乙烯与醋酸气相催化氧化偶联合成醋酸乙烯所用的催化剂为固体，而原料乙烯、氧气和醋酸均是气体，所以反应过程属于气固非均相催化反应。

催化剂的活性与钯含量有关，也与钯在载体表面上的分散度有关，钯含量愈高，催化剂的活性愈高。但钯是贵金属，含量高会影响生产成本，并考虑到高活性条件下反应热的移除问题，一般控制钯含量约为 $3.0 kg/(m^3$ 催化剂$)$。此外，钯在载体表面上的分散度也应适宜，太大的分散度反而降低催化剂活性。

金的存在可防止钯的凝聚，使钯在载体上有良好的分散度，从而提高催化剂的活性，增加催化剂的寿命。金的含量一般为 $1.4 kg/(m^3$ 催化剂$)$ 左右。

助催化剂醋酸钾（又称缓和剂），不仅可提高催化剂的活性，而且能抑制生成二氧化碳的深度氧化，从而提高反应的选择性。助催化剂醋酸钾的用量通常为钯含量的 10 倍。在反应过程中，醋酸钾会随物料逐渐流失，造成催化剂活性和反应选择性降低，为此，生产中必须连续补加醋酸钾。

载体是影响催化剂活性的重要因素。在反应条件下，要求载体能耐醋酸腐蚀，并保持物理性能和机械性能基本不变。工业上广泛采用硅胶作为载体。

钯-金-醋酸钾-硅胶催化剂具有性能优良的活性和选择性，且使用寿命长，空时收率高，这也是乙烯法生产醋酸乙烯的优越性之一。

2. 工艺条件

（1）反应温度 温度是影响反应的主要因素。反应温度对空时收率和选择性的影响如图 4-7 所示。温度升高，可增加反应速率，但由于乙烯深度氧化的副反应速率也同时大大加快，使反应选择性显著下降；过高的温度使空时收率反而降低。温度过低，

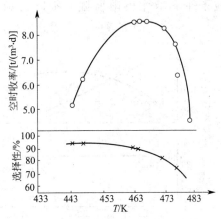

图 4-7　乙烯氧化生产醋酸乙烯反应温度对空时收率和选择性的影响

反应速率下降，虽然选择性较高，但空时收率和转化率都较低。当使用钯-金-醋酸钾-硅胶催化剂时，反应温度一般控制在438～453K。

（2）反应压力 由于反应是物质的量减少的气相反应，故增加压力有利于反应的进行，并可提高设备的生产能力。从图4-8可以看出，随着压力的增加，空时收率和选择性均增加。但压力过大，设备投资费用也要增加。综合考虑经济和安全因素，工业上操作压力为0.8MPa左右。

（3）空间速率 如图4-9所示，乙烯转化率随空速减小而提高，选择性随空速减小而下降。从生产角度考虑，空速低，空时收率低，即产量小，这是不希望的。空速增大，乙烯转化率虽下降，但选择性和空时收率提高，且有利于反应热的移去。然而空速过大，原料不能充分反应，转化率大大降低，循环量大幅度增加。所以，必须综合考虑各方面因素，选择适宜的空速。工业上一般控制在1200～1800h^{-1}。

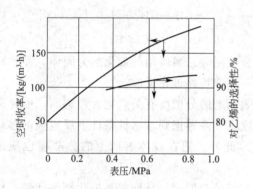

图4-8　乙烯氧化生产醋酸乙烯压力对空
时收率和选择性的影响

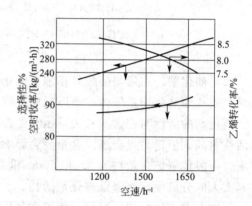

图4-9　乙烯法生产醋酸乙烯空速对空时收率、
选择性及乙烯转化率的影响

（4）原料气的配比 原料气的配比受乙烯和氧气的爆炸极限制约，同时也影响反应结果。

① 乙烯和氧气的配比。按化学计量方程式，乙烯和氧气的摩尔比应为2：1。由于受反应条件下爆炸极限所限，所以乙烯是大大过量的。一般采用乙烯与氧气的摩尔比为（9～15）：1。研究表明，乙烯分压高，不仅可以加快醋酸乙烯的生成速率，而且可抑制完全氧化副反应的进行，氧气分压高（小于爆炸极限浓度），虽然也可加快醋酸乙烯的生成速率，但也加快了完全氧化副反应的速率，使反应选择性下降，并导致催化剂寿命的缩短。故氧气分压不宜过高，乙烯与氧气的配比选择还与压力有关，当反应压力为0.8MPa时，乙烯与氧气的摩尔比为（12～15）：1，所以，在反应过程中有大量未反应的原料气需循环使用。

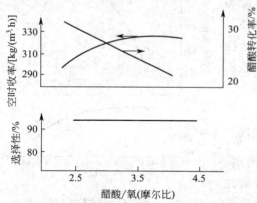

图4-10　醋酸和氧气配比对反应的影响

② 醋酸和氧气的配比。如图4-10所示，在一定范围内，当醋酸与氧气的摩尔比增加

时，醋酸乙烯空时收率增加，但醋酸转化率却明显下降，使醋酸回收负荷增加，需综合考虑各方面因素确定一适宜值。工业生产中，在 0.8MPa 反应压力下，乙烯、氧气和醋酸的摩尔配比范围是（12～15）：1：（3～4）。

③ 水和二氧化碳。原料中适量水的存在，可提高催化剂的活性，并可减少醋酸对设备的腐蚀，因此，生产中采用含水醋酸。一般控制反应气中含水量约 6%（摩尔分数）。二氧化碳是反应的副产物，存在于循环气中。适量二氧化碳的存在既有利于反应热的移除，又可抑制乙烯的深度氧化反应，且使氧气的爆炸极限浓度提高。

必须指出，为防止催化剂中毒，生产中要严格控制乙烯原料中卤素、硫、一氧化碳、炔烃、胺、芳香烃及腈等化合物的含量。为防止对有关设备的腐蚀，醋酸中的甲酸量也要加以控制。

3. 工艺流程

在钯-金-醋酸钾-硅胶催化剂存在下，乙烯气相氧化生产醋酸乙烯的工艺流程可分为两大部分：醋酸乙烯的合成和醋酸乙烯的精制与醋酸的回收。

（1）醋酸乙烯的合成 乙烯与醋酸气相氧化合成醋酸乙烯的工艺流程如图 4-11 所示。

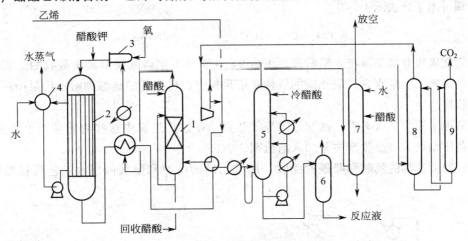

图 4-11 乙烯与醋酸气相氧化合成醋酸乙烯的工艺流程
1—醋酸蒸发器；2—反应器；3 氧混合器；4—水汽分离器；5—气体吸收分离塔；
6—脱气槽；7—水洗塔；8—二氧化碳吸收塔；9—碳酸钾再生塔

新鲜乙烯与循环气汇合经预热后进入醋酸蒸发器 1 下部，与上部喷淋的醋酸逆流接触，被醋酸饱和后从蒸发器顶部出来。混合气中醋酸与乙烯的配比由醋酸蒸发器的温度调节控制。混合气经热交换器和气体预热器被加热到一定温度后，进入氧混合器 3。在氧混合器中，一方面气体与氧气迅速达到均匀混合，另一方面控制氧含量（体积分数）为 4.5%～6%，并防止氧气局部过量，以免引起爆炸。生产上为安全起见设有联锁报警切断装置。与氧气混合后的原料混合气在输送管线中用喷嘴喷入雾状醋酸钾溶液，再自反应器上部进入氧化反应器 2。

反应器采用列管式固定床，管内装有催化剂，管间为加压热水，利用水的蒸发移除反应热，并副产蒸汽。由于有完全氧化副反应发生，且该副反应是一较强的放热反应，因此反应温度以水汽分离器 4 的压力来调节控制。

反应后的气体中除含有醋酸乙烯、二氧化碳、水、惰性气体及其他副产物外，尚含有大量未反应的乙烯、醋酸和氧气。由于产物醋酸乙烯含量（质量分数）甚低（4%左右），故采用以醋酸为溶剂的吸收分离法，使醋酸乙烯和未反应的醋酸与不凝性气体分离。

自反应器底部出来的反应气体产物经热交换器与原料气换热后，进入气体冷凝器用冷水加以冷凝，使可凝性组分醋酸、水、醋酸乙烯及高沸点副产物大部分冷凝下来。经气液分离后，让气体和凝液分别进入吸收分离塔 5 不同部位，用醋酸和凝液溶解吸收气体中所含的产物醋酸乙烯、副产物和醋酸。

气体吸收分离塔塔釜排出的吸收液和冷凝液，总称为反应液，经脱气槽 6 降压（降至常压），脱去溶解于其中的不凝性气体后进入分离精制系统。为了回收脱出气体中带有的醋酸乙烯，脱气槽上有一气体洗涤段，用含水醋酸进行洗涤。

气体吸收分离塔 5 顶部导出的未凝气体，主要成分是乙烯、氧、二氧化碳和惰性气体。这些气体经循环增压后，大部分循环回反应器，一部分经醋酸和水洗以回收可能失掉的醋酸乙烯和醋酸，送二氧化碳吸收装置脱除二氧化碳后返回循环气中。

二氧化碳脱除装置由二氧化碳吸收塔与碳酸钾再生塔组成。在二氧化碳吸收塔 8 中，于加压下以热的碳酸钾溶液与气体逆流接触，将二氧化碳吸收，塔顶气体返回循环系统。吸收过程原理可用下式表示：

$$K_2CO_3 + CO_2 + H_2O \xrightarrow[\text{再生（常压）}]{\text{吸收（加压）}} 2KHCO_3$$

二氧化碳吸收塔釜液进入碳酸钾再生塔 9，在常压下把碳酸钾溶液中吸收的二氧化碳用蒸汽汽提出来，大量富含二氧化碳的气体在塔顶排空。再生后的碳酸钾溶液用泵循环回二氧化碳吸收塔。

碳酸钾溶液中常含有铁、油和乙二醇等杂质，在加热过程中这些物质易产生发泡现象，使塔设备压差增大，故生产中常加入消泡剂。

（2）醋酸乙烯的精制和醋酸的回收　醋酸乙烯的精制和醋酸的回收工艺流程如图 4-12 所示。

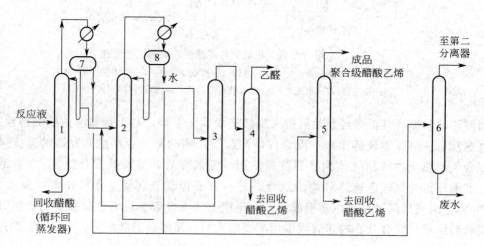

图 4-12　醋酸乙烯的精制和醋酸的回收工艺流程图

1—第一精馏塔；2—第二精馏塔；3—第三精馏塔；4—第四精馏塔；5—第五精馏塔；

6—第六精馏塔；7—第一分离器；8—第二分离器

由醋酸乙烯合成工序来的反应液中，除含有醋酸乙烯外，尚含有醋酸、水及其他低沸物和高沸物的杂质，精制和回收工序的主要任务是分离回收未反应的醋酸，分离醋酸乙烯达到聚合级质量规格，回收浓缩副产物乙醛至99％以上纯度，低沸物、高沸物杂质浓缩后焚烧。整个分离精制和回收系统由六个精馏塔组成。

来自醋酸乙烯合成工序脱气槽的反应液先进入第一精馏塔1，分离回收醋酸，由于醋酸乙烯及其副产物丙烯醛、醋酸甲酯都能与水形成共沸物，所以该塔又称恒沸精馏塔。第一精馏塔塔底为浓缩的回收醋酸及少量高沸物，送醋酸蒸发器再作反应原料使用。醋酸乙烯、水及低沸物以接近共沸组成的馏分自塔顶馏出，经冷凝进入第一分离器7。由于醋酸乙烯在水中溶解度较小，冷凝液在分离器中分为两层，上层粗醋酸乙烯部分回流，其余送至第二精馏塔2。

第二精馏塔的任务是脱去轻组分，故又称脱轻组分塔。溶解于粗醋酸乙烯中的水、低沸点杂质和部分醋酸乙烯一并从第二精馏塔2塔顶蒸出，经冷凝后进入第二分离器8中分层。下层水与第一分离器7中的下层水汇合送往第六精馏塔6，上层醋酸乙烯和低沸物溶液送往第三精馏塔3。第三精馏塔又称轻组分分离塔，从塔顶蒸出以乙醛为主成分的低沸物，从塔底出来的粗醋酸乙烯返回第二精馏塔。第三精馏塔塔顶馏出物乙醛、丙烯醛、醋酸甲酯等低沸物，送往第四精馏塔4进一步提纯精制。第四精馏塔塔顶得到含量达99％以上的乙醛，故该塔又称乙醛塔，塔釜液经回收醋酸乙烯后排放。

第二精馏塔釜引出粗醋酸乙烯送至第五精馏塔5，沸点高于醋酸乙烯的杂质和部分醋酸乙烯作为釜液导出，送回收醋酸乙烯。塔顶馏出液即为精醋酸乙烯。故该塔又称为醋酸乙烯精馏塔。

第六精馏塔是回收水层内的醋酸乙烯，故此塔又称为醋酸乙烯回收塔，其塔顶馏出醋酸乙烯和水，经冷凝后返回第二分离器回收醋酸乙烯。塔釜液为废水，经中和处理后排放。

沸点高于醋酸的高沸物杂质，在合成醋酸乙烯工序中的醋酸蒸发器底部积累，应定期将部分釜液残渣取出后焚烧处理。

醋酸乙烯很容易自聚，所以在处理醋酸乙烯的各精馏塔中，尤其在加热情况下处理高浓度醋酸乙烯时，必须加入阻聚剂，以防止因聚合引起的各类堵塞而影响正常生产。常用的阻聚剂有对苯醌、对苯二酚等。

二、乙炔法生产醋酸乙烯

乙炔法合成醋酸乙烯的工艺过程又分为液相法和气相法两种。

液相法是以气体乙炔与液体醋酸在分散于醋酸中的催化剂作用下进行的。催化剂可采用各种酸（硫酸、乙基硫酸、磷酸等）的汞盐。该法由于存在催化剂（汞盐）有毒、耗量大，以及反应会生成大量副产物二醋酸亚乙酯等缺点，近代工业生产中已被气相法所取代。

气相法是醋酸蒸气和乙炔的混合物在高温下通过相应的催化剂而合成醋酸乙烯的。气相法的主要优点是：醋酸乙烯的收率高，催化剂价廉且无毒，系统中没有无机酸，对设备腐蚀性小。但气相法对乙炔要求严格，需纯度较高的乙炔。另外，反应过程需要在较高的温度下进行。

1. 反应原理

（1）主、副反应 气相合成醋酸乙烯是利用乙炔分子中叁键的活泼性与醋酸在催化剂作用下进行加成反应而实现的。当用载体活性炭吸附的醋酸锌为催化剂时，其主反应为：

$$CH\equiv CH + CH_3COOH \longrightarrow CH_3COOCH=CH_2 \qquad \Delta H_{298K}^{\ominus} = -118.3 kJ/mol$$

伴随着醋酸乙烯的生成反应，同时有副反应发生，其主要副反应如下：

① 乙醛的生成

乙炔与水作用　　$CH \equiv CH + H_2O \longrightarrow CH_3CHO$

醋酸乙烯水解　　$CH_3COOCH = CH_2 + H_2O \longrightarrow CH_3COOH + CH_3CHO$

二醋酸亚乙酯的分解　　$CH_3CH(OCOCH_3)_2 \longrightarrow (CH_3CO)_2O + CH_3CHO$

② 巴豆醛的生成

由乙醛生成　　$2CH_3CHO \longrightarrow CH_3CH = CHCHO + H_2O$

乙炔与乙醛作用　　$CH \equiv CH + CH_3CHO \longrightarrow CH_3CH = CHCHO$

③ 丙酮的生成

由醋酸生成　　$2CH_3COOH \longrightarrow CH_3COCH_3 + CO_2 + H_2O$

醋酸锌分解　　$Zn(OCOCH_3)_2 \longrightarrow CH_3COCH_3 + CO_2 + ZnO$

④ 二醋酸亚乙酯的生成

由乙炔与过量醋酸作用　　$CH \equiv CH + 2CH_3COOH \longrightarrow CH_3CH(OCOCH_3)_2$

⑤ 醋酸酐的生成

醋酸脱水　　$2CH_3COOH \longrightarrow (CH_3CO)_2O + H_2O$

二醋酸亚乙酯分解　　$CH_3CH(OCOCH_3)_2 \longrightarrow (CH_3CO)_2O + CH_3CHO$

醋酸锌分解　　$Zn(OCOCH_3)_2 \longrightarrow (CH_3CO)_2O + ZnO$

随着温度升高，副反应加剧，因此，有效控制反应温度以及避免局部过热是抑制副反应发生的有效途径。

(2) 反应动力学方程　乙炔和醋酸在催化剂作用下气相合成醋酸乙烯是典型的气固相催化反应，该反应以表面化学反应为控制步骤。由控制步骤导出的动力学方程如下：

$$v = k[C_2H_2][Zn(Ac)_2]$$

式中　　　　v——反应速率；

　　　　　　k——反应速率常数；

　　$[C_2H_2]$——乙炔的分压；

$[Zn(Ac)_2]$——醋酸锌的浓度。

根据阿累尼乌斯原理，反应速率常数可用下式表示：

$$k = A\exp\left(-\frac{E}{RT}\right)$$

式中　A——频率因子；

　　　E——活化能，kJ/mol；

　　　R——摩尔气体常数；

　　　T——热力学温度，K。

根据实验测得反应的活化能为 67.30kJ/mol。

由反应动力学方程可以得知，反应速率与乙炔的分压及催化剂醋酸锌的浓度成正比，而与醋酸的分压无关。

(3) 催化剂　锌、镉、汞等化合物对乙炔法合成醋酸乙烯均能起主催化作用。但由于镉的化合物价格太高，汞的化合物又有毒，工业上一般采用锌的化合物（常用醋酸锌）为主催化剂。实验表明，单独使用醋酸锌，对乙炔与醋酸合成醋酸乙烯没有催化作用，必须与活性炭联合作用。因此，该催化剂常用活性炭为载体（从性能上看，该载体同时具有助催化作用）。用醋酸锰和醋酸铅作助催化剂，可减少催化剂表面积炭，延长催化剂的使用寿命。

由动力学方程式可见，醋酸锌的含量对反应速率有很大影响，醋酸锌含量高，反应速率快，即活性高。但含量过高时，会出现较大偏差，这可由图 4-13 看出。当吸附量小于 0.3g 醋酸锌/(g 活性炭) 时，随着醋酸锌含量的增加，醋酸转化率增加，表明催化剂活性增加。但当吸附量超过 0.3g 醋酸锌/(g 活性炭) 时，转化率随醋酸锌的吸附量升高而下降，即催化剂活性降低。这是因为原来在醋酸锌吸附量较低时，它没有完全覆盖活性炭的微孔表面，使一部分表面无催化作用，催化剂活性不高。当载量达到 0.3g 醋酸锌/(g 活性炭) 左右时，微孔的表面上全部覆盖了醋酸锌，活性出现最大值。再增加吸附量，微孔或者被堵死，或者孔径变小，反应气体不能在其中自由扩散，致使催化剂活性降低。

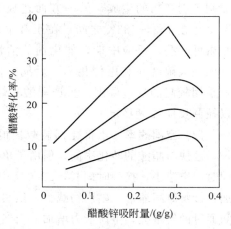

图 4-13　醋酸锌吸附量对反应的影响

醋酸锌/活性炭催化剂虽然目前仍用于乙炔和醋酸气相合成醋酸乙烯，但它却有许多缺点。如随着反应的进行，活性下降得较快，为了提高活性，只有提高反应温度。但随着温度的升高，副产物巴豆醛增加，而巴豆醛与醋酸乙烯的相对挥发度较小，使得分离精制变得困难。另外，该催化剂对载体活性炭要求较高，产品产量低，生产成本较高。

基于醋酸锌/活性炭催化剂存在的缺点，近年来开展了新催化剂的研究工作。发现以氧化锌为主体的多元催化剂，在活性、使用寿命和选择性等方面，均比醋酸锌催化剂具有优势。例如 $16Zn0.32Fe_2O_3 \cdot V_2O_5$ 的活性比醋酸锌/活性炭催化剂的活性高约 5 倍。为了不使该催化剂的活性下降，常加入稳定剂氯化锌。在反应过程中，醋酸生成的醋酸锌首先与氯化锌形成分子化合物 $Zn(Ac)_2 ZnCl_2$，它再与过剩的醋酸锌共融，显著地降低了醋酸锌的蒸气压，抑制了醋酸锌的升华和热分解，结果使催化剂的活性下降较慢。这种催化剂选择性也较好，产物中巴豆醛含量较低。当加入活性炭后，乙醛和丙酮的含量也大大降低。该催化剂以硅胶为载体，具有原料价廉易得等特点。但硅胶强度较差，新催化剂还存在许多问题，要用于工业生产还有待进一步的改进。

2. 工艺条件

（1）反应温度　由动力学方程可见，随着反应温度的升高，反应速率常数增大（温度每增加 10K，反应速率可增加 1 倍）。这一规律也可通过实验得到证明，如图 4-14 所示为实验结果。由图可知，在 433～473K 范围内，醋酸转化率随温度升高而迅速增加。但是，温度的升高不仅只对主反应有影响，而且对副反应也有影响。实践证明，巴豆醛和丙酮的含量均随反应温度的升高而增加。乙醛的含量在温度较低时随温度升高而增大，其极限温度为 488K，超过此值，温度再增加，乙

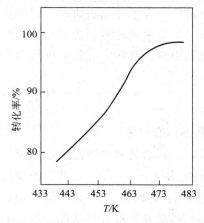

图 4-14　醋酸转化率和温度的关系

醛含量将下降。

在反应产物中，巴豆醛的含量增加是极为不利的。这是因为巴豆醛与醋酸相对挥发度很小，分离非常困难。而醋酸乙烯中含有巴豆醛，对聚合物性能有很大影响；巴豆醛从醋酸中分离更加困难，未反应的醋酸中含有巴豆醛，当它重新返回反应器时，一方面加剧了副产物的生成，另一方面造成了醋酸蒸发器的腐蚀和堵塞。因此，最适宜的反应温度是在 443～483K 之间。在正常生产中，开车初期，催化剂活性高，反应温度应当控制得低一些。反应中期，催化剂的活性和选择性较好，反应温度应增加得很缓慢，这样可以最大限度地利用催化剂。后期，催化剂活性较差，为了维持反应器的生产能力，一般采用较高的反应温度。生产醋酸乙烯是一放热过程，在反应过程中应及时移除反应热，以控制反应温度稳定。

（2）空间速率 当催化剂装载量恒定时，接触时间与空速成反比。空速小，接触时间长，乙炔与醋酸的转化率高，但由于单位时间通过催化剂的气量减小，所以生产能力降低。同时，空速小，接触时间长，二次反应加剧，副产物增多，产品质量不好。随着空速的增加，接触时间缩短，副产物减少，虽然乙炔和醋酸单程转化率低，但每立方米催化剂单位时间通过的气量大，生产能力增加。当然，空速也不能太大，过大的空速会导致转化率过低，物料循环量增加，成本上升。工业生产中通常控制醋酸转化率 60%～70% 时的空速为宜，采用醋酸锌/活性炭催化剂时，一般控制空速为 200～300h^{-1}。

（3）进料摩尔比 乙炔和醋酸的摩尔比对反应有很大影响。从反应速率方程式可以看出，反应速率与乙炔的分压成正比，与醋酸的分压无关。所以，增加乙炔与醋酸的摩尔比，有利于加速反应的进行。如图 4-15 表示乙炔/醋酸摩尔比与醋酸转化率和催化剂空时收率的关系。

从图 4-15 可以看出，随着摩尔比的增加，醋酸转化率增加，即反应速率加快。但过大的摩尔比，导致乙炔循环量过大，催化剂空时收率大大降低，这也是不经济的。实际生产中一般采用乙炔/醋酸摩尔比为（3～4）：1。

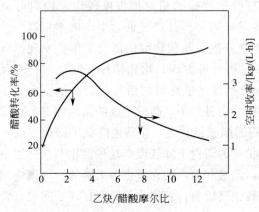

图 4-15 乙炔法原料摩尔比与醋酸
转化率和空时收率的关系

（4）原料纯度 为了避免乙炔水合副反应发生，乙炔和醋酸应尽可能地不含水分。同时为了不使催化剂中毒，原料中应除去可能存在的硫、磷、砷等催化剂毒物。

3. 工艺流程

乙炔法生产醋酸乙烯的工艺过程，根据所采用的反应器不同有两种。

（1）固定床法生产醋酸乙烯工艺流程 如图 4-16 所示，新鲜乙炔和循环乙炔经升压后进入醋酸蒸发器 2 下部，醋酸从蒸发器上部进入，两者配料比为（3～4）：1。乙炔鼓泡穿过醋酸液层，被醋酸饱和，进入第一预热器 3 与反应后的气体进行热交换，之后进入第二预热器 4，用反应器管间来的高温热水加热到接近反应温度。加热后的原料混合气从反应器 5 上部进入反应器。反应器采用列管式固定床，管内填装催化剂，为了使气体分布均匀，在反应器入口处设有气体分布器。管间通高压水，以带出反应热。反应温度为443～483K，空速为200～270h^{-1}。

出反应器的反应气体，含有醋酸乙烯、乙炔、醋酸和副产物乙醛等，经与原料气换热后，再经多级冷凝冷却到273K左右。未凝气体中80％左右是未反应的乙炔，几乎不含醋酸和醋酸乙烯，大部分循环，少量放空，以防惰性气体在系统中积累。多级冷凝分出的液体汇合后送往醋酸乙烯精制工段。

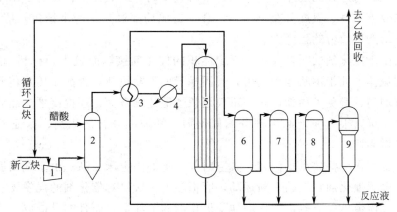

图4-16　乙炔固定床法生产醋酸乙烯工艺流程

1—鼓风升压机；2—醋酸蒸发器；3—第一预热器；4—第二预热器；

5—反应器；6～8—冷凝器；9—气液分离器

醋酸乙烯的精制与醋酸回收流程与乙烯法类同，此处从略。

(2) 流化床法生产醋酸乙烯工艺流程　采用流化床反应器合成醋酸乙烯的工艺流程组织与固定床法相似（此处从略，教学时可作为作业让学生根据以下描述进行流程组织并画图）。

新鲜乙炔经净化脱除 H_2S、PH_3 等杂质后与循环乙炔汇合，用鼓风机升压到78.5～83.4kPa（表压）后，由切线方向加入气体混合器。

新鲜醋酸和精馏回收醋酸按一定比例送入醋酸蒸发器。采用间接加热使醋酸汽化。气态醋酸进入气体混合器，并控制乙炔/醋酸摩尔比为2.5:1。醋酸蒸发器内的杂质（如乙醛、巴豆醛、醋酸乙烯等）在高温下能够聚合生成树脂状物质，积聚在蒸发器底部，应连续排出，并进行蒸馏处理。

混合后的气体，送入蒸汽预热器和油预热器，将混合气体加热到403～413K后进入反应器底部。在反应器内，混合原料气首先从入口温度加热到反应温度，之后进行反应，生成醋酸乙烯以及副产物。反应热由反应器内部换热器的水和夹套中的油导出。

为了保证催化剂的活性和补充被反应气体带出的催化剂，定期从反应器下部卸出一部分旧催化剂，加入一部分新催化剂。

从反应器出来的反应气体含有未反应的乙炔、醋酸及产物醋酸乙烯和少量副产物乙醛等，并夹带有少量的催化剂粉末。为了提高传热效率，避免催化剂粉末堵塞设备，首先采用三段板式塔对气体进行冷凝吸收，并完成初分离。

该塔的工艺过程为反应气体从塔底进入冷凝分离塔，与塔顶向下的水逆流接触，发生传热和传质。其中醋酸和醋酸乙烯被冷凝下来，并由塔中部采出；乙炔、氮气、乙醛、一氧化碳和二氧化碳等气体由塔顶排出；催化剂粉尘由塔底排出。各段的作用为：第一段冷却气体和洗涤催化剂粉尘；第二段将大部分醋酸和醋酸乙烯冷凝；第三段回收少量未被冷凝的醋酸和醋酸乙烯。

经冷凝分离后，醋酸和醋酸乙烯水溶液送到醋酸乙烯精制工序，乙炔等不凝性气体送至乙炔回收工序。

(3) 两种生产方法的比较　固定床法单程转化率比流化床法高，反应液中醋酸乙烯浓度高，有利于分离。另外，固定床法空速大，空时收率高，对载体活性炭的要求不苛刻。但是催化剂的传热效果不好，温度分布不均匀，容易造成局部过热，产生结焦，催化剂寿命短。装卸催化剂要求严格，劳动强度大。

流化床法由于催化剂的颗粒较小，一定体积的催化剂接触面较大，有利于传热和传质；催化剂颗粒在流体中处于不断运动之中，气固相界面不断更新，提高了传热传质系数，使床层内温度分布均匀，避免了局部过热，不仅延长了催化剂寿命，还提高了产品质量；在反应器运行过程中，可以很方便地卸出部分旧催化剂，补加部分新催化剂，保证了催化剂的活性，延长了操作周期。

流化床法也存在一些缺点。例如，其空时收率不如固定床法高；由于气固返混大，使得转化率较低；由于催化剂颗粒的不断运动，磨损较大，所以对催化剂的强度要求较高。催化剂粉尘被反应气体带出反应器，不仅增加了催化剂的消耗量，而且容易造成气体冷凝系统和反应液精制系统的堵塞。

三、醋酸乙烯生产技术发展趋势

无论是乙炔法还是乙烯法，醋酸乙烯的生产主要还是以提高产品质量、降低能源消耗、拓宽产品应用领域为目标。

1. 原料来源

乙烯和乙炔是生产醋酸乙烯的主要原料，乙烯受石油价格及储存开采量影响，乙炔受电石质量及环境问题限制，两者各有利弊。若能扩大醋酸乙烯原料来源，使其在醋酸乙烯生产中占有一定的比重，必将在一定程度上解决因原料问题造成的停产、亏损、倒闭等问题。近年来，页岩气、煤层气等新型资源的技术研究已逐渐成熟，开采技术不断提高，如果应用在醋酸乙烯生产过程中，必将给醋酸乙烯产业链带来无限生机。

2. 催化剂

催化剂是醋酸乙烯生产技术的核心，其每一项指标的改进都将是醋酸乙烯产业的里程碑。乙炔法采用醋酸锌负载活性炭催化剂，该催化剂虽然原料易得、制备简单，但是其使用寿命短（约为 6～12 个月，乙烯法催化剂寿命为 2～4 年）、机械强度差、活性下降快。乙烯法所用催化剂在使用寿命和催化活性方面占据优势，但是废催化剂的回收处理是个问题。自第一套醋酸乙烯装置投产以来，各国为提高催化剂的活性、强度和选择性作了大量的研究工作。对于乙烯气相法所采用的催化剂，目前的研究热点在于通过载体、活性组成改变方面的改进来提高催化剂的选择性，延长其使用寿命。如杜邦（Dupont）公司、拜耳（Bayer）公司等通过改进催化剂的制备方法，使载体具有适宜的孔结构，并使贵金属均匀地分布在载体的表层，减少了贵金属的用量。塞拉尼斯（Selanese）公司、英国 BP（British Petroleum）公司、阿莫科（Amoco）公司等通过改进催化剂性能，提高了装置的产能，降低了投资费用和操作费用。

3. 工艺优化

醋酸乙烯的生产会产生很多副反应，减少或消除副反应对整个醋酸乙烯装置的生产都是有利的，不仅可以提高产品收率及质量，还可取消不必要的设备，从而降低投资费用。中国石化长城能源化工（宁夏）有限公司醋酸乙烯装置对醋酸乙烯精制系统进行改造，采用粗分塔（该塔对醋酸和醋酸乙烯进行初步分离，塔顶气相为醋酸乙烯）塔顶气相直接进入醋酸乙烯精制塔精制，大大提高了醋酸乙烯产品质量和装置运行稳定性，同时省去了冷凝器、馏出槽和馏出泵等设备，降低了投资费用。超重力精馏是一种新型的化工分离技术，目前，该技术在应用过程中展示出其强大的优势，强化了传递过程、缩小了设备尺寸、改善了环境污染问题、降低了能耗，分离效果更好。

总体而言，乙炔法投资低，但能耗大，单位生产成本高，环保问题严重；乙烯法投资高，但单位生产成本低，环保问题得到大面积改善且达到环保标准。因此，选择乙炔法还是乙烯法主要还是受原料来源的限制，同时还必须考虑环保问题及生产厂址的选择。

未来醋酸乙烯的生产技术主要应该向原料来源优化、催化剂改进、装置规模大型化及设备改进和过程强化等方面考虑和发展。如现在兴起的碳一化学、超重力技术等，如能得到成功应用并实现装置规模大型化，不但能使能源利用最优化，而且能够降低投资和生产成本，解决环保问题，提高装置竞争力。

第三节　乙烯环氧化生产环氧乙烷

环氧乙烷又称氧化乙烯，常温下系无色有醚味的气体（沸点为283.7K），易于液化，并能以任何比例与水及大多数有机溶剂互溶。气态环氧乙烷易燃易爆，在空气中爆炸极限（体积分数）为3%～80%，但液态环氧乙烷无爆炸性。

环氧乙烷是一种最简单的环醚，因分子中的三元环氧结构易断裂，反应性质活泼，可发生多种反应。所以，环氧乙烷是乙烯工业衍生物中仅次于聚乙烯和聚氯乙烯的重要有机化工中间体，主要用于生产聚酯纤维、聚酯树脂和汽车用防冻剂原料单乙二醇以及二乙二醇、三乙二醇和聚乙二醇等多元醇类。此外，还可用于生产乙氧基化合物、乙醇胺、乙二醇醚及聚醚多元醇等，在洗染、电子、医药、纺织、农药、造纸、汽车、石油开采与炼制等方面具有十分广泛的用途。2014年，我国环氧乙烷生产企业29家，生产能力达到565.8万吨/年。

环氧乙烷的工业生产方法有氯醇法和直接氧化法两种。氯醇法是生产环氧乙烷的经典方法，20世纪50年代以前，它占主导地位。由于这种方法存在碱与氯气耗量大、污水排放量大、设备腐蚀严重、产品质量差、成本高等严重缺点，现已逐渐淘汰。目前，工业生产环氧乙烷的方法主要是采用乙烯在银催化剂上的直接氧化法。

一、反应原理

1. 主、副反应

乙烯与空气或纯氧在银催化剂上进行直接氧化生产环氧乙烷，反应方程如下：

主反应
$$CH_2=CH_2 + \frac{1}{2}O_2 \longrightarrow \overset{O}{\underset{CH_2-CH_2}{\triangle}} + 106.9kJ/mol$$

副反应
$$CH_2=CH_2 + 3O_2 \longrightarrow 2CO_2 + 2H_2O + 1312kJ/mol$$

$$\overset{O}{\underset{CH_2-CH_2}{\triangle}} + \frac{5}{2}O_2 \longrightarrow 2CO_2 + 2H_2O + 1218kJ/mol$$

$$CH_2=CH_2 + \frac{1}{2}O_2 \longrightarrow CH_3CHO$$

$$CH_2=CH_2 + O_2 \longrightarrow 2HCHO$$

$$\overset{O}{\underset{CH_2-CH_2}{\triangle}} \longrightarrow CH_3CHO$$

在工业生产中，反应产物主要是环氧乙烷、二氧化碳和水，而生成甲醛、乙醛的量极少，可忽略不计。主要副反应是深度氧化。若反应温度过高，则生成的环氧乙烷会发生深度氧化副反应。所以，乙烯氧化生产环氧乙烷的反应过程可简化为如下反应图式：

$$C_2H_4 \longrightarrow \overset{CH_2-CH_2}{\underset{O}{\diagdown\diagup}}$$
$$\searrow CO_2 + H_2O$$

目的产物环氧乙烷可视为乙烯氧化的中间产物。523K 时主、副反应的反应热效应、反应自由焓变及反应平衡常数见表 4-3。

表 4-3　乙烯氧化的主要热力学数据（523K）

反应	化学方程式	$\Delta H_T^\ominus/(kJ/mol)$	$\Delta G_T^\ominus/(kJ/mol)$	K_p
主反应	$CH_2=CH_2 + \frac{1}{2}O_2 \longrightarrow \overset{O}{\underset{CH_2-CH_2}{\triangle}}$	-107.3	-63.8	2.48×10^6
副反应	$CH_2=CH_2 + 3O_2 \longrightarrow 2CO_2 + 2H_2O$	-1323.0	-1304.72	5.62×10^{130}

由表 4-3 可以看出，在 523K 时乙烯氧化生成环氧乙烷的反应是一个强烈的放热反应，其副反应的反应热比主反应大 10 倍多；主、副反应的化学推动力都很大，尤其是副反应的推动力比主反应大很多；副反应平衡常数比主反应平衡常数也要大得多，且均可看作不可逆反应。完全氧化的副反应不仅使环氧乙烷的收率下降，而且对反应热效应影响极大。当反应选择性由 70%降到 40%时，总的反应热效应增加约 1 倍。这些数据清楚地表明，欲使乙烯氧化获得环氧乙烷，必须选择特定而适宜的反应条件以及使用具有良好选择性的催化剂。

2. 催化剂

银是乙烯氧化生产环氧乙烷的最佳催化剂，其他催化剂（如铂和钯）对反应的选择性都很差，氧化产物主要是二氧化碳和水。银催化剂不仅能抑制副反应，还能加速主反应。因此，工业上乙烯氧化生产环氧乙烷都采用银催化剂。银催化剂是由主催化剂、载体和助催化剂所组成的。

（1）主催化剂　金属银是主催化剂，其质量分数一般为 10%～20%。

（2）载体　载体的主要功能是分散活性组分银和防止银微晶的半熔与结块，使其活性保持稳定。由于乙烯环氧化放热量大，存在着平行副反应和连串副反应的竞争等特点，所以载体的表面结构和孔结构及其导热性能对反应的选择性和催化剂颗粒内部的温度分布有着显著的影响。载体比表面大，则催化剂活性高，但也有利于乙烯完全氧化反应的发生。载体如果孔隙细小，由于反应物在细小孔隙中扩散速率慢，产物环氧乙烷在孔隙中的浓度比主流体中高，又有利于连串副反应的进行。工业上为了控制反应速率和选择性，均采用低比表面无孔隙或粗孔隙型的惰性物质为载体，并要求有较好的导热性能和较高的热稳定性，以避免在使用过程中发生孔隙机构的变化。常用的载体有碳化硅、α-氧化铝和含有少量 SiO_2 的 α-氧化铝等。一般比表面小于 $1m^2/g$，孔隙率为 $30\%\sim50\%$，平均孔径为 $10\mu m$ 左右。

(3) 助催化剂 所用的助催化剂有碱金属盐类、碱土金属盐类和稀土元素化合物等。它们的作用不尽相同，碱土金属盐中，用得最广泛的是钡盐。在银催化剂中加入少量钡盐，可增加催化剂的抗熔结能力，有利于提高催化剂的稳定性，延长其使用寿命，并可提高其活性，但催化剂的选择性可能有所降低。添加碱金属盐可提高催化剂的选择性，尤其是添加铯的银催化剂；但其添加量要适宜，超过适宜值，催化剂的性能反而受到影响。

研究表明，两种或两种以上碱金属、碱土金属的添加所起的协同作用，比添加单一碱金属效果更为显著。例如银催化剂中只添加钾助催化剂，环氧乙烷选择性为 76%，只添加铯助催化剂，环氧乙烷选择性为 77%，而同时添加钾和铯，环氧乙烷的选择性可提高到 81%。添加稀土元素化合物，也可提高催化剂的选择性。

(4) 抑制剂 在银催化剂中加入少量硒、碲、氯、溴等，对抑制完全氧化副反应发生、提高催化剂的选择性有较好的效果，但催化剂活性有所降低，这类物质称为抑制剂，也称调节剂。实践表明，在原料气中添加这类物质也能起到同样的效果。工业生产中常在原料气中添加微量的有机氯化物，如二氯乙烷、氯乙烷等，以提高催化剂的选择性，调节反应温度。氯化物用量一般为 $1\sim3mg/kg$，用量过多，催化剂的活性会显著下降，但这种失活不是永久性的，停止通入氯化物后，活性又会逐渐恢复。

需要特别指出的是，尽管乙烯直接氧化生产环氧乙烷的银系催化剂是一种相当成熟的催化剂，但人们对改进催化剂性能的研究工作却从未间断过。目前主要研究工作集中于两个方面，即氧化铝载体改进和多元助催化剂的开发，以期进一步提高催化剂的选择性和稳定性。

二、工艺条件

1. 反应温度

乙烯环氧化生产环氧乙烷的主反应与完全氧化平行副反应存在着剧烈的竞争，而影响竞争的主要（外界）因素是反应温度。人们对银催化剂上乙烯环氧化的主、副反应活化能进行了研究，数据列于表 4-4。由表 4-4 可以看出，尽管因使用的催化剂不同而测得的数据略有差异，但主反应的活化能比副反应的活化能低，这一点结论是一致的。因此，反应温度升高，主、副反应的反应速率增长速率是不同的，完全氧化副反应的速率增长更快，所以选择性必然随温度的升高而下降。实验证明，在银催化剂上进行乙烯氧化，当反应温度在 373K 时，氧化产物几乎全部是环氧乙烷，选择性接近 100%，但此温度下反应速率很慢，转化率很低，没有工业生产意义。随着温度升高，反应速率加快，转化率增加，但选择性下降，放出的热量也增大，如不能及时移走反应热，就会导致温度难以控制，产生飞温现象（即反应温度不断升高而超过工艺允许的最高温度）。此外，反应温度过高，还会引起催化剂的活性衰退。工业生产中，应权衡转化率和选择性这两个方面来确定适宜的操作温度，以获得较高的反应收率。一般控制在 $493\sim553K$，并随所用氧化剂及催化剂活性不同而异。

表 4-4　在银催化剂上主、副反应的活化能

序号	主反应活化能/(kJ/mol)	主要副反应活化能/(kJ/mol)
1	50.21	62.76
2	63.60	82.84
3	59.83	89.54

2. 反应压力

乙烯环氧化反应过程，其主反应是体积减小的反应，副反应是体积不变的反应，因此采用加压操作应该是有利的。但因主、副反应都是不可逆反应，所以压力对反应平衡没有多大影响。在工业生产中采用加压操作，不是出于化学平衡的需要，而是为了提高乙烯和氧的分压，以加快反应速率，提高反应器的生产能力。但压力过高，则设备耐压要求高，且催化剂易磨损，加之环氧乙烷有聚合趋势，会导致含碳物质在催化剂表面沉积，使催化剂寿命大为降低。目前，工业上采用的操作压力一般为 2MPa 左右。

3. 空速

空速是影响反应转化率和选择性的另一因素。虽然乙烯环氧化过程中主要竞争反应是平行副反应，而不是连串副反应，提高空速会使转化率略有下降，但反应选择性将有所增加。对强放热反应而言，空速高还有利于迅速移除大量反应热，使操作安全稳定。所以总体上说，适当提高空速对生产环氧乙烷是有利的。但空速过高，虽提高了生产能力，但反应气体中环氧乙烷浓度很低，增大了后续分离部分的负荷，且循环气量大，耗用动力增加。空速大小对催化剂空时收率和单位时间放热量也有影响，需全面权衡作出选择。现在工业上采用的混合气空速一般为 $4000\sim8000h^{-1}$，也有采用更高的。单程转化率控制与所用氧化剂有关，采用空气氧化时，单程转化率控制在 $30\%\sim35\%$，选择性可达 70% 左右；若用氧气作氧化剂，单程转化率控制在 $12\%\sim15\%$，选择性可达 $75\%\sim80\%$ 或更高。

4. 原料纯度和配比

(1) 原料气纯度　无论空气法还是氧气法，都要求原料乙烯纯度（体积分数）在 98% 以上，且不得含有易使催化剂中毒的物质（如硫化物、砷化物、卤化物等）。一般要求硫化物含量<1mg/kg，氯化物含量<1mg/kg。氢气和碳三以上烷烃和烯烃在氧化过程中比乙烯更易发生完全氧化反应，使反应热效应增加，造成局部过热，导致催化剂失活。因而，要求氢气含量<5mL/m³，碳三以上烃含量<10mL/m³。乙炔不仅能使催化剂永久性中毒，而且还能与银生成具有受热发生爆炸性分解的乙炔银，因此，要求严格控制原料气中乙炔的含量<5mL/m³。

空气中的尘埃、硫化氢、二氧化硫和卤素同样会对催化剂产生不利影响，必须净化后方可使用。例如，要求硫化物含量小于 0.5mg/m³，氯化物含量小于 1mg/m³ 等。若用氧气作氧化剂，其纯度（体积分数）必须为 99.5% 以上，氮气和氩气的体积分数要求在 0.4% 以下。氩气因会降低反应气的爆炸浓度而增加爆炸危险性，所以其含量越低越好。

抑制剂二氯乙烷中的铁含量应控制在 0.5mg/kg 以下，因为铁离子的存在会使目的产物环氧乙烷异构为乙醛，最终生成二氧化碳和水而使反应选择性下降。因此要求反应器及有关

管道采用不锈钢材质或者经酸洗钝化处理后的碳钢。

(2) 原料气的配比　原料气中乙烯与氧气的浓度对反应速率有较大影响，二者的配比将直接影响生产的经济效果。由于乙烯与氧气混合易形成爆炸性的气体，因此，乙烯与氧气的配比受到爆炸极限浓度的制约。

氧气浓度过低，乙烯转化率低，反应后尾气中乙烯含量高，设备生产能力受影响。随着氧气浓度的提高，转化率提高，反应速率加快，设备生产能力提高，但单位时间释放的热量增大，如不能及时移除，就会造成飞温。所以氧气的浓度有一最佳值，在生产中必须严格控制。

同理，乙烯浓度也有一最佳值。因为乙烯浓度不仅和氧气浓度存在着比例关系，会影响反应的转化率、生产能力及选择性，而且还存在着放空损失问题。

对于具有循环的乙烯环氧化过程，进入反应器的原料由新鲜原料气和循环气混合而成，因此，循环气中的一些组分也构成了原料气的组成。例如，二氧化碳对环氧化反应有抑制作用，但适当的含量却对提高反应的选择性有好处，且可提高氧气的爆炸极限浓度，故在循环气中允许含有一定量的二氧化碳，一般控制其体积分数为 7% 左右。循环气中如有环氧乙烷，则对催化剂有钝化作用，使催化剂活性明显下降，故循环气中的环氧乙烷应尽可能除去。

由于所用氧化剂不同，进入反应器的原料混合气的组成要求也不同。用空气作氧化剂时，由于空气中有近 4 倍于氧气体积的氮气，势必造成尾气放空时乙烯的损失较大，其损失占原料乙烯的 7%～10%。为此，在空气氧化法中乙烯浓度不宜过高，一般控制其体积分数（下同）为 5% 左右，氧浓度为 6% 左右。当以纯氧为氧化剂时，为使反应不致太剧烈，仍需采用稀释剂，一般以氮气作稀释剂。进反应器的混合气中，氧气的浓度为 8% 左右，乙烯的浓度为 15%～30%。近年来，有些工业生产装置改用甲烷作稀释剂，甲烷不仅导热性能好，而且甲烷的存在还可以提高氧气的爆炸极限浓度，有利于氧气允许浓度增加。实践表明，用甲烷作稀释剂时，还可提高反应选择性，增加环氧乙烷收率。

三、工艺流程

乙烯在银催化剂存在下直接氧化生产环氧乙烷的工艺，由于所采用的氧化剂不同，有空气氧化法和氧气氧化法两种。两种方法所用催化剂及工艺条件的控制不同，工艺流程的组织也有差别。氧气氧化法虽然安全性不如空气氧化法好，但氧气氧化法反应选择性较好，乙烯单耗低，催化剂生产能力大，投资省，能耗低，故新建工厂大都采用氧气氧化法，只有生产规模小时才采用空气氧化法。

乙烯直接氧化法生产环氧乙烷的工艺流程如图 4-17 所示。整个流程可分为乙烯环氧化反应和环氧乙烷的回收精制两个部分。

1. 反应部分

原料乙烯经加压后分别与稀释剂甲烷、循环气汇合进入混合器，在混合器 1 中与氧气迅速而均匀混合达到安全组成，再加入微量抑制剂二氯乙烷。原料混合气经与反应后的气体热交换，预热到一定温度，进入装有银催化剂的列管式固定床反应器 2。反应器操作压力为 2.02MPa，反应温度为 498～548K，空速为 4300h^{-1} 左右。乙烯单程转化率为 12%，对环氧乙烷的选择性为 79.6%。反应器采用加压热水沸腾移热，副产高压蒸汽。进料组成控制见表 4-5。

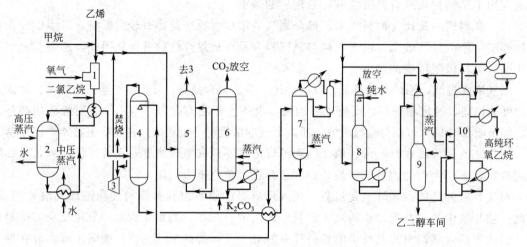

图 4-17　乙烯直接氧化生产环氧乙烷的工艺流程

1—原料混合器；2—反应器；3—循环压缩机；4—环氧乙烷吸收塔；5—二氧化碳吸收塔；

6—碳酸钾再生塔；7—环氧乙烷解吸塔；8—环氧乙烷再吸收塔；

9—乙二醇原料解吸塔；10—环氧乙烷精制塔

表 4-5　进反应器的原料混合气的体积分数　　　　　　　　　　　　单位：%

乙烯	氧气	二氧化碳	CH_4	其他(氩、氮、乙烷等)
25	8	7	46	14

反应后气体经换热可产生中压蒸汽并预热原料混合气，自身冷却到 360K 左右，进入环氧乙烷吸收塔 4。该塔顶部用来自环氧乙烷解吸塔 7 的循环水喷淋，吸收反应生成的环氧乙烷。未被吸收的气体中含有许多未反应的乙烯，其大部分作为循环气经循环压缩机升压后返回反应器循环使用。为控制原料气中氩气和烃类杂质在系统中积累，可在循环压缩机升压前间断排放一部分，送去焚烧。为保持反应系统中二氧化碳含量在 7% 左右，需把部分气体送二氧化碳脱除系统处理，脱除二氧化碳后再返回循环系统。

二氧化碳脱除系统（图 4-17 中设备 5 和 6）的工艺原理及所用吸收剂，与醋酸乙烯生产装置中的二氧化碳吸收系统相同。

2. 环氧乙烷的回收与精制

从环氧乙烷吸收塔底部排出的环氧乙烷水溶液进入环氧乙烷解吸塔 7，目的是将产物环氧乙烷通过汽提从水溶液中解吸出来。解吸出来的环氧乙烷、水蒸气及轻组分进入该塔冷凝器，大部分水及重组分冷凝后返回环氧乙烷解吸塔，未冷凝气体与乙二醇原料解吸塔顶蒸气及环氧乙烷精馏塔顶馏出液汇合后，进入环氧乙烷再吸收塔 8。环氧乙烷解吸塔釜液可作为环氧乙烷吸收塔 4 的吸收剂。在环氧乙烷再吸收塔中，用冷的工艺水作为吸收剂，对解吸后的环氧乙烷进行再吸收，二氧化碳与其他不凝气体从塔顶排空，釜液含环氧乙烷的体积分数约 8.8%，进入乙二醇原料解吸塔。在乙二醇原料解吸塔中，用蒸汽加热进一步汽提，除去水溶液中的二氧化碳和氮气，釜液即可作为生产乙二醇的原料或再精制为高纯度的环氧乙烷产品。

在环氧乙烷解吸塔中，由于少量乙二醇的生成，具有起泡趋势，易引起液泛，生产中要加入少量消泡剂。

环氧乙烷精制塔10以直接蒸汽加热，上部脱甲醛，中部脱乙醛，下部脱水。靠塔顶侧线采出质量分数＞99.99％的高纯度环氧乙烷，中部侧线采出含少量乙醛的环氧乙烷并返回乙二醇原料解吸塔，塔釜液返回精制塔中部，塔顶馏出含有甲醛的环氧乙烷，返回乙二醇原料解吸塔以回收环氧乙烷。

四、环氧乙烷生产的安全技术

环氧乙烷生产中，易燃易爆物料很多，安全生产意义重大，必须严格遵守生产安全技术规程。

1. 防火与防爆

绝大多数情况下，设备承压超过允许范围或设备内发生异常的化学变化是发生爆炸事故的重要因素。

(1) 环氧乙烷生产中有关物料的爆炸极限 烃类或其他有机物与空气（或氧气）的气态混合物在一定的温度范围内引燃（明火、高温或静电火花等），会发生燃烧反应，火焰迅速传播，在很短时间内温度急速增高，压力也会剧烈增加，从而引起爆炸。此浓度范围称为爆炸极限，一般以体积浓度表示，由试验方法求得。烃类和其他有机物与空气（或氧气）的气态混合物的爆炸极限浓度可在有关手册上查到。表4-6列出了环氧乙烷生产中有关物料的爆炸极限。

表 4-6 环氧乙烷生产中有关物料的爆炸极限 （体积分数） 单位：%

物料	在空气中的爆炸极限	闪点/K	燃点/K	自燃点/K
乙烯	3.5～28.6(在氧气中为2.9～79.9)	<206.46	—	813.16
环氧乙烷	3～80	255.36	702.16	844.16
乙二醇	3.2	389.16	394.16	—
二氯乙烷	6.2～15.9	293.16		—

值得注意的是，爆炸极限浓度与实验条件（温度、压力、引燃方式等）有关，与气体混合物的组成、温度、压力有关。温度或压力升高，上下限均扩大，尤以上限受影响显著。图4-18所示为乙烯-氧-氮混合气在压力为2.6MPa时，不同温度下的极限浓度。从图4-18可以看出，随着温度的升高和乙烯浓度的增加，氧气的极限浓度随之降低。

氧气的极限浓度不仅与温度、压力有关，与混合气的组成也有关。在复杂的混合气中，其他惰性气体的存在，可以使氧气的极限浓度发生变化，其关系如图4-19所示。从图4-19可以看出，在乙烯-氧-氮混合气中，氩的存在使氧气的极限浓度降低，而加入 H_2O、CO_2、CH_4 或 C_2H_6 等惰性气体可提高氧气的极限浓度。

由以上分析可知，可燃性气体混合物能否发生爆炸，首先取决于气体本身的爆炸极限浓度和发生爆炸的外界条件。明火、静电火花（由摩擦生产）、过热（高温）、雷击、聚集日光、腐蚀生热等均可能引起可燃性气体发生爆炸。如环氧乙烷贮罐同火源接触，使罐内环氧乙烷温度上升，到达自燃点844K后能在0.002s内将温度聚升到1473K而引起爆炸，此时环氧乙烷的爆炸压力比初压升高16～50倍。

(2) 激烈异常的化学反应引起爆炸 环氧乙烷生产中，若原料气中有乙炔存在，乙炔与银反应可生成乙炔银而引起爆炸；若在铝、纯氧化铁、钾、碱、金属氢氧化物、酸和有机碱等物质的催化作用下，环氧乙烷会猛烈地自聚和重排，并放出大量热而引起爆炸。

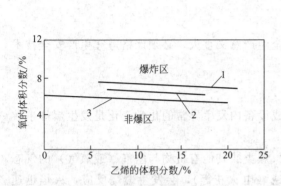

图 4-18　乙烯-氧-氮混合气在压力 2.6MPa 时，
不同温度下的极限浓度
1—200℃；2—280℃；3—300℃

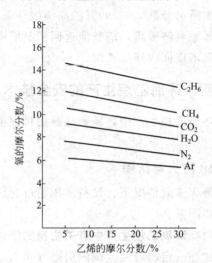

图 4-19　在压力 2.3MPa、温度 523K 时，
乙烯-氧-惰性气体混合气中
氧的极限浓度的变化

(3) 爆炸事故的防止　燃烧和爆炸往往同时发生，为消除危险，首先要控制和消除各种"火种"，如明火、电火花及过热等，生产现场要严禁烟火，要消除产生静电的各种因素。生产中要严格控制原料气中乙烯浓度在爆炸极限外，精确控制氧气含量，避免"飞温"和"尾烧"现象发生，保证氧化反应器安全正常运转。要改进原料混合器，使原料快速混合均匀，避免发生局部过浓。要采用自动化分析监控仪，配置自动报警联锁切断装置。经常检查压力表、安全阀和防爆膜等安全设施的使用情况等。

注意防止环氧乙烷在贮藏中发生爆炸。环氧乙烷性质活泼，由于升温发生自燃、容易和许多物质发生激烈的化学反应，或因混入微量杂质而引起聚合反应等，都会发生爆炸的危险。因此，贮藏必须远离火源，避免阳光直接照射，贮槽必须洁净。工业生产中贮槽必须通入制冷剂，使其温度保持在 −5℃ 左右，并在贮槽中加入阻聚剂，以防止环氧乙烷聚合。

2. 防毒和防灼伤

环氧乙烷生产中，有些物质对人体有毒害作用，因此要认真做好防毒和防灼伤的工作。

① 气态环氧乙烷低浓度时会引起滞后性呕吐和不舒服感，高浓度会刺激喉、鼻、眼的黏膜，甚至引起肺水肿。长期与环氧乙烷体积分数达 0.08%～0.15% 的空气接触会威胁人的生命。

液态的环氧乙烷接触到皮肤会引起灼伤，应立即冲洗。尤其是 40%～80% 的环氧乙烷水溶液能迅速引起严重灼伤。

② 乙二醇通过口腔侵入人体有明显中毒作用，饮用 30～50mL 可引起微量中毒，50～200mL 可引起急性中毒，200～400mL 可以致死。进入容器或塔内检修时，必须倒空乙二醇物料，用氮气置换合格后，戴好防毒面具方可入内。应避免乙二醇与皮肤长时间接触。

严禁饮用或品尝乙二醇及其水溶液，要讲明其危险性，有关场所要写出警告性标志。

③ 二氯乙烷是麻醉剂，能侵害内脏和神经系统，也能通过皮肤侵入和中毒。对人致死量为 100g 左右，15～40g 可引起急性中毒。万一发生二氯乙烷中毒，应立即到新鲜空气处，

用水冲尽被污染的皮肤。误饮二氧化氯，应让患者用盐水或者肥皂水解毒，并立即送医院诊治。

3. 包装与贮运

环氧乙烷为易燃、易爆、有毒物品，其包装需采用专用钢瓶或受压容器，每一钢瓶装 $300\sim350\text{kg}$，压力为 1.0MPa。贮存应在低温下进行，避免高温和日光暴晒。环氧乙烷的运输可使用槽车，汽车、火车和轮船都可运输环氧乙烷。用汽车运输，应小心轻放，严禁横滚。贮存环氧乙烷的设备，包括贮罐、管道和阀门等，应使用碳钢或不锈钢材质制作。贮罐的设计压力应大于 618kPa，贮罐内应有冷却管，外面有冷却水喷淋装置，液面上用加压惰性气覆盖，以减小爆炸的可能性。贮罐还应具有很好的保温性，并外涂白色。所有设备都应正确接地，以免由于静电引起爆炸。新设备必须先清除铁锈和积垢，在罐装之前应先用惰性气体吹扫。

由于环氧乙烷能与一般塑料和橡胶作用，因此密封垫片应使用含氟塑料。安全系统的出口须接室外安全区，贮罐内环氧乙烷分压取决于液体的温度，根据预先计算的贮罐总压，控制加入惰性气体，以防发生爆炸。

在处理环氧乙烷时应避免以下具有潜在危险性情况的发生：①液体或气体的泄漏；②空气、氧气或具有反应性的杂质进入环氧乙烷贮罐；③危险区的火源；④环氧乙烷的过热。

环氧乙烷一旦泄漏，则应以大量水稀释。当环氧乙烷质量分数小于 4% 后便不会出现危险。环氧乙烷着火可用大量水扑灭，小火也可使用二氧化碳灭火器灭火。

第四节　氯乙烯的生产

氯乙烯在常温常压下是一种无色有乙醚香味的气体，沸点为 259.3K，而且随着压力的增加沸点升高较大，易液化。氯乙烯易溶解于丙酮、乙醇和烃类等，微溶于水。氯乙烯易燃，与空气混合的爆炸极限（体积分数）是 $4\%\sim22\%$。氯乙烯对人体具有麻醉作用，对肝脏有影响，可使人中毒。人对氯乙烯的嗅觉感知的质量浓度为 2.4g/m^3，长期接触氯乙烯会引起消化系统、皮肤组织、神经系统等产生多种症状。卫生标准允许的氯乙烯质量浓度为 30mg/m^3。

氯乙烯分子含有不饱和双键和不对称的氯原子，因而很容易发生均聚反应，也能与其他单体发生共聚反应，还能与多种无机或有机化合物进行加成、取代及缩合等化学反应。

氯乙烯的主要应用是在工业上进行均聚或与其他单体共聚生产高聚物。目前世界上用于制造聚氯乙烯树脂的氯乙烯单体（VCM）量占氯乙烯总产量的 95% 以上。氯乙烯的聚合物广泛用于工业、农业、建筑以及人们的日常生活之中。例如，硬聚氯乙烯具有强度高、质量轻、耐磨性能好等特点，广泛用于工业给水、排水、排污、排气及排放腐蚀性流体等用管道、管件以及农业灌溉系统、电线电缆管道等，其总量约占聚氯乙烯（PVC）消耗量的 1/3；目前世界上塑料销量的 20% 以上用于建筑，而建筑用塑料中有 40% 是氯乙烯的聚合物，如塑料地板，不仅可制成色彩鲜艳的各种图案，而且可将图案制成表面有浮雕感的多种型材；聚氯乙烯塑料制成的门、窗框具有较好的隔热、隔冷、隔音性能，耐腐蚀、耐潮湿、经久耐用等特点，而且由于它表面光滑，不需要涂漆，维修方便，比其他材料门框便宜，因而在国内外建筑业得到广泛的应用和发展。聚氯乙烯塑料壁纸具有色泽鲜艳、花纹有立体感、防潮、防霉、防燃、便于清洗等优点。用作房屋建筑内墙装饰，美观大方，价格便宜。美国、日本、瑞典等国有 50％以上的内墙用壁纸装饰。软聚氯乙烯具有坚韧柔软、耐挠曲、有弹性、耐寒性高等特点，所以常用作电线电缆的绝缘包皮，以代替铅皮、橡胶、纸张等；另外软聚氯乙烯还广泛用于软管、垫片及各种零件、人造革和日常用品的生产。聚氯乙烯糊是将聚氯乙烯微粒分散在液体悬浮介质中，形成高黏度糊状混合物，用于制造人造革、纸制黏胶制品，涂于织物、纸张、金属防腐用的涂装材料、微孔塑料、浸渍成型品、浇铸成型品等表面。泡沫聚氯乙烯抗压强度高，有弹性，不吸水，不氧化，常用做衣服衬里、衬垫、防火壁、绝缘材料及隔音材料等。聚氯乙烯还广泛应用于汽车仪表板表皮、门板表皮、座椅、车顶内衬、侧面车身板等。

氯乙烯的工业生产方法主要有两种：一种是以乙炔为原料的乙炔加成氯化法；另一种是以乙烯为原料的乙烯平衡氧氯化法。

电石乙炔为原料的工艺路线应用最早，20 世纪 60 年代，随着石油化工的发展，氯乙烯的生产逐步转以向天然气和石油乙炔为原料以及以石油化工产品乙烯为原料的工艺路线。由于乙烯平衡氧氯化法较其他方法生产氯乙烯更为经济合理，因此，从 70 年代以后，世界上新建工厂大多是以乙烯原料的氧氯化法为基础。迄今为止，乙烯平衡氧氯化生产工艺仍是已工业化的、生产氯乙烯单体最先进的技术。在世界范围内，93％的聚氯乙烯树脂都采用平衡氧氯化法生产的氯乙烯单体经聚合而成；该法具有反应器能力大、生产效率高、生产成本低、单体杂质含量少和可连续操作等特点。国外估算表明：使用平衡氧氯化法生产氯乙烯单体的生产价格比乙炔法降低约 27.5％，而且"三废"污染少，能源消耗低。

我国的聚氯乙烯工业起步于 20 世纪 50 年代末，到 1970 年已发展到 20 余家，原料氯乙烯单体全部采用电石乙炔法制得。70 年代中期，随着我国石油化工的迅速发展，开始建设乙烯氧氯化制氯乙烯生产装置。1976 年底，北京化工二厂引进的年产 8 万吨由乙烯氧氯化生产氯乙烯装置建成投产，从此开辟了乙烯路线。1979 年又引进两套年产 20 万吨氯乙烯及聚氯乙烯生产装置，分别建在山东齐鲁石化股份有限公司氯碱厂和上海氯碱化工股份有限公司。随着我国国民经济的不断发展，改革开放的不断深入，以及大型乙烯工程的建设，又新建和扩建了一大批聚氯乙烯项目，截至 2014 年底，我国聚氯乙烯产能已达到 2389 万吨/年，产量为1630 万吨/年，产能和产量均居世界第一。

一、乙炔法生产氯乙烯

（一）反应原理

1. 主、副反应

主反应 $\qquad$ $CH \equiv CH + HCl \longrightarrow CH_2 = CHCl + 124.8kJ/mol$

副反应 $\qquad$ $CH \equiv CH + 2HCl \longrightarrow CH_3 - CHCl_2$

$\qquad$ $CH \equiv CH + H_2O \longrightarrow CH_3 - CHO$

2. 催化剂

目前，工业上乙炔法生产氯乙烯所用的催化剂是以活性炭为载体，浸渍吸附 8％～12％的氯化汞制备而成，这里的含汞量系指氯化汞 8～12 份而活性炭 100 份而言。作为活性组分的氯化汞（$HgCl_2$）含量越高，乙炔的转化率越高；但是，$HgCl_2$ 含量过高时在反应温度下极易升华而降低活性，且冷却凝固后会堵塞管道，影响正常生产；再者，$HgCl_2$ 含量过高，反应剧烈，反应温度不易控制，易发生局部过热。为抑制 $HgCl_2$ 升华，可加入适量 $BaCl_2$。研究表明，纯的氯化汞对合成反应并无催化作用，纯的活性炭也只有较低的催化活性，而当氯化汞吸附于活性炭表面后（比表面积下降到 $600\sim800m^2/g$）则具有很强的催化活性。工业上要求活性炭含量大于 99%，机械强度高，粒度均匀，一般为 $\phi3mm\times(3\sim6)mm$；比表面积大，为 $500\sim600m^2/g$，堆密度为 $0.4\sim0.5kg/L$。

乙炔与氯化氢在 $HgCl_2$ 催化剂存在下的气相加成反应实际上是非均相的，反应过程分以下五个步骤来进行：

(1) 外扩散——乙炔、氯化氢向活性炭的外表面扩散。

(2) 内扩散——乙炔、氯化氢经活性炭的微孔通道向内表面扩散。

(3) 表面反应——乙炔、氯化氢在氯化汞催化剂活化中心发生加成反应生成氯乙烯。

(4) 内扩散——氯乙烯经活性炭的微孔通道向外表面扩散。

(5) 外扩散——氯乙烯自活性炭外表面向气流中扩散。

其中表面反应为控制步骤。乙炔首先与氯化汞加成生成中间加成物——氯乙烯基氯化汞：

$$CH\equiv CH + HgCl_2 \longrightarrow \underset{\underset{Cl}{|}}{CH}=\underset{\underset{HgCl}{|}}{CH}$$

氯乙烯基氯化汞很不稳定，当其遇到吸附在催化剂表面上的氯化氢时，即分解而生成氯乙烯。

$$\underset{\underset{Cl}{|}\quad\underset{HgCl}{|}}{CH}=CH + HCl \longrightarrow \underset{\underset{Cl}{|}\quad\underset{H}{|}}{CH}=CH + HgCl_2$$

当氯化氢过量时，生成的氯乙烯能再与氯化氢加成生成 1,1-二氯乙烷。

$$CH_2=CHCl + HCl \longrightarrow CH_3-CHCl_2$$

当乙炔过量时，过量乙炔会使氯化汞催化剂还原成氯化亚汞和金属汞，使催化剂失去活性，同时生成二氯乙烯。

$$CH\equiv CH + HgCl_2 \longrightarrow \underset{\underset{Cl}{|}\quad\underset{HgCl}{|}}{CH}=CH$$

$$\underset{\underset{Cl}{|}\quad\underset{HgCl}{|}}{CH}=CH + HgCl_2 \longrightarrow \underset{\underset{Cl}{|}\quad\underset{HgCl}{|}}{ClHg-CH-CH-Cl}$$
1,2-二氯化汞基二氯乙烷

$$\underset{\underset{Cl}{|}\quad\underset{Cl}{|}}{ClHg-CH-CH-HgCl} \longrightarrow \underset{\underset{Cl}{|}\quad\underset{Cl}{|}}{CH}=CH + Hg_2Cl_2$$

或

$$CH\equiv CH + HgCl_2 \longrightarrow \underset{Hg}{Cl-CH-CH-Cl}$$
1,2-二氯环汞乙烷

$$\underset{Hg}{Cl-CH-CH-Cl} \longrightarrow \underset{\underset{Cl}{|}\quad\underset{Cl}{|}}{CH}=CH + Hg$$

（二）工艺条件

1. 反应温度

反应温度对氯乙烯合成反应影响很大。温度升高，反应速率加快，乙炔转化率提高，但反应温度过高，副反应增加；同时由于高温，会破坏催化剂的活性结晶表面，使 $HgCl_2$ 升华加剧。高温还会使乙炔聚合成树脂状聚合物沉积在催化剂的表面而遮盖了催化剂的活性中心，使催化剂活性下降。因此，在工业生产中，反应温度一般采用催化剂的活性温度范围 403～453K。

反应温度的确定与催化剂的活性有关。在催化剂使用初期，催化活性很高，反应温度可控制在活性温度范围的下限，以减少 $HgCl_2$ 的升华损失。随着催化剂的使用，其活性逐渐下降，反应温度也需逐渐升高，以维持催化剂活性。一般初期 403～423K，中期 423～443K，末期 443～453K。

2. 反应压力

由生产原理可知，该反应系统为一个气体分子数减少的反应系统，加压操作会提高转化率；但压力高，对设备、材料要求也相应提高；若系统出现负压，反应物料易燃、易爆，一旦漏入空气，将引起爆炸。常压下转化率已经相当高，因此工业上采用常压操作，绝对压力为 0.12～0.15MPa，以能克服流程阻力即可。

3. 空速

在氯乙烯合成中"反应气体的体积"习惯上仅指乙炔气的体积，单位为 m^3 乙炔/$(m^3$ 催化剂·h)。空速越大，通入的反应气量越多，生产能力越大，深度加成副反应越少，高沸点物越少；但空速增大，反应气体与催化剂接触时间就缩短，乙炔转化率减小。空速对乙炔转化率的影响见表 4-7。

表 4-7　空速对乙炔转化率的影响

空速 $/h^{-1}$	18	25	50	75	100	125
乙炔转化率/%	98.85	97.46	97.40	96.06	94.55	93.66

空速过大，气体通入量过多，反应剧烈，气体分布不均匀，局部容易过热，使催化剂升华加剧，活性下降，寿命缩短。根据生产实践，空速一般取 30～60h^{-1}。当催化剂中 $HgCl_2$ 含量较高、催化剂活性较高时，空间速率可以高一些；对同一催化剂，当温度控制高时，空速可以高一些。

4. 反应物配比

从反应机理可以看出，当乙炔过量时，催化剂中的氯化汞会被乙炔还原成氯化亚汞和金属汞，使催化剂失活；同时产生副产物二氯乙烯等，造成产品分离困难。另外，由于乙炔不容易除去，微量的乙炔还会影响氯乙烯的聚合。因此，生产中常采用氯化氢过量，以保证乙炔反应完全，避免乙炔过量造成催化剂中毒。另一方面，氯化氢较乙炔价格低廉，并且过量部分可以很容易地用水洗、碱洗方法除掉。当然氯化氢也不能过量太多，否则会造成二氯乙烷产率增多，降低氯乙烯收率，增加碱的消耗，导致产品成本升高。

目前工业上采用氯化氢过量 5%～10%，即乙炔与氯化氢的摩尔比为 1：(1.05～1.10)。

5. 原料纯度

(1) 水分　原料中含有水能溶解氯化氢生成盐酸，腐蚀管道和设备，而且腐蚀产物 $FeCl_3$ 还会堵塞管道、设备；水分还会造成催化剂黏结，使转化器进、出口阻力急剧增加，催化剂翻换困难，催化剂结块使反应器局部堵塞，造成反应气体分布不均匀，导致局部反应剧烈，造成局部过热，使催化剂活性下降，寿命缩短；水与乙炔发生反应生成乙醛，从而消耗原料，降低氯乙烯收率，增加产物分离的困难。因此氯乙烯合成反应中，原料含水分越少越好，一般控制 H_2O 含量<0.03%。

（2）催化剂毒物　在原料气乙炔中，往往由于清净不好，而含有少量的硫、磷、砷等的化合物（如 H_2S、PH_3、AsH_3 等）。这些杂质均与催化剂发生不可逆的吸附作用，使催化剂中毒，降低催化剂寿命，另外还能与 $HgCl_2$ 分子反应生成无活性的汞盐，例如：

$$HgCl_2 + H_2S \longrightarrow HgS + 2HCl$$

因此，要求原料气中不含硫、磷、砷。

（3）游离氯　原料气氯化氢在合成中，由于操作控制不当，通常含有少量氯气。氯气与乙炔直接接触会生成氯乙炔，后者极不稳定，常在混合器、石墨冷却器处发生爆炸。另外，氯气的存在还会使二氯乙烷等副产物增多，导致产物分离困难，降低氯乙烯收率。因此，要求原料气中必须严格控制氯气含量<0.002%。

（4）氧气　原料气氯化氢中若含氧量较高，易与乙炔接触发生燃烧爆炸，影响安全生产，特别在转化率较差、尾气放空中 C_2H_2 含量较高时，O_2 浓度显著变高，威胁更大；另外，氧气与载体活性炭反应生成一氧化碳和二氧化碳，增加了反应产物气体中惰性气体量，不仅造成产品分离困难，而且使氯乙烯放空损失增多。因此要求原料气中 O_2 含量<0.5%。

（5）惰性气体　N_2、CO 等惰性气体的存在，不仅降低了反应物的浓度，不利于氯乙烯的合成反应，而且会造成产品分离困难，增加氯乙烯放空损失。尾气中总会有一定比例的氯乙烯，惰性气体越多，尾气量越大，带走的氯乙烯越多；因此，要求原料气中惰性气体含量<2%。

（三）工艺流程

乙炔加氯化氢生产氯乙烯是一个气固相放热反应，局部过热不仅会影响催化剂的寿命，而且会影响正常生产，因此，必须及时地移除反应热。工业上常采用列管式的固定床氯化反应器，管内盛放催化剂，管外用加压热水循环进行冷却。反应器结构如图 4-20 所示。

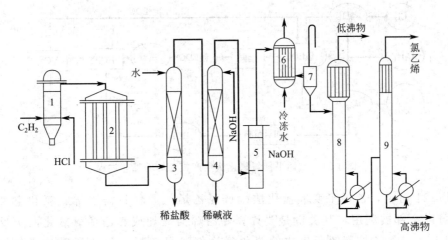

图 4-20　乙炔加氯化氢制氯乙烯的工艺流程

1—混合器；2—反应器；3—水洗塔；4—碱洗塔；5—干燥器；6—冷凝器；7—气液
分离器；8—冷凝蒸出塔；9—氯乙烯塔

乙炔加氯化氢生产氯乙烯的工艺流程如图 4-20 所示。干燥和已净化的乙炔和氯化氢以1:（1.05～1.10）的比例分别进入经混合器 1 混合，混合后的原料气自上而下地通过反应器

2 的催化剂床层发生加成反应。乙炔转化率可达 99％ 左右，副产物 1,1-二氯乙烷的生成量为 1％ 左右。自反应器出来的气体产物中除含有产物氯乙烯和副产物 1,1-二氯乙烷外，还含有 5％～10％ 氯化氢和少量未反应的乙炔以及反应生成的副产物乙醛等，需要进行净化和精制。反应气（粗产物）首先进入水洗塔 3，水洗除去其中大部分的氯化氢、乙醛。经水洗后的反应气再进入碱洗塔 4，碱洗除去残余的氯化氢等酸性气体。出碱洗塔气体进入固体氢氧化钠干燥器 5，进一步吸附脱除残留的水分（因为在后续加压精馏时，水分经压缩会部分冷凝，在气缸中会造成水冲击，损坏气缸）。除水后的反应气再经压缩、低温冷却冷凝得粗氯乙烯凝液，然后进入精馏分离工段。精馏分离工段由两个塔组成，粗氯乙烯首先进入冷凝蒸出塔 8，塔顶蒸出沸点比氯乙烯低的乙炔等轻组分，塔釜液进入氯乙烯塔 9 进行精馏。氯乙烯塔也称高沸点塔，塔釜除去 1,1-二氯乙烷等高沸点杂质，塔顶得到产品氯乙烯送贮槽低温贮存。

二、乙烯氧氯化法生产氯乙烯

（一）反应原理

乙烯平衡氧氯化法生产氯乙烯包括以下三步反应：

（1）乙烯直接氯化　　　　　$CH_2{=}CH_2 + Cl_2 \longrightarrow ClCH_2CH_2Cl$

（2）乙烯氧氯化反应　　　$CH_2{=}CH_2 + 2HCl + \dfrac{1}{2}O_2 \longrightarrow ClCH_2CH_2Cl + H_2O$

（3）二氯乙烷裂解　　　　　$2ClCH_2CH_2Cl \longrightarrow 2CH_2{=}CHCl + 2HCl$

总反应式为：

$$2CH_2{=}CH_2 + Cl_2 + \frac{1}{2}O_2 \longrightarrow 2CH_2{=}CHCl + H_2O$$

其工艺过程可简单表示为图 4-21。

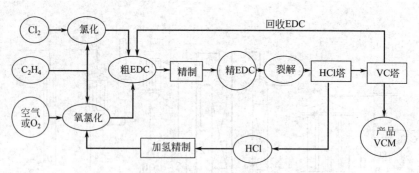

图 4-21　乙烯平衡氧氯化法生产氯乙烯的工艺过程

由图 4-21 可见，乙烯平衡氧氯化法生产氯乙烯的原料只需乙烯、氯和空气（或氧气），氯可以全部被利用，其关键是要计算好乙烯与氯加成和乙烯氧氯化两个反应的反应量，使 1,2-二氯乙烷裂解所生成的氯化氢恰好满足乙烯氧氯化所需的氯化氢，这样才能使氯化氢在整个生产过程中始终保持平衡。该法是目前世界公认为技术先进、经济合理的生产方法。

1. 乙烯直接氯化

主反应　　　　　$CH_2{=}CH_2 + Cl_2 \longrightarrow ClCH_2CH_2Cl + 171.5kJ/mol$

乙烯与氯加成得 1,2-二氯乙烷，由于放热量大，工业上是采用液相催化氯化法，以利散热。

乙烯液相加氯是在极性溶剂中进行的，常用的溶剂是产物 1,2-二氯乙烷本身。该反应属于离子型反应，采用盐类作催化剂，工业上是用氯化铁为催化剂，它能促进 Cl^+ 的生成。反应机理为：

$$FeCl_3 + Cl_2 \longrightarrow [FeCl_4]^- + Cl^+$$

$$Cl^+ + CH_2{=}CH_2 \longrightarrow CH_2ClCH_2^+$$

$$CH_2ClCH_2^+ + [FeCl_4]^- \longrightarrow CH_2ClCH_2Cl + FeCl_3$$

主要副反应

$$CH_2{=}CH_2 + Cl_2 \longrightarrow CH_2{=}CHCl + HCl$$

$$CH_2Cl{-}CH_2Cl + Cl_2 \longrightarrow CH_2Cl{-}CHCl_2 + HCl$$

$$CH_2{=}CH_2 + HCl \longrightarrow CH_3CH_2Cl$$

$$CH_2{=}CHCl + Cl_2 \longrightarrow CH_2{=}CCl_2 + HCl$$

$$CH_2Cl{-}CHCl_2 + Cl_2 \longrightarrow CHCl_2{-}CHCl_2 + HCl$$

主要副产物是多氯化物 1,1,2-三氯乙烷和 1,1,2,2-四氯乙烷。

2. 乙烯氧氯化反应

乙烯在含铜催化剂存在下氧氯化生成 1,2-二氯乙烷，反应为放热反应。

主反应

$$C_2H_4 + 2HCl + \frac{1}{2}O_2 \longrightarrow C_2H_4Cl_2 + H_2O + 263.592 kJ/mol$$

主要副反应有以下三类：

① 乙烯的深度氧化

$$C_2H_4 + 2O_2 \longrightarrow 2CO + 2H_2O$$

$$C_2H_4 + 3O_2 \longrightarrow 2CO_2 + 2H_2O$$

② 生成副产物 1,1,2-三氯乙烷和氯乙烷

$$CH_2{=}CH_2 + HCl \longrightarrow CH_3CH_2Cl$$

$$ClCH_2CH_2Cl \xrightarrow{-HCl} CH_2{=}CH{-}Cl \xrightarrow[\text{氧氯化}]{HCl+O_2} ClCH_2{-}CHCl_2$$

③ 其他氯衍生物副产物的生成。除 1,1,2-三氯乙烷副产物外，尚有少量的各种饱和或不饱和的一氯或多氯衍生物生成，例如三氯甲烷、四氯化碳、氯乙烯、1,1,1-三氯乙烷、顺式-1,2-二氯乙烯等。但这些副产物的总量还不足 1,2-二氯乙烷生成量的 1%。

3. 1,2-二氯乙烷裂解

主反应
$$ClCH_2CH_2Cl \Longrightarrow CH_2{=}CH{-}Cl + HCl - 79.5 kJ/mol$$

这是一个吸热可逆反应，同时还发生若干连串反应和平行副反应。

副反应

$$ClCH_2CH_2Cl \longrightarrow H_2 + 2HCl + 2C$$

$$CH_2{=}CH{-}Cl \longrightarrow CH{\equiv}CH + HCl$$

$$CH_2{=}CH{-}Cl + HCl \longrightarrow CH_3CH{\overset{Cl}{\underset{Cl}{}}}$$

$$nCH_2{=}CH{-}Cl \xrightarrow[\text{生焦}]{\text{聚合}} {+}CH_2{-}CHCl{+}_n$$

根据 Barton 等人的研究，1,2-二氯乙烷热裂解反应是以自由基链式反应机理进行的：

$$CH_2ClCH_2Cl \longrightarrow CH_2ClCH_2 \cdot + Cl \cdot$$
$$CH_2ClCH_2Cl + Cl \cdot \longrightarrow CH_2Cl—CHCl \cdot + HCl$$
$$CH_2ClCHCl \cdot \longrightarrow CH_2 = CHCl + Cl \cdot$$
$$CH_2ClCH_2 \cdot + Cl \cdot \longrightarrow CH_2 = CHCl + HCl$$

第一步反应为产生自由基的反应，是整个反应速率的控制步骤；第二、三步反应为主要反应，循环地生成氯乙烯和氯化氢而自由基数目不增不减；第四步反应为自由基终止反应。

（二）工艺条件

1. 乙烯氧氯化工艺条件

（1）反应温度 乙烯氧氯化反应是强放热反应，反应热可达 251kJ/mol，因此反应温度的控制十分重要。温度过高，乙烯完全氧化反应加速，二氧化碳和一氧化碳生成量增多，副产物生成量也增加，反应选择性下降。此外，温度高，催化剂的活性组分 $CuCl_2$ 挥发流失快，催化剂的活性下降快，使用寿命短。图 4-22～图 4-24 为在铜的质量含量为 12% 的 $CuCl_2/Al_2O_3$ 催化剂上，温度对 1,2-二氯乙烷生成速率、选择性和乙烯燃烧副反应的影响。由图可以看出，当温度高于 523K 时，1,2-二氯乙烷的生成速率增加缓慢，而选择性显著下降，乙烯燃烧副反应明显增多。一般在保证氯化氢的转化率接近全部转化的前提下，反应温度以低些为好。适宜的反应温度也与催化剂的活性有关。采用高活性 $CuCl_2/Al_2O_3$ 催化剂时，适宜反应温度为 493～503K。

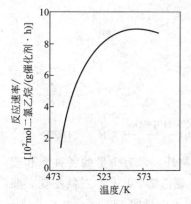

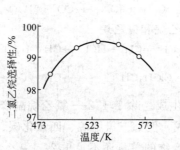

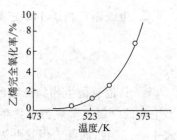

图 4-22　温度对反应速率的影响　　图 4-23　温度对选择性的影响　　图 4-24　温度对乙烯完全
氧化反应的影响

（2）反应压力 压力对乙烯氧氯化反应既影响其反应速率，也影响其反应选择性。提高压力可加快反应速率，但却使选择性下降。图 4-25 和图 4-26 为压力对反应选择性的影响，由图 4-25、图 4-26 可以看出，压力提高，生成 1,2-二氯乙烷的选择性降低，而副产物氯乙烷的生成量增加。故反应压力不宜过高。

（3）进料配比 按乙烯氧氯化方程式的计量关系，乙烯、氯化氢和氧气所需摩尔比应为 1:2:0.5。在正常操作情况下，乙烯和氧气都是过量的。若氯化氢过量，则过量的氯化氢吸附在催化剂表面，会使催化剂颗粒胀大，视密度减小。如果是采用流化床反应器，床层会急剧升高，甚至发生节涌现象。采用乙烯稍微过量，能使氯化氢接近全部转化。但乙烯过量太多，会使烃的燃烧反应增多，尾气中一氧化碳和二氧化碳的含量增多，使选择性下降。原

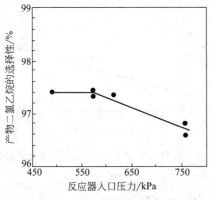

图 4-25　压力对选择性的影响

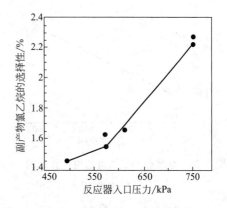

图 4-26　压力对生成副产物氯乙烷的影响

料气的配比,必须控制在爆炸极限以外。

(4) 原料气纯度　氧氯化反应可用浓度较稀的原料乙烯,其中一氧化碳、二氧化碳和氮气等惰性气体的存在对反应并无影响。但原料气中的乙炔、丙烯和碳四烯烃的含量必须严格控制。因为它们都会发生氧氯化反应,生成四氯乙烯、三氯乙烯、1,2-二氯丙烷等多氯化物,使产品1,2-二氯乙烷的纯度降低而影响其后加工。

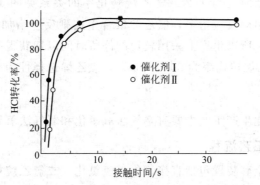

图 4-27　停留时间对氯化氢转化率的影响

(498K,C_2H_4:HCl:空气=1.1:2:3.6)

(5) 停留时间　图4-27为停留时间对氯化氢转化率的影响,由图可以看出,要使氯化氢接近全部转化,必须有较长的停留时间。但停留时间也不宜过长,否则会出现转化率反而下降的现象。这可能是由于停留时间过长,发生了连串副反应——1,2-二氯乙烷的裂解的缘故。

2. 1,2-二氯乙烷裂解的工艺条件

(1) 反应温度　提高反应温度对1,2-二氯乙烷裂解反应的化学平衡和反应速率都有利。温度小于723K时,转化率很低,当温度升高至773K时,裂解反应速率显著加快。转化率与温度的关系见图4-28。但反应温度过高,二氯乙烷深度裂解和氯乙烯分解、聚合等副反应也相应加速。当温度高于873K时,副反应的速率将大于主反应的速率,故反应温度的选择,应从二氯乙烷转化率和氯乙烯选择性两方面考虑,工业生产上一般控制为773～823K。

(2) 反应压力　提高压力对反应平衡不利,但在实际生产中常采用加压操作。其原因是为了保证物流畅通,维持适宜空速,避免局部过热。加压还有利于抑制分解生碳的副反应,提高氯乙烯的选择性。加压也有利于产物氯乙烯和副产物氯化氢的冷凝回收。工业生产中有采用低压法(约0.6MPa)、中压法(约1.0MPa)和高压法(>1.5MPa)之分。

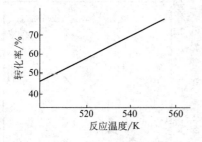

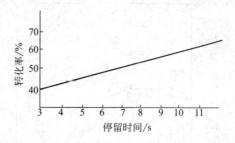

图 4-28　温度对 1,2-二氯乙烷转化率的影响　　　　图 4-29　停留时间对 1,2-二氯乙烷转化率的影响
　　　　（1103K，0.5MPa）　　　　　　　　　　　　　　　　（1103K，0.5MPa）

（3）原料纯度　原料中若含有抑制剂，就会减慢裂解反应速率并促进生焦反应发生。在 1,2-二氯乙烷中能起强抑制作用的主要杂质是 1,2-二氯丙烷，当其含量达到 0.1%～0.2% 时，1,2-二氯乙烷的转化率就会下降，如提高温度以弥补转化率的下降，则副反应和生焦会更多，而 1,2-二氯丙烷的裂解产物氯丙烯则更具有抑制作用。1,2-二氯乙烷中如含有铁离子，会加速深度裂解副反应，故含铁量要求不大于 100×10^{-6}。为了防止对炉管的腐蚀，水分应控制在 5×10^{-6} 以下。

（4）停留时间　停留时间与 1,2-二氯乙烷转化率的关系见图 4-29。停留时间增加，能提高转化率，但同时连串副反应增多，氯乙烯聚合生焦副反应增加，使氯乙烯选择性下降，且炉管的烧焦周期缩短。所以生产上采用较短的停留时间以期获得高选择性。通常停留时间为 10s 左右，1,2-二氯乙烷转化率为 50%～60%，氯乙烯选择性为 97% 左右。

（三）工艺流程

目前我国乙烯氧氯化生产工艺主要有空气法氧氯化和氧气法氧氯化。

1. 空气法氧氯化工艺流程

空气法生产氯乙烯全套装置包括直接氯化、氧氯化、二氯乙烷精制、二氯乙烷裂解、氯乙烯精馏、废水处理和残液焚烧等工序。其工艺流程如图 4-30 所示。

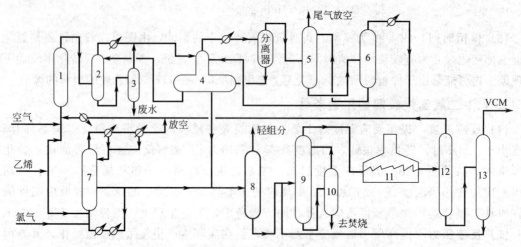

图 4-30　空气法氧氯化生产氯乙烯工艺流程示意图

1—氧氯化反应器；2—骤冷塔；3—废水汽提塔；4—倾析器；5—吸收塔；6—解吸塔；7—直接氯化反应器；
8—脱轻组分塔；9—脱重组分塔；10—真空塔；11—裂解炉；12—氯化氢塔；13—氯乙烯塔

（1）直接氯化 原料氯气和乙烯在比率控制器的控制下，经混合一起进入直接氯化反应器 7 中进行反应生产二氯乙烷。该反应是以氯化铁为催化剂在二氯乙烷为溶剂的液相中进行的，反应在常压及 308～326K 温度下实现，高于 333K 时就会有大量的三氯乙烷生成。反应热的移除是依靠二氯乙烷循环泵不断送入经冷却的二氯乙烷来实现。生成的二氯乙烷经过水洗以除去少量氯化铁和氯化氢之后，经粗二氯乙烷贮罐（图中未画出）再送二氯乙烷精馏系统。含有乙烯、氯气和惰性气体的尾气经过冷却器和冷凝器回收夹带的二氯乙烷后经缓冲放空。

（2）氧氯化 来自氯乙烯精馏系统的氯化氢气体经过预热、加氢除炔烃后与预热后的乙烯及工艺空气混合进入氧氯化反应器 1 内，在氯化铜催化剂的作用下反应生产二氯乙烷。反应温度为 473～499K，反应压力为 0.31～0.41MPa。反应气经骤冷塔 2 用水喷淋骤冷到363K 并吸收气体中的氯化氢，气体（产物二氯乙烷以及其他氯衍生物仍在气相）再经冷凝去倾析器 4 与水分层，得到粗 1,2-二氯乙烷。倾析器 4 分出的水循环回骤冷塔 2。离开倾析器 4 的气体再经低温冷凝和气液分离，以回收二氯乙烷及其他氯衍生物，不凝气去吸收塔5，用溶剂回收其中尚存的二氯乙烷等后，尾气排空。吸收有二氯乙烷等的吸收液经解吸塔6 解吸后返回倾析器 4。骤冷塔 2 底排出的含有催化剂的酸性废水经中和去废水汽提塔 3 回收二氯乙烷后送废水处理系统。

（3）二氯乙烷精制 来自直接氯化和氧氯化的粗二氯乙烷，用泵从粗二氯乙烷贮罐（图中未画出）送到脱轻组分塔 8 进行脱水和去除轻组分。塔顶轻组分（低沸点物）送去焚烧处理，塔釜物料与来自氯乙烯精馏系统的二氯乙烷去脱重组分塔 9。塔顶得到精制 1,2-二氯乙烷送去二氯乙烷裂解，塔釜高沸物送到真空塔 10 进一步回收二氯乙烷后送焚烧处理。

（4）二氯乙烷裂解 精制二氯乙烷用泵送入裂解炉 11，在 773～823K 下发生裂解生成氯化氢和氯乙烯。通常控制转化率为 35%～55%。转化率的控制范围受到物料平衡、氯化氢塔的工艺要求、炉管结焦情况及经济指标等的限制，转化率低，不仅经济上不合理，而且会使高沸塔负荷过载而难以维持，转化率低于 32% 还会使氯化氢塔釜传热不良；转化率高可以降低消耗，但受控制技术的限制，国外大都控制在 54%～55%。裂解后的反应气经骤冷换热后去氯乙烯精馏。

（5）氯乙烯精馏 经骤冷后的裂解气送入氯化氢塔 12，塔顶控制压力为 1.2 MPa，温度为 249K，分离出 99.8% 的氯化氢送入氯化氢管线供氧氯化反应用。氯化氢塔釜物料为含有微量氯化氢的二氯乙烷和氯乙烯混合物，经泵送入氯乙烯塔 13。氯乙烯塔顶压力为506.5kPa，温度为 313K，塔顶馏出的氯乙烯经用固碱脱除微量氯化氢后，即得纯度为99.9% 的成品氯乙烯。塔釜流出的二氯乙烷可送至二氯乙烷贮槽或循环回脱重组分塔 9。

2. 氧气法氧氯化工艺流程

以乙烯、氯气和氧气为主要原料，采用平衡氧氯化技术生产氯乙烯的工艺流程如图 4-31所示。该技术的工艺过程主要包括：直接氯化、氧氯化、二氯乙烷精制、二氯乙烷裂解、氯乙烯精馏、废物处理和氯化氢回收等工序。

（1）直接氯化 原料氯气经过干燥、升压和过滤除去夹带的酸雾后进入直接氯化反应器1；另外从乙烯装置来的干燥乙烯经过压力、流量调节亦进入直接氯化反应器 1。反应器内以二氯乙烷液体作介质，在二氯乙烷中含有无水氯化铁作为催化剂。

反应器内设有特殊的气体分布器并充填一定高度的瓷环，以使反应气体能更好地分布均

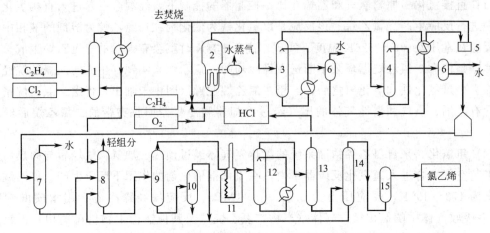

图 4-31 氧气法氧氯化生产氯乙烯工艺流程示意图

1—直接氯化反应器；2—氧氯化反应器；3—急冷塔；4—洗涤塔；5—循环气压缩机；
6—分离器；7—脱水塔；8—低沸塔；9—高沸塔；10—回收塔；11—裂解炉；
12—二氯乙烷急冷塔；13—氯化氢塔；14—氯乙烯塔；15—氯乙烯干燥器

匀，同时促进氯气全部转化。直接氯化反应为一较强放热反应，为将反应热及时而有效地移出，通常采用外循环办法，将自反应器顶部逸出的二氯乙烷冷凝，凝液部分返回反应器，利用其蒸发移出反应热。冷凝液的另一部分作为本工序产品送往二氯乙烷精制系统。未被冷凝的气体因其中含有少量乙烯，经过压缩分离其中夹带的二氯乙烷后，送往氧氯化单元作为原料使用。

（2）氧氯化 首先将来自直接氯化含有乙烯的不凝气和本单元的部分不凝气作循环气与补充的新鲜原料气乙烯混合预热后，再与氯乙烯精制单元来的氯化氢相混合，控制适当的配比与氧气作进一步混合，再预热到一定温度后，进入氧氯化反应器 2。与反应器内所含铜催化剂相接触，在低压和反应温度不超过 513K 下，进行反应生成二氯乙烷。

反应器为不锈钢材料制造，其主要结构由以下三部分组成：下部为一不锈钢制作的孔板式气体分配器，中下部有嵌在反应器内的带子挡板，两者对进入反应器的混合气体分布和催化剂的流化起着重要作用；反应器中部设有为移除反应热的冷却管，管内以沸水作为介质蒸发移热，并副产蒸汽；反应器上部设有旋风分离器系统，以分离和收集反应生成气中夹带的催化剂，回收的催化剂送回反应器底部。出反应器的生成气进入急冷塔 3，用二氯乙烷-水溶液进行冷却。急冷塔为填料塔，通过喷淋除去未反应的氯化氢并降低反应生成气的温度，塔底收集的冷凝下来的液体，经分离器 6 除水，与洗涤塔底物料混合处理后，送往二氯乙烷精制提纯。

急冷塔顶的不凝气体送入洗涤塔 4 用碱液洗涤，除去其中的二氧化碳。同时向塔内加入少量的亚硫酸钠溶液，以除去进入该塔的直接氯化尾气中的游离氯。

洗涤塔 4 顶部逸出的气体经过冷凝，大部分二氯乙烷和水被冷凝下来，与急冷塔 3 底部物料混合送入分离器（倾析器）6，冷凝后的不凝气经压缩机加压，部分循环至氧氯化反应器作为原料使用，部分送至焚烧。分离器分出粗二氯乙烷经水洗后进入贮槽，待送精制提纯，分离器分出的污水送往废水处理。

（3）二氯乙烷精制 来自粗二氯乙烷贮槽的含水二氯乙烷，经换热至一定温度后进入脱水塔 7，在常压下，水与二氯乙烷形成共沸物，自塔顶逸出，经冷凝后，将水分出。塔底物料与直接氯化工序和氯乙烯精制工序来的粗二氯乙烷，分别送往二氯乙烷低沸塔 8 处理。二氯乙烷低沸塔为浮阀塔，在近于常压下，控制顶部温度在 353K 左右，将低沸物（如氯乙烷、氯丁二烯和苯等）蒸出，经过冷凝，所得的凝液全部回流至本塔内，不凝气体送往焚烧处理；低沸塔底产物中除二氯乙烷外，还有高沸物如 1,1,2-三氯乙烷等，送入二氯乙烷高沸塔 9，以除去其中的高沸物。高沸塔也是浮阀塔，控制塔顶温度在 361K 左右，塔釜温度在 373K 以下，顶部馏出物为高纯度二氯乙烷，该二氯乙烷部分作为回流液，其余作为本工序产品供裂解使用。

含有一定量二氯乙烷的高沸物，自塔底进入二氯乙烷回收塔 10，于 36kPa 下回收其中的二氯乙烷，并返回低沸塔 8，塔釜的高沸物残液送焚烧处理。

（4）二氯乙烷裂解 来自二氯乙烷精制工序的纯二氯乙烷，经裂解炉进料泵加压（出口压力在 2.45MPa 以上）送至双面辐射式管式炉 11（炉内以液化石油气为燃料，炉膛的中部横向水平排列着耐高温、耐腐蚀的不锈钢炉管）。二氯乙烷在裂解炉管内，历经加热、蒸发、过热和裂解，于 1.96MPa 压力和不超过 783K 温度下，生成氯乙烯和氯化氢。

从裂解炉出来的裂解生成气，进入二氯乙烷急冷塔 12，在约 1.96MPa 下，经多层喷嘴喷淋塔通过循环冷却器冷却的二氯乙烷混合物进行骤冷，以防止二次反应发生。经骤冷后的裂解生成气，再经热交换进行余热回收后送往氯乙烯精制工序。

（5）氯乙烯精制 来自急冷塔的含氯化氢、氯乙烯物料，首先进入氯化氢塔 13，在操作压力 1.18MPa 和塔顶温度 249K 条件下，将氯化氢自塔顶蒸出，得到高纯氯化氢，经冷凝后部分液化作为回流，其余部分经过压力调节和换热后，送往氧氯化反应器，作为原料使用。氯化氢塔釜物料，经减压后送入氯乙烯塔 14 精馏分离。控制氯乙烯塔釜压力在 0.588MPa 左右，塔顶蒸出氯乙烯，塔釜液中主要含二氯乙烷，送二氯乙烷精制工序。氯乙烯塔顶分出的氯乙烯，经碱液中和除去氯化氢后送往氯乙烯干燥器 15 进行干燥，干燥后的氯乙烯即为本装置最终成品。

3. 氧气法氧氯化与空气法氧氯化的技术经济比较

氧气法氧氯化与空气法氧氯化（也是采用固定床反应器）相比，具有如下优点：

① 床层温度分布较好，热点温度较低或不显著，有利于保护催化剂的稳定性。

② 1,2-二氯乙烷的选择性较高，HCl 的转化率也较高，具体结果比较见表 4-8。

表 4-8　乙烯氧氯化选择性、转化率比较

项　目		空气氧氯化法	氧气氧氯化法
乙烯转化产物的选择性/%	1,2-二氯乙烷	95.11	97.28
	氯乙烷	1.73	1.50
	$CO+CO_2$	1.78	0.68
	1,1,2-三氯乙烷	0.88	0.08
	其他氯衍生物	0.50	0.46
HCl 的转化率/%		99.13	99.83

③ 排出系统的废气少，只有空气氧化法的 1%～5%，且可进一步用于氯化。空气法氧氯化排出的废气中，乙烯含量很低，一般为 1% 左右，大量是惰性气体，并含有各种氯化

物，使1,2-二氯乙烷损耗增加。且氯乙烯等氯化物对人体十分有害，如直接排入大气，将污染环境，需作焚烧处理。由于可燃物含量低，必须外加燃料。而氧气法氧氯化排出的气体中乙烯浓度较高，可直接进行焚烧处理。

④ 氧气法氧氯化乙烯浓度高，有利于提高1,2-二氯乙烷的生成速率和催化剂的生产能力。

⑤ 氧气法氧氯化不需采用溶剂吸收、深冷等方法回收1,2-二氯乙烷，因此流程较简单，设备投资费用较少。

由于氧气法氧氯化具有许多优点，因此自20世纪70年代末工业化后，已有许多工厂采用，并有取代空气法氧氯化的趋势。

复习思考题

1. 分析乙烯络合催化氧化生产乙醛的基本反应过程，并写出相应的反应方程式。

2. 为什么说催化剂溶液的组成及其调节控制是乙烯氧化生产乙醛过程中的关键因素？在生产中，催化剂为何要再生？如何进行再生？

3. 为什么乙烯络合催化氧化生产乙醛过程中要不断补加盐酸溶液？

4. 试比较一步法和两步法生产乙醛的优缺点。简述一步法生产乙醛时对原料气配比及纯度有何要求？为什么？

5. 乙烯、醋酸氧化偶联生产醋酸乙烯存在哪些副反应？对醋酸乙烯生产过程有何影响？

6. 乙烯、醋酸氧化偶联生产醋酸乙烯的工艺条件是怎样确定的？其工艺流程包括哪几个主要部分？

7. 试讨论乙炔法生产醋酸乙烯的反应原理及其工艺条件。

8. 乙烯络合催化氧化生产乙醛，进料配比（摩尔比）分别为乙烯∶氧气∶惰性气体等于55∶18∶27及65∶17∶18，若控制乙烯转化率为35%，试计算循环气组成，并说明哪种进料配比可满足安全生产要求？

9. 试分析乙烯氧化法和乙炔法生产醋酸乙烯时对原料醋酸的纯度要求为什么不同？

10. 环氧乙烷生产的安全注意事项有哪些？

11. 在乙炔法生产氯乙烯单体的工艺中，对原料纯度有何要求？

12. 画出乙烯平衡氧氯化生产氯乙烯单体的主要工艺过程示意图。

13. 试分析乙烯氧氯化反应过程的工艺条件确定。

14. 试分析乙烯平衡氧氯化生产氯乙烯的物料平衡关键因素。

15. 试比较空气法氧氯化与氧气法氧氯化生产氯乙烯的优缺点。

第五章

碳三系列典型产品的生产工艺

【学习目标】

- 掌握碳三系列典型产品生产的反应原理、工艺条件、工艺流程。
- 了解丙烯腈、丙烯酸、丁辛醇的性质和用途以及生产过程的影响因素。

第一节　丙烯氨氧化生产丙烯腈

丙烯腈为无色透明液体，具有刺激性臭味，沸点为 350.5K，凝固点为 189.7K。微溶于水，能与丙酮、苯、甲醇等许多有机溶剂互溶。丙烯腈蒸气能与空气形成爆炸性混合物，爆炸极限（体积分数）为 3.05%～17.0%。丙烯腈有毒，长时间吸入稀丙烯腈蒸气能引起恶心、呕吐、头晕、不适、疲倦等症状，丙烯腈蒸气能附着在皮肤上经皮肤吸收而中毒。工作场所丙烯腈的最高允许浓度为 45mg/m³。

丙烯腈分子中有双键（ $C{=}C$ ）和氰基（—C≡N）存在，化学性质活泼，容易自聚，也可与其他不饱和化合物共聚，是三大合成材料的重要单体。以丙烯腈为基本原料生产的纤维商品名叫"腈纶"，俗称人造羊毛。丙烯腈与丁二烯、苯乙烯三者共聚可生产 ABS 树脂。丙烯腈与丁二烯反应可生产丁腈橡胶。丙烯腈还可以用于合成药物、染料、抗水剂、表面活性剂等。丙烯腈深加工系列产品及其用途见表 5-1。

生产丙烯腈的方法主要有环氧乙烷法、乙炔法及丙烯氨氧化法。前两种方法因为需要采用剧毒的 HCN 作原料，生产成本高、毒性大，限制了丙烯腈生产的发展。20 世纪 50 年代末开发成功的丙烯氨氧化法则因为具有原料价廉易得、工艺流程简单、设备投资少、产品质量高、生产成本低等许多显著优点而得到广泛应用。60 年代后各国新建的丙烯腈生产装置绝大部分采用此法生产，我国丙烯腈装置全部采用丙烯氨氧化法生产。截至 2015 年，我国丙烯腈总产能达到 181.7 万吨/年，这些生产装置初期均引进国外 BP 公司技术，后来大都采用中石化上海石油化工研究院的丙烯氨氧化法技术进行改建和扩建。

表 5-1　丙烯腈深加工系列产品及其用途

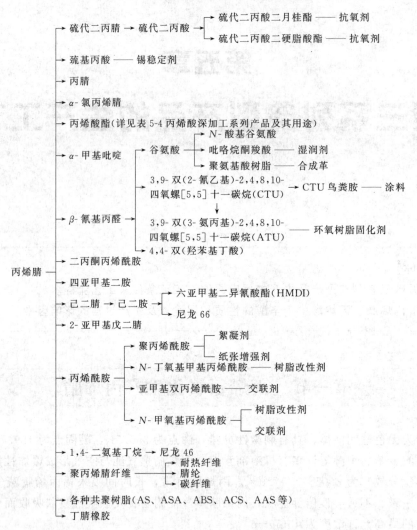

一、反应原理

1. 主、副反应

丙烯、氨、氧在一定条件下反应，除生成产物丙烯腈外，尚有多种副产物生成，可用化学反应方程表示如下。

主反应

$$CH_2{=}CH{-}CH_3+NH_3+\frac{3}{2}O_2 \xrightarrow{\text{催化剂}} CH_2{=}CH{-}CN+3H_2O$$

$$\Delta H^{\ominus}_{298K}/(kJ/mol)$$
$$-514.8$$

副反应

$$CH_2{=}CH{-}CH_3+\frac{3}{2}NH_3+\frac{3}{2}O_2 \longrightarrow \frac{3}{2}CH_3{-}CN+3H_2O \qquad -543.8$$

$$CH_2{=}CH{-}CH_3+3NH_3+3O_2 \longrightarrow 3HCN+6H_2O \qquad -942.0$$

$$CH_2{=}CH{-}CH_3+O_2 \longrightarrow CH_2{=}CH{-}CHO+H_2O \qquad -353.3$$

$$CH_2{=}CH{-}CH_3+\frac{3}{4}O_2 \longrightarrow \frac{3}{2}CH_3{-}CHO \qquad -267.8$$

$$CH_2\!=\!CH\!-\!CH_3 + \frac{1}{2}O_2 \longrightarrow CH_3\!-\!COCH_3 \qquad\qquad -237.3$$

$$CH_2\!=\!CH\!-\!CH_3 + \frac{9}{2}O_2 \longrightarrow 3CO_2 + 3H_2O \qquad\qquad -1920.9$$

$$CH_2\!=\!CH\!-\!CH_3 + 3O_2 \longrightarrow 3CO + 3H_2O \qquad\qquad -1077.3$$

此外，还可能有少量丙腈生成。

以上副反应是在丙烯氨氧化反应达到中度和深度时所出现的典型副反应。所生成的副产物可分为三类：一类是氰化物，主要是氢氰酸和乙腈；一类是有机含氧化合物，主要是丙烯醛，也可能有少量的丙酮以及其他含氧化合物；另一类是深度氧化产物—氧化碳和二氧化碳。

第一类副产物中的乙腈及氢氰酸均为比较有用的副产物，应设法予以回收。第二类中的丙烯醛虽然不多（约占丙烯腈含量的 1%），但不易除去，给精馏分离带来不少麻烦，应设法减少其生成量。第三类副反应是危害性较大的副反应，既浪费原料，又影响生产安全。由于丙烯完全氧化生成二氧化碳和水的反应热是主反应的 3 倍多，因此生产中必须注意反应热的及时移除和反应温度的严格控制。特别是反应器上部，如果未反应的丙烯与氧气发生深度氧化反应（工厂称为稀相燃烧），温度过高，传热又不快，产品也会因温度过高而分解，有可能发生安全事故。

2. 催化剂

目前，工业上丙烯氨氧化生产丙烯腈所采用的催化剂主要有钼系和锑系两类。

钼系催化剂的结构可用 $[RO_4(H_2XO_4)_n(H_2O)_n]$ 表示。R 为 P、Bi、As、Si、Ti、Mn、Cr、Th、La、Ce 等；X 为 Mo、W、V 等。其代表性的催化剂为美国 Sohio 公司的 C-41、C-49 及我国的 MB-82、MB-86。一般认为 Mo、Bi 为催化剂的活性组分，即主催化剂，其余为助催化剂。单一的 MoO_3 及 Bi_2O_3 均能使丙烯氨氧化反应进行，但丙烯转化率低，催化剂选择性差。如果将 MoO_3 及 Bi_2O_3 二组分按一定比例配制，则催化剂活性可明显提高。当 MoO_3 含量上升时，丙烯醛生成量增加，而丙烯腈增加不明显；当 Bi_2O_3 含量上升时，丙烯腈生成量明显增加，丙烯醛生成量却很少。所以 MoO_3 组分生成醛的能力较强，Bi_2O_3 深度氧化能力较强，二氧化碳含量随 Bi_2O_3 含量的增加而增加。

P_2O_5 是较典型的助催化剂，加入微量后可使催化剂活性提高，同时能使 Bi_2O_3 组分深度氧化能力得到有效的抑制。催化剂中加入钾可提高催化剂活性和选择性，原因是催化剂表面酸度降低。其他组分的功能与前面讨论的氧化催化剂相似，目的都在于改善和强化催化剂的性能。

锑系催化剂的活性组分是 Sb、Fe，锑铁催化剂中的 $\alpha\text{-}Fe_2O_3$ 是活性很高的氧化催化剂，但选择性差。据研究，在纯氧化铁催化剂上，丙烯氨氧化结果丙烯腈收率只有 2.5%，而 CO_2 的收率达 93%。纯氧化锑活性很低，但选择性良好，只有氧化铁和氧化锑的组合，才表现出优良的活性和选择性。锑系催化剂中 $Sb^{5+} \rightleftharpoons Sb^{3+}$ 循环是催化剂活性的关键，在低氧反应条件下，催化剂被部分还原而性能变差。为克服催化剂易还原劣化的缺点，可在催化剂中添加 V、Mo、W 等元素。添加电负性大的元素，如 B、P、Te 等，可提高催化剂的选择性。为消除催化剂表面的 Sb_2O_4 不均匀的白晶粒，可添加镁、铝等元素。

几种催化剂的性能比较见表 5-2。

表 5-2　几种催化剂的性能比较

催化剂	收率（摩尔分数）/ %						选择性（摩尔分数）/ %
	丙烯腈	乙腈	氢氰酸	氯丙烯	一氧化碳	二氧化碳	
C-41	70.2	3.5	2.2	—	8.5	11.1	73.2
C-49	77.7	2.4	3.2	—	4.9	8.9	80.1
Ns-733B	75.2	0.4	1.8		1.2	16.0	79.5
MB-82	78.6	1.4	0.3	0.7	2.9	13.5	80.3

由于反应是强放热反应，所以工业上采用流化床反应器。流化床反应器要求催化剂强度高、耐磨性能好，故采用粗孔微球形硅胶作为催化剂的载体，以等体积浸渍法制备得到。载体孔径大，产物分子在催化剂孔内扩散阻力小，有利于加快扩散速率，减少深度氧化副反应，但过大的孔径会导致催化剂比表面减少。适宜的载体粒度为 40～120 目。

3. 反应动力学

根据对反应机理的研究，丙烯氨氧化的动力学图式可简单表示如下：

$$CH_2=CH-CH_3 \begin{cases} \xrightarrow{k_1} CH_2=CH-CN \\ \xrightarrow{k_2} CH_2=CH-CHO \\ \xrightarrow{k_4} CO_2 + H_2O \end{cases}$$

人们曾在 Bi_2O_3-MoO_3（50%）-SiO_2（50%）的催化剂上对丙烯氨氧化合成丙烯腈的动力学进行了研究，从实验数据推算得出，在 703K 时 $k_1 : k_2 = 40 : 1$，这说明丙烯腈主要是由丙烯直接氧化得到的，丙烯醛是平行副反应的产物。

对丙烯氨氧化反应的动力学研究结果表明：当氧和氨的浓度不低于一定的浓度时，对丙烯是一级反应，对氨和氧都是零级。反应速率方程式可表示为：

$$v = kp_{C_3H_6}$$

式中　v——丙烯氨氧化的反应速率；

k——反应速率常数；

$p_{C_3H_6}$——丙烯的分压。

反应速率常数与所用的催化剂有关：

当催化剂无磷时，$k = 2.8 \times 10^5 \exp(-67000/RT)$；

当催化剂中含磷时，$k = 8.0 \times 10^5 \exp(-67000/RT)$。

二、工艺条件

1. 反应温度

反应温度是丙烯氨氧化合成丙烯腈的重要参数，它不仅影响反应速率，也影响反应选择性。一般在 623K 以下，几乎没有氨氧化反应发生，要获得高收率的丙烯腈，必须控制较高的反应温度。图 5-1 所示是丙烯在 P-Mo-Bi-O/SiO₂ 催化剂上氨氧化温度对主、副产物收率的影响。由图 5-1 可以看出，随着反应温度的升高，丙烯腈收率增加，在 733K 左右出现最大值，而副产物在 690K 左右出现最大值，超过最适宜温度，丙烯腈收率和副产物乙腈及氢氰酸的收率都下降，表明在过高温度时连串副反应（主要是深度氧化反应）加剧。适宜的反应温度与催化剂的活性有关。C-A 催化剂（P-Mo-Bi-O/SiO₂）活性较低，需在 730K 左右进行反应；而 C-41 催化剂活性较高，适宜温度为 710K 左右。当反应温度高于 743K 时，丙烯腈收率明显下降，高温也会使催化剂的稳定性下降。

2. 反应压力

丙烯氨氧化生产丙烯腈是体积增大的反应，从热力学观点看，降低压力可提高反应的平衡转化率。但由于该反应平衡常数已经很大，故压力对反应平衡的影响可以忽略。从动力学分析，反应压力的增加有利于加快反应速率，提高反应器的生产能力。但实验结果表明，丙烯氨氧化反应在加压下进行时，反应器的生产能力虽然增加了，而选择性却下降了，反应结果比常压下进行时差，见图 5-2 及图 5-3。因此，工业生产中一般不采用加压操作。反应器中的压力只是为了克服后续设备的阻力。通常操作压力为 55kPa 左右。

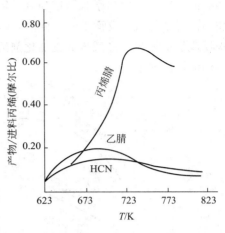

图 5-1　反应温度对主、副产物收率的影响
（$CH_3 : NH_3 : O_2 : H_2O = 1 : 1 : 1.8 : 1$）

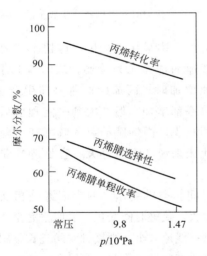

图 5-2　反应压力对丙烯腈收率的影响

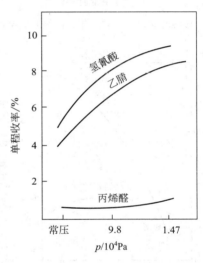

图 5-3　反应压力对副产物生成量的影响

3. 接触时间和空塔线速

对在流化床中进行的气固相催化反应，常用原料气通过填装在反应器内的催化剂床层静止高度所需要的时间来表示原料气与催化剂的接触时间。

$$接触时间（s）= \frac{反应器中催化剂层静止高度（m）}{反应条件下气体流经反应器的速度（m/s）}$$

而空塔线速是指原料气在反应条件（T、p）下通过空床反应器的速度。

$$空塔线速（m/s）= \frac{反应条件下单位时间进入反应器的混合气量（m^3/s）}{反应器的横截面积（m^2）}$$

不难看出，当反应器和催化剂装填量一定时，接触时间与空塔线速互为反比关系，原料混合气空塔线速愈大，则接触时间愈短。

图 5-4 和图 5-5 表示接触时间对反应的转化率、收率的影响。

从图 5-4 和图 5-5 可以看出，适当增加接触时间，可以提高丙烯转化率和丙烯腈单程收率，而副产物乙腈和氢氰酸的单程收率都变化不大，这对生产是有利的。但是增加接触时间是有限度的，当丙烯腈收率增加到一定值后，再继续增加接触时间，深度氧化副反应相应增加，丙烯腈的收率反而下降。同时，过长的接触时间，不仅会降低设备的生产能力，而且由于反应器中氧含量降低会造成催化剂活性下降。适宜的接触时间与所用催化剂有关，也与所采用的反应器形式有关。

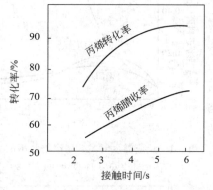

图 5-4　接触时间对丙烯转化率、丙烯腈收率的影响

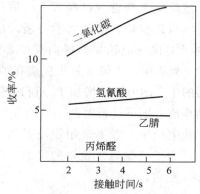

图 5-5　接触时间对副产物生成量的影响

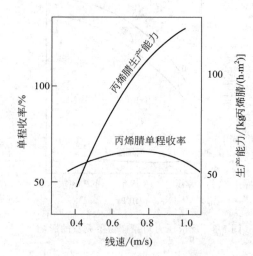

图 5-6　不同线速对丙烯腈单程
收率和生成能力的影响

在工业生产中采用流化床反应器生产丙烯腈时，空塔线速的选择尤为重要。从图 5-6 可以看出，当线速增加时，丙烯腈产量（即生产能力）和丙烯腈收率都增加。但增大到一定程度后，由于接触时间减少，丙烯腈的单程收率却下降。而且，对流化床来说，线速过大，容易造成催化剂的带出损耗。

接触时间和空塔线速这两个因素是相互联系的。线速过大，接触时间太短，反应不完全，丙烯转化率就低；线速太小，则接触时间过长，副反应多，丙烯腈收率就低。因此，应综合考虑各方面因素，合理选择适宜的空塔线速和接触时间这两个参数。目前，工业上实际操作线速在 $0.5\sim1m/s$ 范围，根据反应器的直径和催化剂床层静止层高度的不同，接触时间在 $5\sim10s$ 之间。

4. 原料配比

合理的原料配比是保证丙烯腈生产反应稳定、副产物少、消耗定额低以及操作安全的重要因素。

(1) 氨与丙烯的配比（简称氨烯比或氨比）　由化学反应方程式可知理论所需氨与丙烯之比为 1∶1，但实际生产中，反应一般都是在氨过量的情况下进行的。这是因为氨与丙烯的配比直接影响到丙烯腈的收率和氧化副产物及深度氧化副产物的生成量。图 5-7 和图 5-8 分别表示了在不同氨烯比条件下，丙烯醛出口的浓度与接触时间的关系，以及深度氧化副产物二氧化碳与接触时间的关系。

由图 5-7 和图 5-8 可见，当氨烯比小于 1 时，丙烯醛和深度氧化副产物生成量较多；随着氨烯比的提高，丙烯醛和深度氧化副产物的生成量减少，尤其是丙烯醛的生成量减少得更快。这是因为氨的浓度高，抑制了吸附态丙烯和晶格氧之间的反应，减少了丙烯醛的生成；同时，当反应物料中有适量的氨存在时，丙烯醛也可以进一步氧化生成丙烯腈。另外，在较高氨烯比条件下，易氧化的丙烯醛含量下降，稳定性较高的含氮化合物生成，使深度氧化物减少。但过高的氨烯比将使氨耗上升，且会增加中和过量氨所需硫酸的消耗量。按照氨耗最小、丙烯腈收率最高、丙烯醛生成量最少的要求，工业生产中一般采用氨烯比为 1.1～1.2。

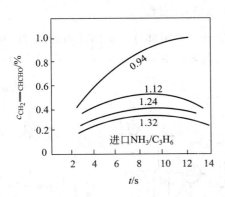
图 5-7　丙烯醛出口浓度与接触时间的关系

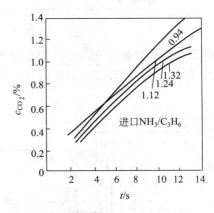
图 5-8　深度氧化副产生与接触时间的关系

（2）氧与丙烯的配比（简称氧烯比或氧比）　丙烯氨氧化是以空气作氧化剂的，增加氧比（即增加空气用量）时，对丙烯转化率没有显著影响，但氧比过大，随空气带入的惰性气体较多，使混合气中的丙烯浓度降低，影响反应速率，从而降低了反应器的生产能力。且氧浓度过高，会导致反应物离开催化剂床层后，继续发生深度氧化反应，使选择性下降。目前实际生产中采用的氧烯摩尔比为(2～2.5)∶1，折合为空气对丙烯的摩尔比为(9.5～12)∶1。采用氧过量主要是为了保护催化剂，不致因缺氧而引起催化剂失去活性。因反应在缺氧条件下进行，催化剂就不能进行氧化还原循环，六价钼离子被还原成低价钼离子，催化剂活性下降。虽然这种失活现象不是永久性的，可通入空气使被还原了的低价钼重新氧化为六价钼，恢复其活性。但在高温下缺氧或催化剂长期在缺氧条件下操作时，即使通入空气再进行氧化，活性也不可能完全恢复。在生产中应经常注意反应后气体中保持氧的体积分数为 2%左右。

5. 原料纯度

原料丙烯是从烃类裂解气或催化裂解气分离得到的，除丙烯外，还可能含有碳二、丙烷及少量碳四，也可能有硫化物存在。碳二和丙烷对氨氧化反应没有影响，但碳四中的丁烯比丙烯更容易与氧反应，会消耗氧，甚至造成缺氧，而使催化剂的活性下降。正丁烯氧化生成甲基乙烯酮（沸点为 353K），异丁烯能发生氨氧化反应生成甲基丙烯腈（沸点为 363K），它们的沸点与丙烯腈的沸点接近，给丙烯腈的分离精制带来困难。故要求丙烯原料中丁烯含量<1%。

硫化物会引起催化剂中毒，应予以脱除，一般要求原料中硫含量<0.005%。

三、工艺流程

丙烯氨氧化生产丙烯腈的工艺过程可简单表示为图 5-9。

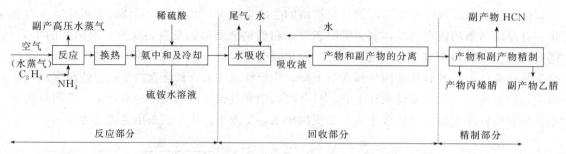

图 5-9 丙烯氨氧化生产丙烯腈的工艺过程

该工艺过程主要分三部分，即反应部分、回收部分和精制部分。各国采用的流程除反应器的形式不同外，回收部分和精制部分流程也有较大差异，下面讨论工业上采用较广的一种流程。

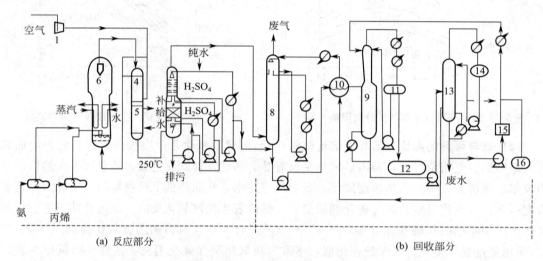

图 5-10 丙烯氨氧化生产丙烯腈反应和回收部分的工艺流程

1—空气压缩机；2—氨蒸发器；3—丙烯蒸发器；4—空气预热器；5—冷却管补给水加热器；6—反应器；7—急冷器；
8—水吸收塔；9—萃取塔；10—热交换器；11—回流沉降槽；12—粗丙烯腈中间贮槽；13—乙腈解吸塔；14—回流槽；
15—过滤器；16—粗乙腈中间贮槽

1. 反应部分的工艺流程

丙烯氨氧化是一种强放热反应，反应温度又较高，工业上大多采用流化床反应器。其工艺流程如图 5-10(a) 所示。原料空气经过滤器除去灰尘和杂质后，用透平压缩机 1 加压，在空气预热器 4 与反应器出口物料进行热交换，预热到 573K 左右，然后从流化床底部经空气分布板进入流化床反应器 6。丙烯和氨分别来自丙烯蒸发器 3 和氨蒸发器 2，先在管道中混合后，经分布管进入流化床。丙烯和氨混合气的分布管设置在空气分布板上部。空气、丙烯和氨均须控制一定的流量以达到工艺规定的配比要求。

三种原料在反应器中催化剂作用下进行氧化反应。反应气经过反应器内旋风分离器捕集反应气夹带的催化剂粉末，之后进入空气预热器和冷却管补给水加热器 5，降温至 423K 左右（不能太低，太低易发生聚合副反应），再进入急冷器 7。

为保证流化床反应温度稳定，在流化床反应器内设置一定数量的 U 形冷却管，通入高压热水，利用水的汽化来移走反应热。反应温度的控制，除使用冷却管的管数来调节外，原料空气预热温度的控制也很重要。反应放出的热量一小部分为反应物料带出，经与原料空气换热和冷却管补给水换热得到回收利用；大部分是由反应床中冷却管导出，产生高压过热水蒸气（2.8MPa 左右），作为透平压缩机的动力。高压过热水蒸气经透平压缩机利用其能量后，变为低压水蒸气（0.35MPa 左右），可作为回收和精制部分的热源。

从反应器出来的反应气体的组成，因所用催化剂不同及反应条件不同而有差异。表 5-3 所列是反应结果举例。

表 5-3　丙烯氨氧化反应结果举例

项目	反应产物和副产物							未反应物质			惰性物质	
	丙烯腈	乙腈	HCN	丙烯醛	CO_2	CO	H_2O	C_3H_6	NH_3	O_2	N_2	C_3H_8
收率（摩尔分数）/%	73.1	1.8	7.2	1.9	8.4	5.2						
组成（摩尔分数）/%	5.85	0.22	1.73	0.15	2.01	1.25	24.90	0.19	0.20	1.10	61.8	0.6

注：反应条件为反应温度 713K，接触时间 7s，C_3H_6：空气：NH_3＝1：9.8：1（摩尔比），线速 0.5m/s。

从表 5-3 中数据可以看出，在反应器出口的反应气体中，尚有少量未反应的氨，这些氨必须先除去。因为氨为碱性物质，在碱性介质中会发生一系列不希望发生的反应：HCN 的聚合；丙烯醛的聚合；HCN 与丙烯醛加成为丁二腈；以及 NH_3 与丙烯腈反应生成 $H_2NCH_2CH_2CN$、$NH(CH_2CH_2CN)_2$ 和 $N(CH_2CH_2CN)_3$ 等。生成的聚合物会堵塞管道，而各种加成反应会导致产物丙烯腈和副产物 HCN 的损失，使回收率降低。

除去氨的方法有多种，现在工业上均采用硫酸中和法，硫酸质量浓度为 1.5% 左右。中和过程也是反应物料的冷却过程，故氨中和塔也称急冷塔。反应物料经急冷塔除去未反应的氨并冷却到 313K 左右后，进入回收系统。

2. 回收部分的工艺流程

回收部分的工艺流程见图 5-10(b)。

这部分流程主要由三个塔组成——吸收塔、萃取塔和乙腈解吸塔。由急冷塔出来的反应气体进入吸收塔 8，利用反应气中丙烯腈、氢氰酸和乙腈等产物与其他气体在水中溶解度相差较大的特性，用水作为吸收剂的吸收方法，使产物和副产物与其他气体分离。反应气由塔釜进入，冷却至 278～283K 的水由塔上部加入，使它们逆流接触，以提高吸收率。产物丙烯腈，副产物乙腈、氢氰酸、丙烯醛及丙酮等溶于水中，其他气体自塔顶排出。所排出的气体中要求丙烯腈和氢氰酸的含量均＜20mL/m^3，吸收塔排出的吸收液要求不呈碱性。

从吸收塔塔釜排出的吸收液含丙烯腈质量分数为 4%～5%，含其他有机副产物质量分数为 1% 左右。由于从吸收液中回收产物和副产物的顺序和方法不同，流程的组织也不同。基本上有两种流程：一种是将产物和副产物全部解吸出来，然后分别进行精制；另一种流程是先将产物丙烯腈和副产物氢氰酸解吸出来（称为部分解吸法），然后分别进行精制。后一种流程获得产品丙烯腈的过程较简单，工业生产中大多采用此流程，图 5-10(b) 所示即为这种流程。

采用该流程，首先要解决丙烯腈和乙腈的分离问题，它们的分离完全程度不仅影响产品质量，而且也影响回收率。丙烯腈和乙腈的相对挥发度很接近（沸点仅差 4K），难以用一般精馏方法分离。工业上是采用萃取精馏法，以水作萃取剂，以增大它们的相对挥发度。萃取水的用量为进料中丙烯腈含量的 8～10 倍。在萃取塔 9，塔顶蒸出的是氢氰酸和丙烯腈与水的共沸物，乙腈残留在塔釜。副产物丙烯醛、丙酮等羰基化合物，虽然沸点较低，但由于它们能与 HCN 发生加成反应生成氰醇，而氰醇沸点较高，故它们主要以氰醇形式留在塔釜，只有少量被蒸出。

由于丙烯腈与水是部分互溶，塔顶蒸出的共沸物经冷凝后，分为水相和油相，水相回流至萃取塔，油相是粗丙烯腈，进入中间贮槽 12 作为精制工序的原料。

萃取精馏塔塔釜排出液中，乙腈含量仅 1% 左右或更低，并含有少量氢氰酸和氰醇，其中大量是水，送乙腈解吸塔 13，以回收副产品乙腈和符合质量要求的水，水循环回水吸收塔和萃取精馏塔作为吸收剂和萃取剂用，形成闭路循环。自乙腈解吸塔排出的少量含氰废水送污水处理装置。

3. 精制部分的工艺流程

回收部分所得到的粗丙烯腈需进一步分离精制，以获得聚合级产品丙烯腈和所需纯度的氢氰酸。精制部分工艺流程如图 5-11 所示。该流程也是由三个塔组成的，即脱氢氰酸塔、氢氰酸精馏塔和丙烯腈精制塔。

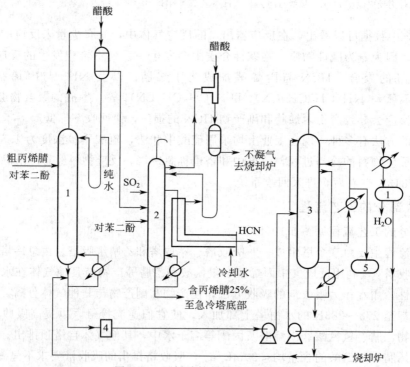

图 5-11　丙烯腈精制部分工艺流程
1—脱氢氰酸塔；2—氢氰酸精馏塔；3—丙烯腈精制塔；4—过滤器；5—成品丙烯腈贮槽

从粗丙烯腈中间贮槽来的粗丙烯腈含丙烯腈>80%，氢氰酸 10% 左右，水约 8%，并含有微量丙烯醛、丙酮和氰醇等，由于它们的沸点相差较大，故可用普通精馏方法精制。

粗丙烯腈进入脱氢氰酸塔 1，塔顶蒸出氢氰酸，塔釜液进入丙烯腈精制塔 3。丙烯腈精制塔塔顶蒸出的是丙烯腈和水的共沸物，并含有微量丙烯醛、氢氰酸等杂质，经冷却、冷凝和分层后，油层丙烯腈仍回流入塔，水层分出；塔釜液为含有少量丙烯腈的高沸物水溶液；聚合级成品丙烯腈从塔上部（第 35 块塔板）气相出料，冷凝后部分回流入塔，大部分入成品贮槽。其纯度为：丙烯腈>99.5%（质量分数），水分<0.5%（质量分数），丙酮<100mg/kg，乙腈<300mg/kg，丙烯醛<15mg/kg，氢氰酸<5mg/kg。为了防止丙烯腈聚合

和氰醇分解，该塔是在减压下操作的。

自脱氢氰酸塔中蒸出的氢氰酸，再经氢氰酸精馏塔 2 精馏，脱去其中的不凝气体并分离掉高沸点物丙烯腈等，得到纯度为 99.5％的氢氰酸。

精制部分所处理的物料丙烯腈、氢氰酸、丙烯醛等都容易发生自聚，聚合物会使塔和塔釜发生堵塞现象，影响正常生产。故处理这些物料时必须加入少量阻聚剂。由于发生聚合的机理不同，所用阻聚剂的类型也不同。氢氰酸在碱性介质中易聚合，需加酸性阻聚剂，由于它在气相和液相中都能聚合，所以均需加阻聚剂。一般气相阻聚剂用二氧化硫，液相阻聚剂用醋酸等，氢氰酸贮槽可加入少量磷酸作稳定剂。丙烯腈的阻聚剂可用对苯二酚或其他酚类。有少量水存在对丙烯腈也有阻聚作用。

氢氰酸是剧毒物质，丙烯腈的毒性也很大，在生产过程中必须做好安全防护。

第二节　丙烯氧化生产丙烯酸

丙烯酸为无色、透明、有苦辣味和腐蚀性的可燃性液体，有毒，其蒸气有催泪性刺激作用。丙烯酸与水、醇类、酯类等有机溶剂能完全互溶，在氧气存在下会迅速聚合。

丙烯酸是一种重要的有机单体，其 60％以上用于合成丙烯酸酯类（主要有内烯酸甲酯、丙烯酸乙酯、丙烯酸丁酯、丙烯酸 2-乙基己酯等）。丙烯酸酯类广泛用于塑料、合成纤维、合成橡胶、涂料、建材、纺织品、乳胶、胶黏剂、鞣革及造纸等工业部门。例如丙烯酸甲酯可制成有效的增塑剂，用于加工氯乙烯乳胶，可改善薄膜制品的性能；可用作防护涂料、胶黏剂和纸张浸渍剂的原料。丙烯酸甲酯与丙烯腈共聚可制得合成纤维，如日本从丙烯酸甲酯的共聚物制成的纤维差不多是全部化学纤维的 1/2。

丙烯酸的非酯类用途目前主要有以下几个方面：

(1) 高吸水性树脂　包括淀粉接枝的共聚物及丙烯酸钠、丙烯酸及少量交联剂的共聚物。高吸水性树脂可用于湿手巾、衬里、尿不湿等日常生活产品。

(2) 助洗剂　含磷洗涤剂易造成环境污染，而分子量约为 5000 的聚丙烯可替代磷酸盐作助洗剂。

(3) 水处理剂　聚丙烯酸可用作水处理的分散剂，丙烯酸与丙烯酰胺的共聚物可用于废水处理、选矿和造纸厂废水处理的絮凝剂，也可用于钻井泥浆中作为防井喷剂。

丙烯酸深加工系列产品及其用途见表 5-4。

丙烯酸及其酯的工业生产技术经历了 90 余年的发展历程，共有五种工业方法：氰乙醇法、丙烯腈水解法、烯酮法、雷普（Reppe）法和丙烯氧化法。

最早的氰乙醇法以氯乙醇和氰化钠为原料，反应生成氰乙醇，氰乙醇在硫酸存在下水解生成丙烯酸。

$$HOCH_2CH_2Cl+NaCN \longrightarrow HOCH_2CH_2CN+NaCl$$
$$HOCH_2CH_2CN+H_2O+H_2SO_4 \longrightarrow CH_2\!\!=\!\!CHCOOH+NH_4HSO_4$$

若水解反应在甲醇中进行，则生成丙烯酸甲酯。

$$HOCH_2CH_2CN+CH_3OH+H_2SO_4 \longrightarrow CH_2\!\!=\!\!CHCOOCH_3+NH_4HSO_4$$

由于此法使用氰化物，且须在过量硫酸存在下进行，有大量无用的硫酸、硫酸氢铵副产品产生，因此限制了它的推广应用。

表 5-4　丙烯酸深加工系列产品及其用途

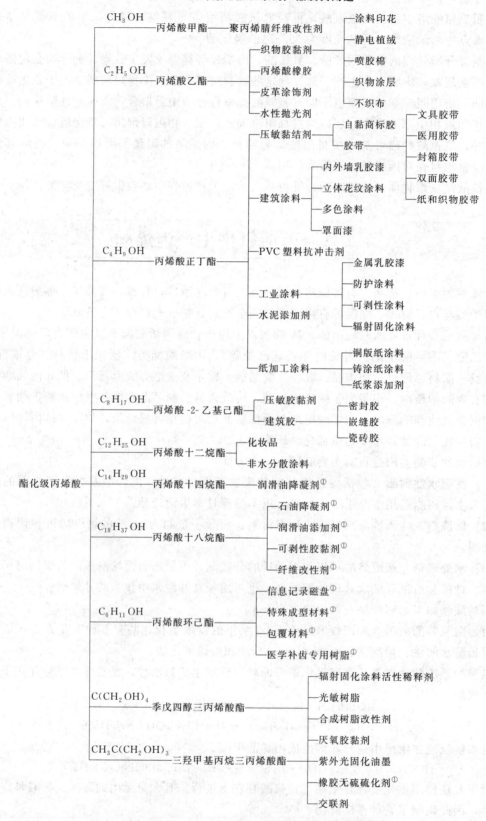

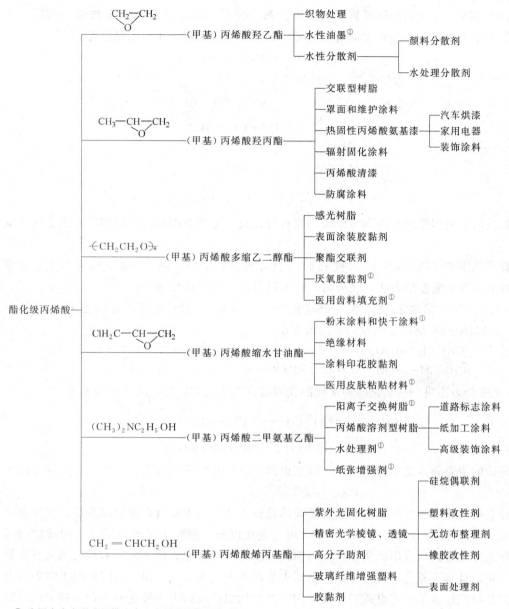

① 为国内尚未形成规模生产和应用的深加工产品。

丙烯腈水解法实际上可以说是早期氰乙醇法的发展。第一步丙烯腈以硫酸水解生成丙烯酰胺的硫酸盐，第二步水解或酯化生成丙烯酸或丙烯酯。

$$CH_2=CHCN+H_2O+H_2SO_4 \longrightarrow CH_2=CHCONH_2 \cdot H_2SO_4$$

$$CH_2=CHCONH_2 \cdot H_2SO_4+H_2O \longrightarrow CH_2=CHCOOH+NH_4HSO_4$$

或　　　　$$CH_2=CHCONH_2 \cdot H_2SO_4+ROH \longrightarrow CH_2=CHCOOR+NH_4HSO_4$$

此法较氰乙醇法虽有改进，但仍然存在生产步骤多、过程设备腐蚀严重以及有大量硫酸氢铵副产物产生等不足。

烯酮法（又称 β-丙内酯法）以醋酸（或丙酮）为原料，磷酸三乙酯为催化剂，在 898~1003K 裂解生成乙烯酮，然后与无水甲醛在 $AlCl_3$ 或 BF_3 催化剂作用下生成 β-丙内酯。如果最终目的是制取丙烯酸，则把液体β-丙内酯和少量水（0.5%）的混合物与100%的热磷酸（443K）接触，β-丙内酯即异构化生成丙烯酸。如最终目的产物为丙烯酸酯，则第二步中生成的粗β-丙内酯可不经提纯而直接与相应的醇及硫酸反应，生成丙烯酸酯。

$$CH_3COOH \longrightarrow CH_2=C=O$$

$$CH_2=C=O+CH_2O \longrightarrow \underset{\underset{O\ \text{—}\ CO}{|\qquad\quad|}}{CH_2\text{—}CH_2}$$

$$\underset{\underset{O\ \text{—}\ CO}{|\qquad\quad|}}{CH_2\text{—}CH_2}
\begin{cases}
\xrightarrow{H_2O} CH_2=CHCOOH \\
\xrightarrow{ROH} CH_2=CHCOOR+H_2O
\end{cases}$$

烯酮法由于使用醋酸或丙酮为原料，原料价格贵，生产费用高，所以推广应用受到一定限制。

雷普法是雷普（Reppe）于20世纪40年代发现的，是用乙炔、一氧化碳与水或醇反应生成丙烯酸或丙烯酸酯的方法，又分为"化学计量法"和"催化法"。

"化学计量法"是使乙炔、羰基镍（提供一氧化碳）与水或醇在比较温和的条件下（313K，0.101MPa）反应，生成丙烯酸或其酯。

$$4CH\equiv CH+4H_2O+Ni(CO)_4+2HCl \longrightarrow 4CH_2=CHCOOH+NiCl_2+H_2$$

或

$$4CH\equiv CH+4ROH+Ni(CO)_4+2HCl \longrightarrow 4CH_2=CHCOOR+NiCl_2+H_2$$

"催化法"为乙炔、一氧化碳和水或醇在镍盐存在下反应，生成丙烯酸或其酯。

$$CH\equiv CH+H_2O+CO \xrightarrow{NiCl_2} CH_2=CHCOOH$$

或

$$CH\equiv CH+ROH+CO \xrightarrow{NiCl_2} CH_2=CHCOOR$$

雷普法的主要缺点是反应速率慢，羰基镍部分分解和挥发造成损失，涉及乙炔的操作相当复杂。

丙烯直接氧化法是生产丙烯酸及其酯类的最新方法。由于原料丙烯价廉易得，反应催化剂的活性和选择性高，因此，自1969年实现工业化以来，得到了迅速发展，各国新建丙烯酸及丙烯酸酯装置大都采用此法生产。目前国外拥有丙烯催化氧化工艺技术的公司有日本触媒有限公司、日本三菱化学公司、德国巴斯夫公司和美国索亥俄公司等。国内的上海华谊丙烯酸有限公司经过多年研究也成功开发了拥有自主知识产权的丙烯氧化工艺，并拥有丙烯酸生产成套技术。近年来各公司对丙烯酸及酯合成催化剂及提纯工艺不断改进，以提高产品收率和产品纯度。此外，为实现丙烯原料的替代，人们还在积极开发新的工艺路线，并取得了较大进展。我国已成为全球最大的丙烯酸及其酯生产与消费国，截至2014年生产企业达19家，酯化级丙烯酸产能275万吨/年，占世界丙烯酸总产能（730万吨/年）的38%。

一、反应原理

丙烯直接氧化生产丙烯酸有一步法和两步法之分。一步法具有反应装置简单、工艺流程短、只需一种催化剂、投资少等优点。但一步法却有以下几个突出缺点：

① 一步法是在一个反应器内和一种催化剂上进行两个氧化反应，强制一种催化剂去适应两个不同反应的要求，影响了催化作用的有效发挥，丙烯酸收率低。

② 把两个反应合为一步进行，反应热效应大。要降低反应热效应，只能通过降低原料丙烯的浓度来实现，因此生产能力低。

③ 催化剂寿命短，导致经济上不合理。

鉴于以上原因，目前工业上主要采用两步法生产。即第一步丙烯氧化生成丙烯醛，第二步丙烯醛氧化生成丙烯酸。

丙烯两步氧化制丙烯酸的主反应可用下列两式表示：

$$CH_2=CHCH_3+O_2 \longrightarrow CH_2=CHCHO+H_2O \quad \Delta H_{298K}^{\ominus}=-340.8kJ/mol$$

$$CH_2=CHCHO+\frac{1}{2}O_2 \longrightarrow CH_2=CHCOOH \quad \Delta H_{298K}^{\ominus}=-254.2kJ/mol$$

从反应方程式可知，反应属强放热反应。因此，及时有效地移除反应热是反应过程的突出问题。除主反应之外，还有大量副反应发生，其主要副产物有一氧化碳和二氧化碳等深度氧化物以及乙醛、醋酸、丙酮。因而，提高反应选择性和目的产物收率也是非常重要的。要达到这一目的，必须在反应过程中使用高活性、高选择性催化剂。由于生产丙烯酸是分步进行的，所以每步反应所用催化剂也是不同的。

第一步反应为丙烯氧化制丙烯醛，所用催化剂大多为 Mo-Bi-Fe-Co 系再加入少量其他元素，并以钼酸盐的形式表现出催化活性。组成催化剂的基本元素是 Mo、Bi、Fe、Co 等，作为助催化剂的元素很多，但各种催化剂均具有以下共同点：

① Bi 原子含量低，一般 Mo 原子与 Bi 原子之比为 12 : (1~2)；

② 在大多数催化剂中添加 Fe、Ni、Co、W、Sn、Sb、Sr、Mn、Si、P 等元素，可大大提高催化剂活性；

③ 在催化剂中添加少量碱金属及 Te 等元素，可提高丙烯醛的选择性。

催化剂的活性不仅与活性组分有关，还与载体及催化剂的制备方法有关。催化剂载体主要有二氧化硅、氧化铝、刚玉、碳化硅等。由于该反应是强放热反应，因此要求载体比表面要低，孔径要大，导热性能要好。

第二步反应为丙烯醛氧化制丙烯酸，目前采用催化剂均为 Mo-V-Cu 系。通常需要在 Mo-V-Cu 系催化剂中添加助催化剂，使用较多的是 W，另外还有 Fe、Cr、Sr、As、Zn 等。载体的选择对丙烯酸的选择性有较大的影响，常用的载体有碳化硅、硅与 α-Al_2O_3。

在以 Mo-Bi-Fe-Co 为主体的催化剂上，丙烯氧化制丙烯醛的简单反应图式如下（实线代表主要反应，虚线代表反应量较小的反应）：

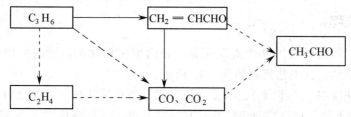

由于生成乙醛和乙烯的量最小，故工业上可将反应图式简化为：

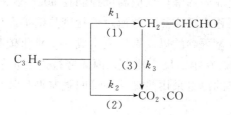

对选择性好的催化剂，当转化率很高时，反应（3）（即丙烯醛氧化成 CO_2、CO）的速率仍很慢，所以工业上可以要求尽可能地提高转化率。

二、工艺条件

1. 反应温度

温度是影响反应过程的重要因素之一，温度升高，氧化反应速率加快，但副反应速率也加快，反应选择性受到影响。丙烯氧化制丙烯酸的两步反应所需反应温度不完全相同。工业上控制第一反应器（生成丙烯醛的反应）温度较高，为 593～673K；第二步反应温度较低，为 473～573K。两步反应均为常压。

2. 进料配比

为了保持催化剂处于氧化状态，保证氧化反应正常进行，进料氧气与丙烯的配比不能小于某定值。但是，氧气浓度过高，又容易进入爆炸范围。工业生产中解决这一矛盾的办法是在进料混合物中配入水蒸气，因为水蒸气的存在可缩小丙烯-空气混合物爆炸极限范围。一般进料中含丙烯体积分数为 6%～9%，水蒸气为 20%～50%，其余为空气。加入水蒸气的另一个作用是加速产物丙烯醛和丙烯酸的脱附速率，抑制聚合副反应，阻止炭在催化剂上沉积，从而提高反应选择性。此外，水蒸气还具有导出反应热，使反应温度易于控制调节的作用。

现在丙烯氧化制丙烯酸生产中多采用尾气循环工艺。由于循环反应尾气中含有饱和水蒸气和少量未反应的丙烯（体积分数为 4%～5%），因而可大大降低水蒸气消耗，减少污水排放量，并可降低原料丙烯消耗定额，提高丙烯酸收率。由于反应系统中水蒸气少了，后面吸收塔的热负荷也可降低，且可得到浓度较高的丙烯酸溶液。

3. 空间速率

空速的选择影响到反应气体在催化剂床层的停留时间，即影响反应效果。空速偏高，则停留时间短，反应不完全，丙烯转化率和丙烯酸收率都低；反之，空速偏低，造成反应物在催化剂床层停留时间过长，易发生深度氧化反应，副产物增多，反应选择性降低。因此，适宜的空速需要综合考虑多方面因素，通过技术经济评价来合理选择。工业生产上常用空速为：第一反应器 $1450h^{-1}$，第二反应器 $1650h^{-1}$。

三、工艺流程

丙烯氧化生产丙烯酸常用列管式反应器，管内填装催化剂，管间采用熔盐（或导热煤油）循环移除反应热，其工艺流程如图 5-12 所示。

原料丙烯（纯度在 90% 以上）、水蒸气和空气及循环尾气按一定配比混合后进入第一反应器 1。在反应器上部利用反应放出的热将其预热后进入催化剂床层，在 Mo-Bi-Fe-Co 系催化剂作用下发生部分氧化生成丙烯醛，反应温度控制在 603～643K。为使反应温度均匀，采用熔盐在反应管间强制循环移出反应热，并通过熔盐废热锅炉产生蒸汽，以回收余热。

生成气含有丙烯醛、少量丙烯酸以及副反应生成的一氧化碳和二氧化碳等，出第一反应器经冷却进入第二反应器 2。在第二反应器中，丙烯醛被进一步氧化成丙烯酸，反应温度控制在 533～573K。反应放出的热量采用热煤油在管间强制循环移出，并通过煤油废热锅炉产生蒸气而予以回收。

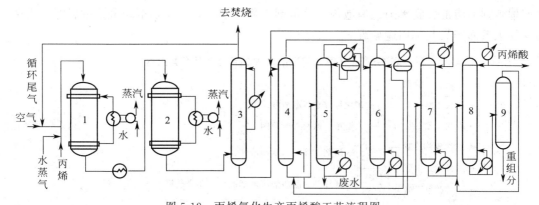

图 5-12　丙烯氧化生产丙烯酸工艺流程图

1—第一反应器；2—第二反应器；3—吸收塔；4—萃取塔；5—溶剂回收塔；6—溶剂分离塔；

7—脱轻组分塔；8—丙烯酸精馏塔；9—丙烯酸回收塔

第二反应器出口气体送入吸收塔 3 下部，用丙烯酸水溶液吸收，温度从 523K 降到 353K 左右。吸收后尾气中含有少量未反应的丙烯、丙烯醛、乙醛等有机物和不凝性气体，约 50％返回反应器进料系统循环使用，其余尾气送废气催化焚烧装置。吸收塔底部流出的丙烯酸水溶液含丙烯酸 20％～30％（质量分数），送分离工段进行分离精制。

粗丙烯酸水溶液用溶剂萃取分离，所用萃取剂对丙烯酸应有高选择性。常用的萃取剂为乙酸丁酯、二甲苯或二异丁基酮。

自吸收塔底出来的丙烯酸水溶液进入萃取塔 4 顶部，与自塔底部进入的萃取剂充分接触。萃取液（丙烯酸和萃取剂形成的溶液）从塔顶部出来，进入溶剂分离塔 6；萃余液（含有机物与萃取剂杂质的水溶液）送溶剂回收塔 5。

萃取液在溶剂分离塔 6 中进行减压蒸馏，保持较低操作温度，以减少生成聚合物和二聚物。同时，塔顶蒸出的溶液要不含丙烯酸，以便循环作为萃取剂。塔顶蒸出少量水与萃余液汇合，经溶剂回收 5 回收萃取剂后釜液排至废水处理装置。

溶剂分离塔的釜液送入脱轻组分塔 7，塔顶蒸出低沸物（乙酸、少量丙烯酸、水和溶剂）经分离醋酸（图中未表明）后返回萃取塔 4，以回收少量丙烯酸。脱轻组分塔 7 的釜液进入丙烯酸精馏塔 8，塔顶得到丙烯酸成品（酯化级），釜液送入丙烯酸回收塔 9。塔 9 蒸出的轻组分返回丙烯酸精馏塔，重组分（釜残液）作为锅炉燃料。

在分离回收操作中，丙烯酸的主要损失是生成二聚物或三聚物。如果保持较温和的条件（例如涉及产品分离的各塔均采用减压蒸馏），缩短停留时间，并在每一步骤（如溶剂分离塔、脱轻组分塔、精馏塔的操作）中加入阻聚剂，则可减少损失，丙烯酸回收率可达 95％以上。

第三节　丙烯羰基合成丁辛醇

正丁醇和辛醇（2-乙基己醇）由于可以在同一套装置中用羰基合成法生产，故习惯称为丁辛醇。丁辛醇为无色透明、易燃的油状液体，具有特殊气味，能与水及多种化合物形成共沸物，均有中等毒性，正丁醇在空气中最高允许含量为 $100mL/m^3$。

丁辛醇是重要的基本有机化工产品，也是精细有机化工产品生产的重要原料。主要用于生产增塑剂、溶剂、脱水剂、消泡剂、分散剂、稳定剂、石油添加剂及合成香料等。丁辛醇的深加工系列产品及其用途见表5-5和表5-6。

表5-5 正丁醇、异丁醇深加工系列产品及其用途

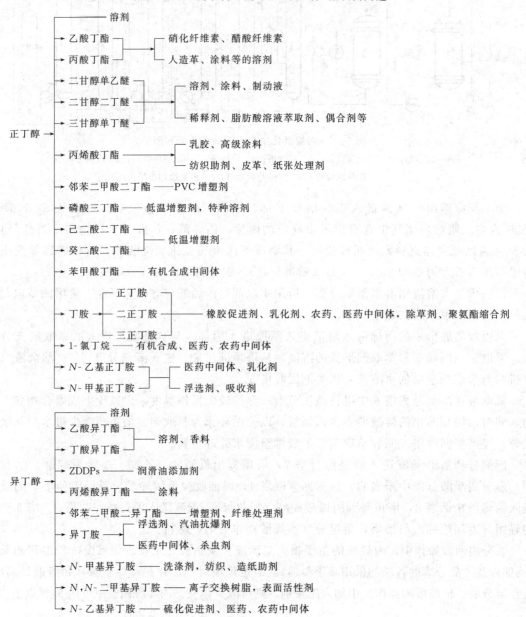

丁辛醇的主要生产方法有发酵法、乙醛缩合法及丙烯羰基合成法。

（1）发酵法 该法是20世纪初开发成功的一种生产方法，以粮食或其代用品为原料，由丙酮-丁醇菌为发酵剂，发酵数小时后蒸馏即可得到丙酮、丁醇及乙醇的混合液。该法设备简单，投资少，但消耗粮食多，生产能力小，因而限制了它的发展。

随着生物工程技术的发展，近年来采用固定化细胞生产丁醇、丙酮的生产能力已有很大提高。预计未来，原料将会更加多样化，各种木质纤维原料将在丙酮、丁醇生产中大量使用，丁醇的产量将会有更大的提高。

表 5-6　辛醇深加工系列产品及其用途

辛醇
- 邻苯二甲酸二辛酯 —— 聚氯乙烯增塑剂
- 己二酸二辛酯 —— 聚氯乙烯耐寒增塑剂、硝酸纤维素等树脂增塑剂
- 癸二酸二辛酯 —— 聚氯乙烯耐寒增塑剂、航空润滑油、润滑脂
- 壬二酸二辛酯 —— 聚氯乙烯等用耐寒增塑剂
- 偏苯三酸三辛酯 —— 聚氯乙烯耐热增塑剂
- 环氧硬脂酸辛酯 —— 聚氯乙烯优良增塑剂兼稳定剂
- 磷酸三辛酯 —— 聚氯乙烯耐寒增塑剂
- 马来酸二辛酯 —— 聚氯乙烯内增塑剂、共聚单体、渗透剂中间体
- 丙烯酸-2-乙基己酯 —— 涂料、织物、造纸、皮革加工助剂、建筑用胶黏剂、高分子聚合物单体
- 3-丙氨基-2-乙基己醚 —— 表面活性剂、纺织助剂
- 环氧大豆油酸异辛酯 —— 聚氯乙烯增塑剂兼稳定剂
- 硬脂酸异辛酯 —— 用于化妆品
- 水杨酸己酯 —— 化妆品香料的定香剂、烟草香精
- 乙酰柠檬酸三辛酯 —— 聚氯乙烯增塑剂、聚偏二氯乙烯稳定剂
- 巯基乙酸辛酯 —— 卤化聚烯烃稳定剂和增塑剂
- 邻苯二甲酸辛基十三烷基酯 —— 聚氯乙烯耐热增塑剂
- 2-乙基己基膦酸单-2-乙基己酯 —— 稀土金属萃取剂
- 磷酸二辛酯 —— 溶剂、稀土金属萃取剂，用于制取表面活性剂
- 亚磷酸苯基二辛酯 —— 高分子聚合物用抗氧剂和稳定剂，聚氯乙烯螯合剂和稳定剂
- 磷酸二苯基辛酯 —— 塑料和合成橡胶用阻燃型增塑剂
- 硼酸三辛酯 —— 聚丙烯、聚氯乙烯、聚碳酸酯用稳定剂
- 亚磷酸二苯基辛酯 —— 聚丙烯、聚氯乙烯稳定剂，环氧树脂固化剂
- 2-乙基己酸（异辛酸）
  - 2-乙基己酸盐类 —— 涂料、清漆等的干燥剂、聚氯乙烯稳定剂等
  - 2-乙基己酸酯类 —— 用作增塑剂和医药原料
- 对苯二甲酸二辛酯 —— 聚氯乙烯增塑剂、润滑油添加剂
- 间苯二甲酸二辛酯 —— 聚氯乙烯、硝基纤维素等用增塑剂
- 均苯四甲酸四辛酯 —— 聚氯乙烯耐热增塑剂
- 2-乙基己胺（异辛胺）
- 二(2-乙基)己胺（二异辛胺）
- 三(2-乙基)己胺（三异辛胺）
  - 表面活性剂、稳定剂、杀虫剂
  - 防腐剂、乳化剂
- N,N-二甲基-2-乙基己胺 —— 表面活性剂、纺织助剂
- 2-乙基己氧基丙胺 —— 表面活性剂、纺织助剂
- 硫代甘醇酸异辛酯 —— 稳定剂
- 1-氯-2-乙基己烷 —— 有机合成中间体，纺织助剂
- 环氧四氢邻苯二甲酸二异辛酯 —— 聚氯乙烯增塑剂和稳定剂

（2）乙醛缩合法 此法即乙醛在低温与碱存在下，缩合得 2-羟基丁醛，然后脱水成为丁烯醛（俗称巴豆醛），再经催化加氢而得正丁醇。此法操作压力低，无异构物产生，但流程长、步骤多、设备腐蚀严重，总收率低，生产成本较高，目前只有少数厂家采用此法生产。

（3）丙烯羰基合成法 羰基合成法又分为高压法和低压法。高压法是烯烃和一氧化碳、氢气在催化剂作用下，反应压力为 20～30MPa，并在一定温度下，进行羰基合成反应生成脂肪醛，再经加氢蒸馏得产品丁辛醇。该法较前述两法有较大的进步，但也有不少缺点，如副产物多，由于压力高而投资和操作费用高，操作困难，维修量大等。

低压羰基合成法的技术核心是采用铑催化剂，从而使反应压力大大降低。因而，工厂的投资及维修费用低，丙烯生成正丁醛的选择性高，反应速率快，产品收率高，原料消耗少，催化剂用量省，操作容易，腐蚀性小，环境污染少（接近无公害工艺）。因此，这种生产方法在世界范围内以显著的优势迅速发展，是目前生产丁醇和辛醇的主要方法。该工艺路线的正丁醇产能已占世界总产能的 95％以上，也是世界上唯一的辛醇工业生产方法。

20 世纪 80 年代引进羰基合成技术后，国内丁辛醇生产得到快速发展，2015 年我国正丁醇产能达到 264.2 万吨/年、辛醇产能达到 201.7 万吨/年，其中丙烯低压法羰基合成制丁辛醇生产装置产能占比超过 90％，生物发酵法产能占比还不到 10％。

我国运行的丁辛醇装置，所用技术主要是从国外引进而来。国内研究机构做了大量研发工作，并取得一定进展，如净化催化剂和加氢催化剂已基本实现国产化。然而关于羰基合成催化反应体系的内容均未实现突破，在丁辛醇羰基合成技术方面尚未形成自己的知识产权。

一、反应原理

1. 羰基合成的化学过程

羰基合成的主反应为：

$$CH_3CH = CH_2 + CO + H_2 \xrightarrow{\text{催化剂}} CH_3CH_2CH_2CHO \quad \Delta H_{298K}^{\ominus} = -123.8\text{kJ/mol} \quad (1)$$

由于原料烯烃和产物醛的反应活性都很高，所以有许多平行副反应和连串副反应同时发生。主要平行副反应有：

$$CH_3CH = CH_2 + CO + H_2 \longrightarrow (CH_3)_2CHCHO \quad \Delta H_{298K}^{\ominus} = -130\text{kJ/mol} \quad (2)$$

$$CH_3CH = CH_2 + H_2 \longrightarrow CH_3CH_2CH_3 \quad \Delta H_{298K}^{\ominus} = -124.5\text{kJ/mol} \quad (3)$$

主要连串副反应有：

$$CH_3CH_2CH_2CHO + H_2 \longrightarrow CH_3CH_2CH_2CH_2OH \quad \Delta H_{298K}^{\ominus} = -61.6\text{kJ/mol} \quad (4)$$

$$CH_3CH_2CH_2CHO + CO + H_2 \longrightarrow HCOOC_4H_9$$

另外，生成的醛还可以发生缩合反应生成二聚物、三聚物及四聚物等。

烯烃的羰基合成反应是放热反应，反应热效应较大，反应平衡常数数值也较大。表 5-7 列出了反应（1）～反应（4）的 $\Delta G_T^{\ominus}$ 及 K_p 值。

表 5-7　主、副反应的 $\Delta G_T^{\ominus}$ 及 K_p 值

温度 /K	反应（1）		反应（2）		反应（3）		反应（4）	
	$\Delta G_T^{\ominus}$/(J/mol)	K_p	$\Delta G_T^{\ominus}$/(J/mol)	K_p	$\Delta G_T^{\ominus}$/(J/mol)	K_p	$\Delta G_T^{\ominus}$/(J/mol)	K_p
298	−48400	2.96×10^9	−53700	2.52×10^9	−86400	1.32×10^{15}	−94800	3.90×10^{14}
423	−16900	1.05×10^2	−21500	5.40×10^2	—	—	—	—

由表 5-7 中数据可知，在常温常压下烯烃羰基合成反应及其副反应平衡常数都很大，所以，在热力学上都是非常有利的，且副反应比主反应更有利。因此，要获得高的选择性，就必须使主反应在动力学上有优势，关键在于选择适宜的催化剂和控制适宜的反应条件。

目前，用于丙烯羰基合成的催化剂有羰基钴催化剂、膦羰基钴催化剂及膦羰基铑催化剂。羰基钴催化剂有油溶性钴盐和水溶性钴盐，如环烷酸钴、油酸钴、硬脂酸钴和醋酸钴等。这些钴盐较易溶于原料烯烃和溶剂中，可使反应在均相系统内进行。该催化剂起催化作用的活性组分是羰基钴 $[HCo(CO)_4]$。羰基钴催化剂的主要缺点是热稳定性差，容易分解析出钴而失去活性。为防止其分解，必须在较高的一氧化碳分压下操作，且产品正构醛与异构醛比例较低。

膦羰基钴催化剂，用三烷基膦或其他膦化合物取代羰基钴 $[HCo(CO)_4]$ 中的羰基配位基，能使催化剂的热稳定性增加，并使产物中醛的正异构比例提高。最有效的三烷基膦三羰基氢钴类型的催化剂 $[HCo(CO)_3PR_3]$ 与羰基钴相比具有热稳定性较好、反应可在稍高温度和较低压力下进行、催化剂回收比较方便、对直链产物的选择性高、副产物少等优点。不足之处是催化剂活性较低，反应速率慢，加氢活性高，易造成烯烃损失，对原料的适应性差。

膦羰基铑催化剂是以铑原子为中心，三苯基膦和一氧化碳作配位体的配合物。该催化剂具有活性高（比羰基氢钴高 $10^2 \sim 10^4$ 倍）、选择性好、副反应小、醛的正异构比例高等特点。在反应过程中，起活性作用的是一种催化剂复合物，这种催化剂活性复合物是由催化剂母体在含有过量的三苯基膦溶剂中，于反应条件下和一氧化碳及氢接触形成的。其中三苯基膦有保护铑的功能，反应中主要起立体化学作用，因其分子体积大，有利于正构醛的生成，从而提高了正异构比例。

三种羰基催化剂的性能比较列于表 5-8。

表 5-8　三种羰基合成催化剂的性能比较

催 化 剂	$HCo(CO)_4$	$HCo(CO)_3P(n\text{-}C_4H_9)_3$	$HRh(CO)(PPh_3)_3$
温度/K	$413 \sim 453$	$433 \sim 473$	$363 \sim 393$
压力/MPa	$25 \sim 35$	$5 \sim 10$	$1 \sim 5$
催化剂浓度（金属与烯烃质量比）/%	$0.1 \sim 1.0$	0.6	$0.01 \sim 0.1$
生成烷烃量	少	多	少
产物	醛/醇	醇/醛	醛
正异构比例（摩尔比）	$(3 \sim 4) : 1$	$(8 \sim 9) : 1$	$(12 \sim 15) : 1$

2. 醛类的气相加氢

醛类在催化剂作用下，可加氢还原得到醇。因此，由羰基合成得到的丁醛及由丁醛缩合反应生成的辛烯醛通过加氢而生成丁醇和辛醇。其反应式为：

$$CH_3CH_2CH_2CHO + H_2 \longrightarrow CH_3CH_2CH_2CH_2OH$$

$$\underset{\underset{CH_3}{|}}{CH_3CHCHO} + H_2 \longrightarrow \underset{\underset{CH_3}{|}}{CH_3CHCH_2OH}$$

$$2CH_3CH_2CH_2CHO \xrightarrow{\text{NaOH 溶液}} CH_3CH_2CH_2CH=\underset{\underset{CH_2CH_3}{|}}{C}-CHO$$

$$CH_3CH_2CH_2CH=\underset{\underset{CH_2CH_3}{|}}{C}-CHO + 2H_2 \longrightarrow CH_3CH_2CH_2CH_2\underset{\underset{CH_2CH_3}{|}}{C}HCH_2OH$$

此类加氢还原反应为放热反应,反应条件随催化剂种类的不同而有所不同。在进行上述反应的同时,还会发生一些副反应,如辛烯醛加氢时未反应的正丁醛加氢生成正丁醇,辛醇加氢脱水生成 2-甲基庚烷,辛烯醛加氢生成 2-乙基己烯-2-醇等。为减少副反应的发生,加氢过程需采用适宜的催化剂。加氢催化剂有多种,所用催化剂不同,其操作条件也不同。采用镍基催化剂为液相加氢,压力为 3.9MPa,温度为 373～443K;采用铜基催化剂为气相加氢,压力为 0.6MPa,温度约为 433K。后者具有一定的先进性。

铜基催化剂的主要成分为 CuO 和 ZnO,真正起催化作用的是还原态 Zn 和 Cu。该催化剂的优点在于副反应少,生产能力大,加氢选择性好;不足之处在于力学性能差,如有液体进入易破碎等。

二、工艺条件

1. 羰基合成过程的工艺条件

(1) 反应温度 反应温度对反应速率、产物醛的正异构比例和副产物的生成都是有影响的。图 5-13 所示为以膦羰基铑为催化剂时反应速率及正异醛比例（n/i）与反应温度的关系。

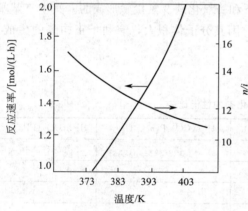

图 5-13　温度对总反应速率及正异醛比例的影响

由图 5-13 可见,温度升高,反应速率加快,但正异醛比例却随之降低。所以,在较高的温度下反应有利于提高设备的生产能力,但温度过高,副反应加剧,催化剂失活速率加快,反应选择性下降。鉴于以上原因,在使用新催化剂时,可控制较低的反应温度,而在催化剂使用末期,需提高反应温度以提高反应活性。在工业生产中,反应温度的控制还与所用催化剂有关,如使用羰基钴催化剂时,一般控制 413～453K,使用膦羰基铑催化剂时以 373～383K 为宜。

(2) 丙烯分压 丙烯分压对反应的影响如图 5-14 所示。由图 5-14 可以看出,反应速率随丙烯分压的升高而加快,正异醛比例随丙烯分压增高而略增。因而,提高丙烯分压可提高羰基合成的反应速率,并提高反应过程的选择性。但是,过高的丙烯分压会导致尾气中丙烯含量的增加,使丙烯损失加大。因而为在整个反应过程中保持均衡反应速率,对新催化剂采用较低的丙烯分压,随着催化剂的老化,丙烯分压可逐步提高。低压羰基化法生产中,丙烯分压一般控制在 0.17～0.38MPa 之间。

(3) 氢分压 氢分压对反应的影响如图 5-15 所示。随着反应气中氢分压的增高,反应速率是增加的,但在氢分压较高的区域,对反应速率的影响不如氢分压较低时明显,正异醛之比与氢分压的关系较复杂，呈现有一最高点的曲线形状。工业生产中，一般控制氢分压在 $0.27 \sim 0.7 \mathrm{MPa}$ 之间。

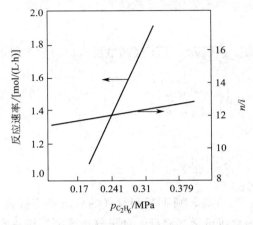

图 5-14　丙烯分压对羰基合成反应速率的影响

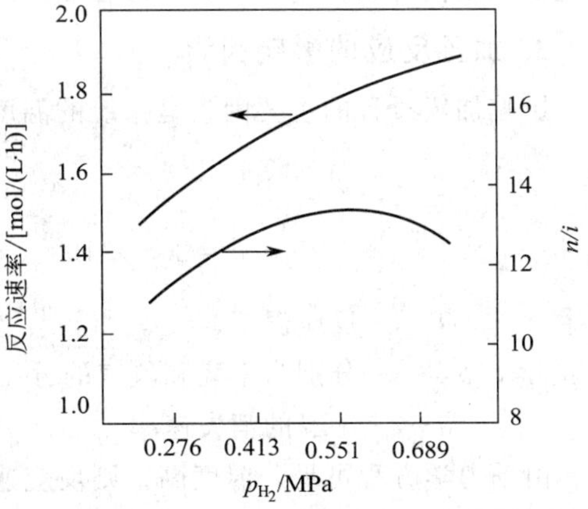

图 5-15　氢分压对羰基合成反应速率的影响

（4）一氧化碳分压　一氧化碳分压的影响随所用催化剂不同而异，采用膦羰基铑催化剂时，一氧化碳分压对反应的影响见图 5-16。由图 5-16 可以看出，反应气体中一氧化碳分压增高时，反应速率加快，但分压高时对反应速率的影响不如分压低时明显。

一氧化碳分压对正异醛比例的影响极为明显，一氧化碳分压高时，正异醛比例迅速下降。这是因为一氧化碳会取代催化剂中的三苯基膦而与铑结合，从而减弱了配位体三苯基膦对提高正异醛比例的作用。但一氧化碳分压过低时，总反应速率下降，而且丙烯加氢反应增多，丙烷生成量增加。工业生产中一般控制一氧化碳分压在 $0.7 \mathrm{MPa}$ 左右。

（5）铑浓度及三苯基膦含量　液相中铑浓度与反应速率及正异醛比例的关系如图 5-17 所示。由图 5-17 可见，随着铑浓度的增高，反应速率加快，生产能力增加，且正异醛比例增大，反应选择性提高。但是，铑是稀贵金属，铑浓度的增加，给铑的回收分离造成困难，铑的损失增大，导致生产成本增加。因此，应该选择适宜的铑浓度，通常新鲜催化剂应采用较低的铑浓度。

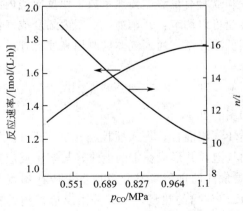

图 5-16　一氧化碳分压对反应速率的影响
　　　［催化剂为 $\mathrm{HRh(CO)(PPh_3)_3}$］

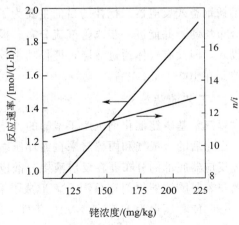

图 5-17　液相中铑浓度与总反应速
　　率及正异醛比例的关系

三苯基膦是反应抑制剂，因此，随着反应液中三苯基膦浓度的增大，反应速率减小。三苯基膦的主要作用在于改进正异醛比例，如图 5-18 所示，随着三苯基膦浓度的增加，正异醛比例呈线性升高。生产中，一般控制反应液相中三苯基膦质量分数在 8%～12% 之间。

2. 加氢反应的影响因素

影响加氢过程的主要因素是系统的温度和压力。据研究，正丁醛加氢反应动力学方程可表示为：

$$v = 2.8 \times 10^8 \left[\exp\left(-\frac{56100}{T}\right) \right] p_{丁醛}^{0.6} \, p_{氢}^{0.4}$$

式中　　　T——反应温度；

　$p_{丁醛}$，$p_{氢}$——分别为丁醛和氢气的分压；

　　　　v——丁醛的消失速率。

由动力学方程可见，温度高，则反应速率快；压力高，则丁醛和氢气的分压相应提高，有利于加快加氢反应速率。另外，氢气浓度高，则总压可适当降低；如氢气浓度低，则需在较高的总压下进行。虽然从动力学方程看，氢气的浓度对加氢反应速率影响不大，反应速率仅与氢分压的 0.4 次方成正比，只有在催化剂活性下降较大时，才有可能出现转化率下降的问题。但是，氢气浓度的提高，可以降低动力消耗，减少排放量，降低成本。

另外，对氢气中的杂质应严格控制，如 S、Cl、CO、O_2 等均对反应有不利影响。一氧化碳的存在会使双键加氢受到阻碍；氧的存在会使金属型的催化剂氧化而失去活性，并且可在催化剂作用下与氢反应生成水，导致催化剂强度下降。在生产中，一般控制硫、氯的含量 $<1mg/kg$，CO 含量 $<10mL/m^3$，O_2 含量 $<5mL/m^3$。

三、工艺流程

1. 羰基合成反应器

羰基合成反应是在一定温度和压力下进行的放热反应，反应的介质具有腐蚀性，因此，要求反应器能耐温、耐压和耐腐蚀，并能及时移除反应热。

丙烯羰基合成反应器结构如图 5-19 所示，是一个带有搅拌器、冷却装置和气体分布器的不锈钢釜式反应器。搅拌的目的主要为了保证冷却盘管有足够的传热系数，使反应釜内溶液分布均匀，并能进一步改善气流分布。搅拌器转速可以调节；开车前，由于丙烯合成气没有投入，即没有气体通过液层，搅拌功率较大，用低速开车；通入气体后改用高速搅拌，一般控制在 100r/min 左右。

2. 工艺流程

以三苯基膦铑催化剂生产丁辛醇的工艺流程如图 5-20 所示。

净化后的合成气和丙烯与来自循环压缩机的循环气相混合，进入搅拌釜式反应器 1。气体经反应器底部的分布器在反应液中分散成细小的气泡，并形成稳定的泡沫，与溶于反应液中的三苯基膦铑催化剂充分混合，形成有利的传质条件而进行羰基化反应。反应在温度为 373～383K 和压力为 1.7～1.8MPa 条件下进行。反应放出的热量，一部分由反应器内的冷却盘管移出，另一部分由气相物流（产物、副产物及未反应的丙烯和合成气等）以显热的形式带出。

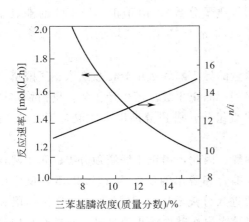

图 5-18　液相中三苯基膦浓度与
总反应速率及正异醛比例的影响

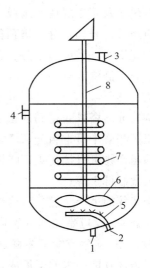

图 5-19　丙烯羰基合成反应器示意图
1—催化剂进、出口；2—原料进口；
3—反应物出口；4—雾沫回流管；
5—气体分布器；6—搅拌叶轮；
7—冷却盘管；8—搅拌器

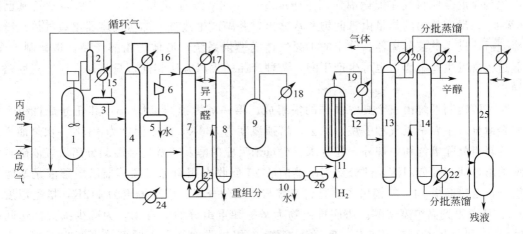

图 5-20　丁辛醇生产工艺流程图

1—羰基合成反应器；2—雾沫分离器；3，5，10，12—气液分离器；4—稳定塔；6—压缩机；7—异构物分离
塔；8—正丁醛塔；9—缩合反应器；11—加氢反应器；13—预蒸馏塔；14—精馏塔；15～21—冷凝器；
22，23—再沸器；24—冷却器；25—间歇蒸馏塔；26—蒸发器

　　在反应器内，液面高度的控制是很重要的，液面高度过高，会加大液体的夹带量而造成催化剂的损耗，液面太低又会减少反应物的实际停留时间，反应效果差。

　　由反应器出来的气流首先进入雾沫分离器 2，将夹带出来的极小液滴捕集下来返回反应器，气体进入冷凝器 15。气相产物被冷凝，未冷凝的气体循环回反应器。经冷凝后的液相产物中溶解有大量的丙烷和丙烯，可在稳定塔 4 中蒸馏脱除。稳定塔为板式塔，塔顶压力为0.62MPa，温度为 366K，塔釜温度为 413K 左右。塔顶蒸出的气体经冷却分出其中的液滴，并增压后循环回反应器。稳定塔釜的粗产品冷却后送异构物分离工序。异构物分离工序由异

构物分离塔 7 及正丁醛塔 8 组成，其任务是在进行缩合加氢前，分离出异丁醛，并除去粗产品中的重组分。异构物分离塔顶得到 99％（质量分数）的异丁醛，塔釜得到 99.64％（质量分数）的正丁醛，其中异丁醛含量应小于 0.2％（质量分数）。由于正、异丁醛的沸点差较小（正、异丁醛沸点分别是 348.9K 和 336～337K），故异构物分离塔的塔板数较多，且回流比较大。

异构物分离塔塔釜得到的正丁醛，尚含有微量的异丁醛和重组分，故送入正丁醛塔 8 精馏。在正丁醛塔中将重组分从塔釜除去，塔顶得到产品正丁醛。若生产丁醇，则由稳定塔塔釜排出的粗产物可直接送正丁醛塔，从塔釜除去重组分，塔顶分离出来的混合正、异丁醛，送加氢工段制得丁醇。

由于辛醇的生产要经过丁醛缩合先制得辛烯醛，因此，由正丁醛塔顶分出的正丁醛送入缩合反应器 9。反应是在稀氢氧化钠催化下发生缩合和脱水的反应温度为 393K，反应压力为 0.5MPa。反应生成物辛烯醛水溶液经冷却后进入分离器 10，依靠密度差分为油层和水层。油层是含有饱和水的辛烯醛，直接送去加氢，水层送碱性污水池处理。在缩合反应过程中，碱浓度的控制十分重要，碱浓度过低，反应速率慢，转化率下降；碱浓度过高则反应速率过快，易生成高沸物。生产实践证明，碱的最佳操作浓度为 2％。

由缩合反应得到的 2-乙基-2-己烯醛（即辛烯醛）进入蒸发器 26，在 337K 温度下蒸发为气体，与氢气混合后进入加氢反应器 11。加氢反应器为列管式固定床，管内装有铜基加氢催化剂，混合原料气在催化剂作用下于 433K、0.6MPa 下进行反应，产物为 2-乙基己醇（既辛醇）。反应放出的热量由管间饱和水移出，并副产生蒸汽。加氢反应器出口气体经冷凝器冷凝后，进入气液分离器。分出的不凝气体送燃烧系统，液体为粗醇产品，送精制工序。加氢过程既可生产辛醇，也可生产丁醇，两种产品的生产方法相同，只是加氢反应温度略有差异。

粗辛醇精制系统由三个真空操作的塔组成。第一塔为预蒸馏塔 13，其任务是将粗辛醇中的轻组分（主要是氢气和甲烷）除去，塔顶温度为 360K，塔釜温度为 437K。预蒸馏塔顶蒸出的轻组分除氢气和甲烷外，还有水、少量未反应的醛及辛醇，经冷凝分离后气体随真空系统抽出，液相部分回流，部分送间歇蒸馏塔 25 回收有用组分。预蒸馏塔塔釜液是辛醇和重组分，送精馏塔 14。精馏塔主要是将辛醇与重组分分离，塔顶温度为 412K，塔釜温度为 423K，塔顶得到高纯度辛醇。塔底排出物为辛醇和重组分的混合物，为减少损失，送间歇蒸馏塔 25 回收其中的有用组分。间歇蒸馏塔 25 根据进料组分不同可分别回收丁醇、辛烯醛、辛醇，残余的重组分定期排放并作燃料。

粗丁醇的精制与辛醇基本相同。分别经预蒸馏塔和精馏塔后，从塔底得到混合丁醇，再进入异构物分离塔，塔顶得到异丁醇，塔釜得正丁醇。分离过程中的少量轻组分和重组分也都是送到间歇蒸馏塔回收其中的有用组分。

复习思考题

1. 试比较工业上丙烯腈生产的几种主要方法。
2. 写出丙烯氨氧化反应过程的主、副反应方程式，并分析其特点。
3. 试分析和确定丙烯氨氧化生产丙烯腈的工艺条件。

4. 丙烯氨氧化生产丙烯腈的工艺过程主要包括哪几个部分？简述其工艺流程。

5. 丙烯氧化生产丙烯酸的一步法和两步法各有什么优缺点？看图试叙述两步法生产丙烯酸的工艺流程。

6. 试比较工业上丁辛醇生产的几种主要方法。

7. 分析羰基合成丁辛醇的工艺影响因素。

8. 试述低压法羰基合成生产丁辛醇的工艺流程。

9. 丙烯氧化生产丙烯酸的原料气中配入水蒸气的作用有哪些？

10. 试分析丙烯氧化生产丙烯酸采用尾气循环工艺的优缺点。

11. 减少丙烯酸分离回收操作损失的措施有哪些？

第六章

碳四系列典型产品的生产工艺

【学习目标】
- 掌握碳四系列典型产品生产的反应原理、工艺条件和工艺流程。
- 了解碳四馏分抽提丁二烯的基本原理、工艺影响因素及丁烯氧化脱氢生产丁二烯物料衡算。

第一节　丁二烯的生产

丁二烯通常是指1,3-丁二烯，又名二乙烯、乙烯基乙烯，结构式为CH_2=CH—CH=CH_2。其同分异构体为1,2-丁二烯，1,2-丁二烯的结构式为CH_2=C=CH—CH_3，至今尚未发现其工业用途。

丁二烯在常温常压下为无色而略带大蒜气味的气体，沸点为268.6K，空气中的爆炸极限（体积分数）为2%～11.5%。丁二烯微溶于水和醇，易溶于苯、甲苯、乙醚、氯仿、无水乙腈、二甲基甲酰胺、糠醛、二甲基亚砜等有机溶剂。丁二烯具有毒性，低浓度下能刺激黏膜和呼吸道，高浓度能引起麻醉作用。工作场所空气中允许的丁二烯浓度为≤0.1mg/L。

丁二烯分子中具有共轭双键，化学性质活泼，能与氢、卤素、卤化氢发生加成反应，容易发生自身聚合反应，也容易与其他不饱和化合物发生共聚反应，是高分子材料工业的重要单体，也可用作有机合成原料。其主要用途是合成橡胶，其次是合成树脂及其他化工产品。丁二烯深加工系列产品及其用途见表6-1。

工业上获取丁二烯的方法主要有以下三种。

（1）丁烷或丁烯催化脱氢制取丁二烯　该法采用碳四烃（正丁烷、正丁烯）为原料，在高温下进行催化脱氢生成丁二烯。反应式为：

$$CH_3CH_2CH_2CH_3 \rightleftharpoons CH_2=CH—CH=CH_2 +2H_2$$

$$CH_3—CH_2—CH=CH_2 \rightleftharpoons CH_2=CH—CH=CH_2 +H_2$$

（2）丁烯氧化脱氢制取丁二烯　该法采用空气为氧化剂，丁烯和空气在水蒸气存在下通过固体催化剂，发生氧化脱氢反应而生成丁二烯。反应式为：

表 6-1　丁二烯深加工系列产品及其用途

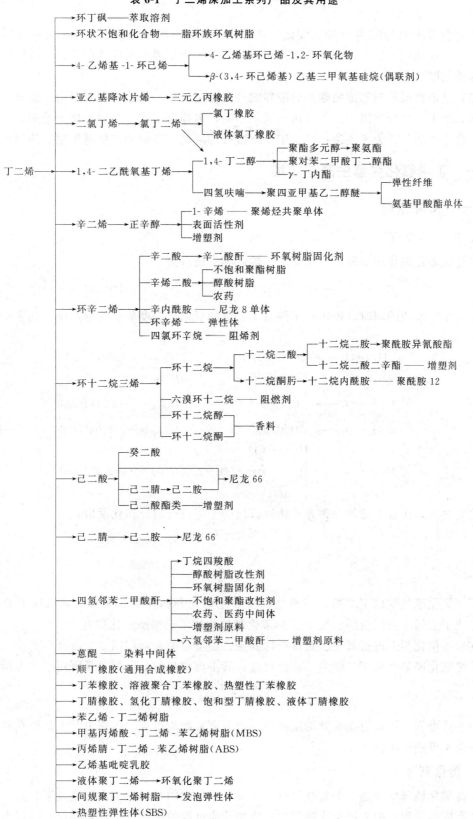

$$C_4H_8 + \frac{1}{2}O_2 \xrightarrow[\text{水蒸气}]{\text{催化剂}} C_4H_6 + H_2O$$

氧化脱氢法于 1965 年开始工业化。它开辟了从碳四馏分中获取丁二烯的新途径，而且较以前丁烯催化脱氢法有许多显著优点。因此，颇为科学界和企业界所重视，并已逐渐取代了丁烯催化脱氢法。

(3) 从烃类裂解制乙烯的副产物碳四馏分抽提丁二烯 此法是在裂解碳四馏分中加入某种溶剂，使丁二烯分离出来。因使用的溶剂不同，名称也不同。如以乙腈为溶剂，进行碳四馏分抽提丁二烯，称为乙腈法；以二甲基甲酰胺为溶剂，则称为二甲基甲酰胺法等。

一、丁烯氧化脱氢生产丁二烯

(一) 反应原理

1. 主、副反应

丁烯在催化剂作用下氧化脱氢制丁二烯，其主反应为：

$$C_4H_8 + \frac{1}{2}O_2 \longrightarrow C_4H_6 + H_2O \qquad \Delta H^{\ominus}_{298K} = -128.2\text{kJ/mol}$$

在发生主反应的同时，还伴有丁烯或丁二烯的氧化及深度氧化等副反应，其主要副反应如下：

$$C_4H_8 + 6O_2 \longrightarrow 4CO_2 + 4H_2O \qquad \Delta H^{\ominus}_{298K} = -2552\text{kJ/mol}$$

$$C_4H_8 + 4O_2 \longrightarrow 4CO + 4H_2O \qquad \Delta H^{\ominus}_{298K} = -1405\text{kJ/mol}$$

$$C_4H_8 + \frac{2}{3}O_2 \longrightarrow \frac{4}{3}C_3H_6O \qquad \Delta H^{\ominus}_{298K} = -288.1\text{kJ/mol}$$

$$C_4H_8 + O_2 \longrightarrow 2CH_3CHO \qquad \Delta H^{\ominus}_{298K} = -332.0\text{kJ/mol}$$

$$C_4H_8 + \frac{3}{2}O_2 \longrightarrow \begin{array}{c} HC{-}CH \\ \| \quad \| \\ HC \quad CH \\ \diagdown O \diagup \end{array} + 2H_2O \qquad \Delta H^{\ominus}_{298K} = -519.9\text{kJ/mol}$$

除此之外，还有丁烯的三种异构体以很快的速率进行的异构化反应：

$$\text{反-2-丁烯} \Longleftrightarrow \text{顺-2-丁烯}$$
$$\text{正丁烯}$$

丁烯氧化脱氢生成丁二烯，一般是由反-2-丁烯先异构化为正丁烯，然后正丁烯再氧化脱氢生成丁二烯。直接由顺、反-2-丁烯氧化脱氢生成丁二烯所占比例甚少。

在铁系催化剂上进行氧化脱氢反应，其主、副反应关系可用图 6-1 表示。

丁烯氧化脱氢生成丁二烯为一放热反应，其平衡常数与温度的关系可用下式表示：

$$\lg K_p = \frac{13740}{T} + 2.14\lg T + 0.829$$

由上式可知，该反应在很宽的温度范围内平衡常数均很大，在热力学上是很有利的，反应可视为不可逆反应。

2. 催化剂

丁烯氧化脱氢反应是一个复杂过程，在反应过程中同时有许多副反应发生。为了有效地加速主反应的进程，抑制副反应的发生，提高反应过程的选择性，常常在反应过程中采用催

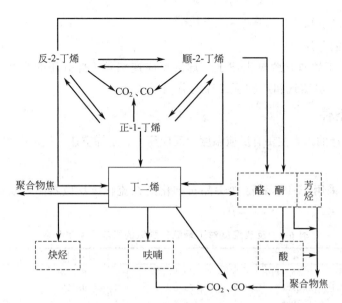

图 6-1　丁烯氧化脱氢过程中主副反应的关系

化剂。已研究的正丁烯氧化脱氢制丁二烯的催化剂有许多种，其中应用于工业上的主要有两类，即钼酸铋系催化剂和铁酸盐尖晶石催化剂。

（1）钼酸铋系催化剂　钼酸铋系催化剂是以 Mo-Bi 氧化物为活性组分，以碱金属和铁族元素为助催化剂的多组分催化。常用载体为 SiO_2 或 Al_2O_3。催化剂制备采用流化床浸渍法，包括浸渍、干燥、分解及活化。钼酸铋系催化剂使用周期长，性能稳定，选择性高；不足之处是副产物含氧化合物尤其是有机酸的生成量较多，"三废"污染较严重。

（2）铁酸盐尖晶石催化剂　$ZnFe_2O_4$、$MnFe_2O_4$、$MgFe_2O_4$、$ZnCrFeO_4$ 和 $Mg_{0.1}Zn_{0.9}Fe_2O_4$ 等铁酸盐是具有尖晶石型（$A^{2+}B_2^{3+}O_4$）结构的氧化物，是 20 世纪 60 年代后期开发的一类丁烯氧化脱氢催化剂。据研究，在该类催化剂中 α-Fe_2O_3 的存在是必要的，不然催化剂的活性会很快下降。铁酸盐尖晶石催化剂对丁烯氧化脱氢具有较高的活性和选择性，含氧副产物少，"三废"污染少。丁烯在这类催化剂上氧化脱氢，转化率可达 70% 左右，选择性达 90% 或更高。我国科学家自行研究的具有代表性的催化剂有 H-198 和 B-02 铁酸盐尖晶石催化剂。

丁烯氧化脱氢制丁二烯的两类催化剂及其性能举例见表 6-2。

表 6-2　丁烯氧化脱氢制丁二烯反应的两类催化剂及其性能举例

类　型	催化剂	温度/K	转化率/%	选择性/%	收率/%	含氧化合物的质量分数/%
钼酸铋系	Mo-Bi-P	753	63～68	77～78	53	8.4
铁酸盐尖晶石	H-198	633	68～70	90	61～63	—
	B-02	573～823	67.5～70.3	90～92	62～68	0.65～0.80
	F-84-13	643～653	76～78	91.2～92.8	69～72	0.83

采用尖晶石型铁系催化剂得出的主反应动力学方程式为：

$$v = k p_{丁烯}^{0.9}\, p_{氧气}^{0.1}$$

式中　v——生成丁二烯的反应速率；

　　　k——反应速率常数；

$p_{丁烯}$——丁烯的分压；

$p_{氧气}$——氧气的分压。

由此式可知，丁烯氧化脱氢生成丁二烯的反应速率与丁烯分压的 0.9 次方和氧气分压的 0.1 次方成正比，与水蒸气和产物丁二烯的分压无关。

（二）工艺条件

影响丁二烯生产的因素主要有反应温度、反应压力、丁烯空速、氧烯摩尔比、水烯摩尔比。

1. 反应温度

表 6-3 列出了采用 H-198 铁酸盐尖晶石催化剂在流化床反应器中，反应温度对丁烯氧化脱氢反应的影响。

表 6-3 反应温度对丁烯氧化脱氢的影响（摩尔分数）

温度/K	丁二烯收率/%	丁烯转化率/%	丁二烯选择性/%	$CO+CO_2$ 生成率/%
633	65.71	69.81	94.13	4.09
638	69.27	73.85	93.93	4.48
643	70.83	75.38	93.96	4.54
648	72.33	76.77	94.22	4.43
653	71.71	76.12	94.21	4.40

注：表中数据是在压力为 0.5MPa、丁烯空速为 $300h^{-1}$、水烯摩尔比为 11 及氧烯摩尔比为 0.72 的条件下测得的。

从表 6-3 中数据可以看出，反应温度在一定范围内升高，丁烯转化率和丁二烯收率随之增加，而一氧化碳和二氧化碳生成率之和仅略有增加，丁二烯选择性无明显变化。过高的反应温度会导致丁烯深度氧化反应加剧，不利于产物丁二烯的生成，且温度过高，会使催化剂失活。反应温度太低，主反应速率减慢，丁烯转化率和丁二烯收率随之下降，设备生产能力降低。因此应选择适宜的反应温度，以保证丁烯转化率和丁二烯收率在较经济的范围内，以及反应在稳定的操作条件下进行。

反应温度的选择还与催化剂种类和反应器结构形式有关。如 H-198 催化剂常使用于流化床反应器，反应温度一般控制在 633～653K；而 B-02 催化剂常使用于固定床二段绝热反应器，反应器出口气体温度控制可高达 823～843K。

2. 反应压力

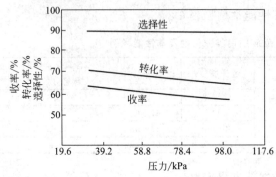

图 6-2 压力对反应过程的影响

反应压力对反应过程的影响如图 6-2 所示。从图中可以看出，随着压力的增加，转化率、收率和选择性都下降。这是因为主反应为分子增加的反应，压力的增加不利于化学平衡向着生成目的产物的方向进行。虽然从动力学方程看，压力增加有利于提高丁烯分压，加快反应速率。但由于主反应级数低于副反应，所以压力升高更有利于副反应的进行。工业生产中操作压力的确定，主要考虑流体输送及过程压降问题。

3. 丁烯空速

丁烯空速的大小表明催化剂活性的高低，它对反应过程的影响见表 6-4。由表可见，空

速由 $250h^{-1}$ 增至 $350h^{-1}$，丁烯转化率和丁二烯收率均下降，丁二烯选择性虽有所增加，但不明显。因此，丁烯空速的选择主要是从催化剂活性、停留时间、传质传热及生产能力等多方面考虑。

表 6-4　丁烯空速对反应的影响

丁烯空速/h^{-1}	丁二烯收率/%	丁烯转化率/%	丁二烯选择性/%	$CO+CO_2$ 生成率/%
250	72.73	77.47	93.88	4.47
280	71.94	76.62	93.89	4.68
300	70.18	74.92	93.67	4.74
320	69.99	74.63	93.78	4.63
350	69.66	74.02	94.11	4.35

采用流化床反应器，空速与反应器的流化质量有直接关系，空速过高，导致催化剂带出量增加；空速太低，流化不均匀，易造成局部过热，催化剂失活，副反应增加，选择性下降。一般流化床反应器丁烯空速为 $200\sim300h^{-1}$，固定床反应器丁烯空速为 $300\sim500h^{-1}$ 甚至更高。

4. 氧烯摩尔比

丁烯氧化脱氢采用的氧化剂可以是纯氧、空气或富氧空气，一般是用空气。由于丁二烯收率与所用氧量直接有关，故氧烯摩尔比（指氧与丁烯的摩尔比）是一个很重要的控制参数。如表 6-5 所示，随着氧烯摩尔比的增加，转化率增加，而选择性下降。由于转化率增加幅度较大，故丁二烯收率开始是增加的，但超过一定范围，氧烯摩尔比再增加时收率却下降。这是因为氧烯摩尔比增加到一定值后，生成乙烯基乙炔、甲基乙炔等炔烃化合物和甲醛、乙醛、呋喃等含氧化合物的副反应增加，且生成一氧化碳和二氧化碳的深度氧化反应也加剧，降低了反应选择性和丁二烯收率。但氧烯比过小，即氧量不足，将促使催化剂中晶格氧减少，使催化剂活性降低，同时缺氧还会使催化剂表面积炭加快，寿命缩短。

表 6-5　氧烯摩尔比对丁烯氧化脱氢的影响

氧烯摩尔比	水烯摩尔比	进口温度/℃	出口温度/℃	转化率/%	选择性/%	收率/%
0.52	16	346.7	531.7	72.2	95.0	68.5
0.60	16	345	556	77.7	93.9	72.9
0.68	16	346	584	80.7	92.2	74.4
0.72	16	344	609	79.5	91.6	72.8
0.72	18	352.8	596.5	80.6	91.4	73.7

通常为了保护催化剂，氧必须过量，其过量系数一般为理论量的 $30\%\sim50\%$，即控制氧烯摩尔比在 $0.65\sim0.75$ 之间。

5. 水烯摩尔比

水蒸气作为稀释剂和热载体，具有调节反应物与产物分压、带出反应热、避免催化剂过热的功能，水蒸气的加入还具有缩小丁烯爆炸极限、清除催化剂表面积炭以延长催化剂使用寿命的作用。水蒸气与丁烯的摩尔比（简称水烯摩尔比）对反应的影响见表 6-6。由表可知，水烯摩尔比在 $9\sim13$ 之间，丁烯转化率、丁二烯收率及选择性均有提高，而含氧化合物含量略有下降。在工业生产中，一般流化床反应器控制水烯摩尔比在 $9\sim12$ 之间，固定床反应器控制在 $12\sim13$ 之间。

表 6-6　水烯摩尔比对丁烯氧化脱氢的影响

水烯摩尔比	丁烯转化率/%	丁二烯收率/%	丁二烯选择性/%	CO+CO₂生成率/%
9	70.98	66.02	93.01	4.96
10	72.74	67.82	93.24	4.92
11	74.90	70.02	93.48	4.88
12	75.32	70.08	94.00	4.52
13	75.66	71.29	94.22	4.38

注：表中数据是在反应温度为 643K、反应压力为 0.5MPa、丁烯空速为 300h⁻¹、氧烯摩尔比为 0.72 条件下测得的。

（三）工艺流程

丁烯氧化脱氢生产丁二烯的工艺流程因所采用的催化剂和反应器形式不同可分为两类，即采用流化床反应器的丁烯氧化脱氢工艺流程和采用固定床反应器的丁烯氧化脱氢工艺流程。

1. 流化床反应器生产丁二烯的工艺流程

目前，国内流化床反应器进行丁烯氧化脱氢生产丁二烯，均采用 H-198 铁酸盐尖晶石催化剂，其工艺流程如图 6-3 所示。

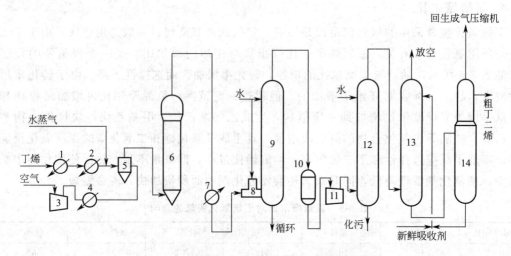

图 6-3　丁烯氧化脱氢流化床法工艺流程图

1—丁烯蒸发器；2—丁烯过热器；3—空气压缩机；4—空气过滤器；5—旋风混合器；
6—流化床反应器；7—废热锅炉；8—淬冷器；9—水冷塔；10—过滤器；
11—生成气压缩机；12—洗醛塔；13—油吸收塔；14—解吸塔

原料丁烯经蒸发和过热与水蒸气混合后，进入旋风混合器 5。空气经空气压缩机压缩并预热到一定温度，从另一方向进入旋风混合器。丁烯、水、氧的配料摩尔比为 1:10:0.7，充分混合后的气体由底部进入流化床反应器 6，在催化剂作用下进行丁烯氧化脱氢反应。反应过程利用床层内部换热器控制反应温度在 628～643K 范围内。反应生成气进入反应器上部二级旋风分离器，将气流夹带的催化剂颗粒分离并返回反应器。为了终止二次反应，生成气迅速送废热锅炉 7 急冷，并回收部分热量，副产蒸汽供进料配比用。

离开废热锅炉的反应气体进入淬冷器 8 和水冷塔 9 进一步降温，并洗去夹带的催化剂粉尘。由塔底出来的水进入沉降槽，将催化剂粉尘沉降后，水循环使用。反应气体由塔顶引出，经过滤后进入压缩机 11 升压至 1.1MPa 左右，以增加吸收过程传质推动力。升压后的气体送入洗醛塔 12，用水洗去其中所含醛、酮等含氧化合物。塔釜废水送化污池进行处理。

自洗醛塔顶出来的反应气进入油吸收塔 13，与塔上部进入的沸程为 333～363K 的馏分油逆流接触，丁二烯和丁烯被吸收，未被吸收的气体（N_2、CO、CO_2、O_2）由塔顶放空。富含丁烯和丁二烯的吸收油从塔釜引出送入解吸塔 14，在解吸塔上段侧线采出粗丁二烯，送精制工序，塔釜吸收油循环使用。

2. 绝热式固定床反应器生产丁二烯的工艺流程

绝热式固定床反应器进行丁烯氧化脱氢生产丁二烯，一般采用 B-02 铁酸盐尖晶石催化剂，其工艺流程如图 6-4 所示。

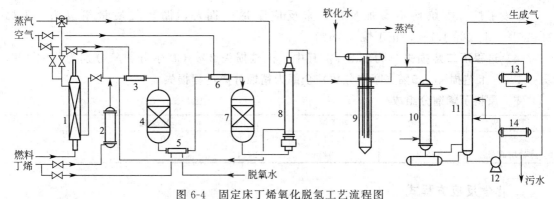

图 6-4　固定床丁烯氧化脱氢工艺流程图

1—开工加热炉；2—丁烯蒸发器；3—一段进料混合器；4——段轴向反应器；5—二段一级混合器；
6—二段二级混合器；7—二段轴向反应器；8—前换热器；9—废热锅炉；10—后换热器；11—洗酸塔；
12—循环污水泵；13—盐水冷却器；14—循环污水冷却器

从管网来的蒸汽按比例分为两路，一路经换热器 8 与二段轴向反应器 7 出来的反应气体换热，使蒸汽温度由 453K 上升到 733K 左右；另一路蒸汽作为旁路，用来调节反应器入口温度。丁烯经蒸发器 2 汽化后与两路蒸汽在管路中混合，并进入一段进料混合器 3 与定量空气混合。混合原料气于 603～633K，进入装有 B-02 催化剂的一段轴向反应器 4，进行氧化脱氢反应。由于该反应为放热反应，反应后出口气体温度可达 780～830K。

由一段轴向反应器出来的反应气体先后进入两级二段混合器，在一级混合器 5 内喷入脱氧水，并按二段配料比加入液态丁烯馏分；在二级混合器 6 内，按二段配比要求加入空气。混合好的气体于 573K 左右进入二段轴向反应器 7 继续反应。

二段轴向反应器出口反应气体温度为 823～843K，经前换热器 8 与配料蒸汽换热后温度降至 573 左右进入废热锅炉 9，产生 0.6MPa（表压）的蒸汽并入蒸汽管网。从废热锅炉出来的反应气体温度约 473K，为充分利用配料蒸汽的相变热，在管道上向废热锅炉出口的反应气喷入定量的水冷塔凝液，使其增湿饱和后进入后换热器 10，用循环软水回收其冷凝热。部分冷凝后的气液两相物料经分离后，液相去循环水泵，气相从塔下部进入洗酸塔 11。洗酸塔顶加入 283K 的冷却水，塔中部加入经冷却后的塔凝液，反应气在塔内经充分冷却，除去大量水分并洗去酸、酮和醛类，然后送后处理系统（与流化床法流程相同）。333K 的塔凝液与分离罐的冷凝液一起由循环水泵加压后，大部分经冷却后循环使用，少量送去增湿，多余部分送往污水处理系统。

（四）物料衡算

以下以流化床法丁烯氧化脱氢生产丁二烯为例进行氧化工段的物料衡算。

1. 基础数据

(1) 年产量 18000t/年丁二烯,年开工时数 8000h。

(2) 配料比 丁烯:氧:水＝1:0.7:10(摩尔比)。

(3) 计算参数 正丁烯转化率,67.78%;丁二烯选择性,90%;丁二烯收率,61%;一氧化碳收率,1.512%;二氧化碳收率,4.85%。均指摩尔分数。

含氧有机化合物收率:酮(以丙酮计),0.223%;醛(以乙醛计),0.08%;呋喃,0.115%;均指摩尔分数。异丁烯转化率为100%,其中50%转化为一氧化碳,50%转化为二氧化碳。

假设丁烷、戊烷均不参加反应,未反应丁烯全循环,循环气质量组成为:丁烯91.54%,丁二烯1.7%,正丁烷6.76%。

(4) 过程丁二烯损失 为2.5%。其中,机械损失2%(摩尔分数)分别为压缩1%,设备1%;工艺损失0.5%(摩尔分数)全部为精馏分离过程损失。

(5) 原料丁烯馏分组成

组 成	正丁烯	异丁烯	正丁烷	异戊烷	合 计
摩尔组成/%	75.83	0.34	23.80	0.03	100%
质量组成/%	75.18	0.34	24.44	0.04	100%

2. 化学反应方程式

主反应 $\qquad C_4H_8 + \frac{1}{2}O_2 \longrightarrow C_4H_6 + H_2O$

副反应 $\qquad C_4H_8 + \frac{3}{2}O_2 \longrightarrow C_4H_4O + 2H_2O$

$$C_4H_8 + \frac{2}{3}O_2 \longrightarrow \frac{4}{3}C_3H_6O$$

$$C_4H_8 + O_2 \longrightarrow 2CH_3CHO$$

$$n\text{-}C_4H_8 + 4O_2 \longrightarrow 4CO + 4H_2O$$

$$n\text{-}C_4H_8 + 6O_2 \longrightarrow 4CO_2 + 4H_2O$$

$$i\text{-}C_4H_8 + 4O_2 \longrightarrow 4CO + 4H_2O$$

$$i\text{-}C_4H_8 + 6O_2 \longrightarrow 4CO_2 + 4H_2O$$

3. 物料衡算示意图

如图 6-5 所示,整个工段可划分为两个区域进行衡算,即反应工序和粗分离工序。

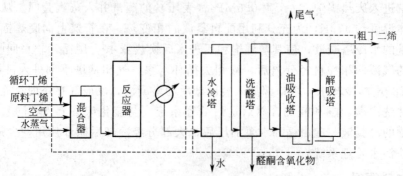

图 6-5　丁二烯生产氧化工段物料衡算示意图

4. 物料衡算基准及各组分的分子量

物料衡算以 1h 为基准。各组分的分子量如下：

组分	分子量	组分	分子量	组分	分子量	组分	分子量
丁二烯	54.091	丁烯	56.107	丁烷	58.123	异戊烷	72.150
CO	28.011	CO_2	44.011	O_2	31.999	N_2	28.013
C_3H_6O	58.080	C_2H_4O	44.053	H_2O	18.015	C_4H_4O	68.075

5. 物料衡算

（1）反应工序

① 进料量及组成计算

a. 正丁烯进料量。年产量为 18000t，开工时数为 8000h，损失为 2.5%，故单位时间丁烯加料量为：

$$\frac{1.8\times10^4\times10^3}{8\times10^3\times54.091\times0.61\times(1-0.025)}=69.94(\text{kmol/h})$$

b. 空气进料量

氧气
$$69.94\times0.7=48.96(\text{kmol/h})$$
$$G_{O_2}=48.96\times31.999=1566.6(\text{kg/h})$$

空气
$$\frac{48.96}{0.21}=233.1(\text{kmol/h})$$
$$\overline{M}_{空}=31.999\times0.21+28.013\times0.79=28.85$$
$$G_{空}=233.1\times28.85=6725.1(\text{kg/h})$$

氮气
$$233.1\times0.79=184.1(\text{kmol/h})$$
$$G_{N_2}=184.1\times28.013=5158.6(\text{kg/h})$$

c. 水蒸气进料量
$$69.94\times10=699.4(\text{kmol/h})$$
$$G_{H_2O}=699.4\times18.015=12599.7(\text{kg/h})$$

d. 循环量

正丁烯
$$69.94\times(1-0.6778)=22.534(\text{kmol/h})$$
$$G_{正丁烯}=22.534\times56.107=1264.3(\text{kg/h})$$

正丁烷
$$\frac{1264.3}{0.9154}\times0.0676=93.37(\text{kg/h})$$
$$\frac{93.37}{58.123}=1.606(\text{kmol/h})$$

丁二烯
$$G_{丁二烯}=\frac{1264.3}{0.9154}\times0.017=23.48(\text{kg/h})$$
$$\frac{23.48}{54.091}=0.4341(\text{kmol/h})$$

合计
$$22.534+1.606+0.4341=24.5741(\text{kmol/h})$$

e. 新鲜原料的计算

正丁烯
$$69.94\times0.6778=47.41(\text{kmol/h})$$

新鲜原料总量 $\dfrac{47.41}{0.7583}=62.5(\text{kmol/h})$

进料中新鲜原料的质量和摩尔组成列于表 6-7。

表 6-7　新鲜原料的质量和摩尔组成

组成	正丁烯	异丁烯	正丁烷	异戊烷	合计
摩尔组成/%	75.83	0.34	23.80	0.03	100
摩尔流量/(kmol/h)	47.41	0.2125	14.88	0.01875	62.65
质量组成/%	75.18	0.34	24.44	0.04	100
质量流量/(kg/h)	2659.7	11.935	864.65	1.3531	3537.7

进反应器混合物料（含循环气）的流量和组成列于表 6-8 中。

表 6-8　进反应器混合物料的流量和组成

组分	摩尔流量/(kmol/h)	摩尔组成/%	质量流量/(kg/h)	质量组成/%
正丁烯	69.94	6.859	3924.1	16.1850
异丁烯	0.2125	0.02084	11.925	0.04918
正丁烷	16.48	1.616	958.15	3.95210
异戊烷	0.01875	0.001839	1.3531	0.00558
丁二烯	0.4341	0.04257	23.480	0.09684
O_2	48.96	4.802	1566.6	6.46180
N_2	184.2	18.06	5159.3	21.2800
H_2O	699.4	68.59	12599	51.9670
合计	1019.6	100.0	24244	100.00

413K（进料温度）时：

$$\overline{M}=\sum M_i x_i=23.62$$

$$\bar{\rho}=\frac{p\overline{M}}{RT}=\frac{1.8\times9.807\times10^4\times23.62}{8.314\times10^3\times413}=1.214(\text{kg/m}^3)$$

$$\bar{v}=\frac{24244}{1.222}=19970(\text{m}^3/\text{h})$$

② 反应器出料量及组成计算。投入反应器的原料丁烯为 69.94kmol/h。

a. 丁二烯的量

循环丁二烯　0.4341kmol/h

生成丁二烯　$69.94\times0.61=42.66(\text{kmol/h})$

共计　　　　$(42.66+0.4341)\times54.091=2331(\text{kg/h})$

b. 二氧化碳生成量

由正丁烯生成的二氧化碳量

$$69.94\times0.0485\times4=13.57(\text{kmol/h})$$

由异丁烯生成的二氧化碳量

$$0.2125\times0.5\times4=0.425(\text{kmol/h})$$

二氧化碳总量　　　$13.57+0.425=13.995(\text{kmol/h})$

$$13.995\times44.011=615.9(\text{kg/h})$$

c. 一氧化碳生成量

由丁烯生成的一氧化碳量

$$69.94\times0.01512\times4=4.230(\text{kmol/h})$$

由异丁烯生成的一氧化碳量

$$0.2125 \times 0.5 \times 4 = 0.425 (\text{kmol/h})$$

一氧化碳总量

$$4.230 + 0.425 = 4.655 (\text{kmol/h})$$
$$4.655 \times 28.011 = 130.4 (\text{kg/h})$$

d. 丁烷的量

$$16.48 \times 58.123 = 957.9 (\text{kg/h})$$

e. 异戊烷的量

$$0.01875 \times 72.15 = 1.353 (\text{kg/h})$$

f. 氮气的量

$$184.2 \times 28.013 = 5160.0 (\text{kg/h})$$

g. 正丁烯的量

$$22.534 \times 56.107 = 1264.3 (\text{kg/h})$$

h. 乙醛的量

$$69.94 \times 0.0008 \times 2 = 0.1119 (\text{kmol/h})$$
$$0.1119 \times 44.053 = 4.930 (\text{kg/h})$$

i. 呋喃的量

$$69.94 \times 0.00115 = 0.08043 (\text{kmol/h})$$
$$0.08043 \times 68.075 = 5.475 (\text{kg/h})$$

j. 丙酮的量

$$69.94 \times 0.00223 \times 4/3 = 0.2080 (\text{kmol/h})$$
$$0.2080 \times 58.080 = 12.08 (\text{kg/h})$$

k. 水蒸气的量生成的水

$$69.94 \times (0.61 + 0.01512 \times 4 + 0.0485 \times 4 + 0.00115 \times 2) + 0.2125 \times 0.5 \times 4 \times 2$$
$$= 61.47 (\text{kmol/h})$$
$$61.47 \times 18.015 = 1107 (\text{kg/h})$$

总水量

$$699.4 + 61.47 = 760.87 (\text{kmol/h})$$
$$760.87 \times 18.015 = 13707 (\text{kg/h})$$

l. 氧气量

总耗氧量

$$69.94 \times (0.61 \times 0.5 + 0.01512 \times 4 + 0.0485 \times 6 + 0.0008 + 0.00223 \times 2/3 +$$
$$0.00115 \times 3/2) + 0.2125 \times 0.5 \times (4+6) = 47.26 (\text{kmol/h})$$

残氧量

$$48.96 - 47.26 = 1.7 (\text{kmol/h})$$
$$1.7 \times 31.999 = 54.40 (\text{kg/h})$$

计算结果列于表6-9。

表 6-9　出反应器物料的流量及组成

组　分	摩尔流量/(kmol/h)	摩尔组成/%	质量流量/(kg/h)	质量组成/%
丁二烯	43.09	4.112	2331	9.615
CO	4.655	0.4442	130.4	0.5379
CO_2	14.00	1.336	616.2	2.542
异戊烷	0.01875	1.789×10^{-3}	1.353	5.581×10^{-3}
N_2	184.2	17.58	5160	21.28
正丁烷	16.48	1.573	957.9	3.951
正丁烯	22.53	2.150	1264	5.214
CH_3CHO	0.1119	1.068×10^{-2}	4.93	2.033×10^{-2}
C_4H_4O	0.08043	7.675×10^{-3}	5.475	2.258×10^{-2}
C_3H_6O	0.2080	1.985×10^{-2}	12.08	4.983×10^{-2}
H_2O	760.87	72.61	13707	56.54
O_2	1.7	0.1622	54.40	0.2244
合计	1048	100.0	24244	100.0

（2）粗分离工序　本工序物料平衡计算过程中，为简化计算，可忽略各气相组分在液相中的溶解量以及丁烯、丁二烯等组分在排放尾气中的量。

① 本工序进料量及组成与反应工序出口相同。

② 出料量及组成计算

a. 水冷塔冷凝蒸汽量　　$1048 \times 72.61\% = 760.87(kmol/h)$

$\qquad\qquad\qquad\qquad\quad 760.87 \times 18.015 = 13707.0(kg/h)$

b. 洗醛塔塔釜排出液中醛酮含氧化物量

$\quad$乙醛　　　　　　　$1048 \times 0.01068\% = 0.1119(kmol/h)$

$\qquad\qquad\qquad\qquad\quad 0.1119 \times 44.053 = 4.93(kg/h)$

$\quad$呋喃　　　　　　　$1048 \times 0.007675\% = 0.08043(kmol/h)$

$\qquad\qquad\qquad\qquad\quad 0.08043 \times 68.075 = 5.475(kg/h)$

$\quad$丙酮　　　　　　　$1048 \times 0.01985\% = 0.2080(kmol/h)$

$\qquad\qquad\qquad\qquad\quad 0.2080 \times 58.080 = 12.08(kg/h)$

$\quad$合计　　　　$0.1119 + 0.08043 + 0.2080 = 0.4003(kmol/h)$

$\qquad\qquad\qquad\quad 4.93 + 5.475 + 12.08 = 22.485(kg/h)$

c. 油吸收塔顶排出尾气量

$\quad$CO　　　　　　　　$1048 \times 0.004442 = 4.655(kmol/h)$

$\qquad\qquad\qquad\qquad\quad 4.655 \times 28.011 = 130.40(kg/h)$

$\quad CO_2$　　　　　　　　$1048 \times 0.01336 = 14.00(kmol/h)$

$\qquad\qquad\qquad\qquad\quad 14.00 \times 44.011 = 616.2(kg/h)$

$\quad N_2$　　　　　　　　$1048 \times 0.1758 = 184.2(kmol/h)$

$\qquad\qquad\qquad\qquad\quad 184.2 \times 28.013 = 5160.0(kg/h)$

$\quad O_2$　　　　　　　　$1048 \times 0.001622 = 1.70(kmol/h)$

$\qquad\qquad\qquad\qquad\quad 1.70 \times 31.999 = 54.40(kg/h)$

d. 吸收塔顶尾气排放量及组成列于表 6-10。

表 6-10　吸收塔顶尾气排放量及组成

组　分	摩尔流量/(kmol/h)	摩尔组成/%	质量流量/(kg/h)	质量组成/%
CO	4.655	2.28	130.40	2.19
CO_2	14.00	6.84	616.2	10.34
N_2	184.2	90.05	5160.0	86.56
O_2	1.70	0.83	54.40	0.91
合计	204.555	100.0	5961.0	100.0

e. 解吸塔顶采出粗丁二烯量

$\quad$丁二烯　　　　　　$1048 \times 0.04112 = 43.09(kmol/h)$

$\qquad\qquad\qquad\qquad\quad 43.09 \times 54.091 = 2331.0(kg/h)$

$\quad$正丁烯　　　　　　$1048 \times 0.0215 = 22.53(kmol/h)$

$\qquad\qquad\qquad\qquad\quad 22.53 \times 56.107 = 1264.0(kg/h)$

$\quad$正丁烷　　　　　　$1048 \times 0.01573 = 16.48(kmol/h)$

$\qquad\qquad\qquad\qquad\quad 16.48 \times 58.123 = 957.9(kg/h)$

异戊烷　　　　　　　$1048 \times 0.00001789 = 0.01875 (kmol/h)$

　　　　　　　　　　$0.01875 \times 72.150 = 1.353 (kg/h)$

解吸塔顶采出粗丁二烯产量及组成列于表 6-11。

表 6-11　粗丁二烯产量及组成

组　分	摩尔流量/(kmol/h)	摩尔组成/%	质量流量/(kg/h)	质量组成/%
丁二烯	43.09	52.47	2331.0	51.19
正丁烯	22.53	27.44	1264.0	27.75
正丁烷	16.48	20.07	957.9	21.03
异戊烷	0.01875	0.02	1.353	0.03
合计	82.12	100.0	4554.25	100.0

粗分离工序物料衡算结果列于表 6-12。

表 6-12　粗分离工序物料衡算结果

输　入			输　出			
组分	质量流量/(kg/h)	质量组成/%	物流名称	组分	质量流量/(kg/h)	质量组成/%
丁二烯	2331	9.615	水冷塔塔釜液排出	H_2O	13707.0	56.54
CO	130.4	0.5379		CH_3CHO	4.93	2.033×10^{-2}
CO_2	616.2	2.542	洗醛塔塔釜液排出	C_4H_4O	5.475	2.258×10^{-2}
异戊烷	1.353	5.581×10^{-3}		C_3H_6O	12.08	4.983×10^{-2}
N_2	5160	21.28		CO	130.40	0.5379
正丁烷	957.9	3.951	吸收塔尾气排出	CO_2	616.20	2.542
正丁烯	1264	5.214		N_2	5160.0	21.28
CH_3CHO	4.93	2.033×10^{-2}		O_2	54.40	0.2244
C_4H_4O	5.475	2.258×10^{-2}		丁二烯	2331.0	9.615
C_3H_6O	12.08	4.983×10^{-2}	粗丁二烯带出	正丁烯	1264.0	5.214
H_2O	13707	56.54		正丁烷	957.9	3.951
O_2	54.40	0.2244		异戊烷	1.353	5.581×10^{-3}
合计	24244	100.0	合计		24244	100.0

二、碳四馏分抽提丁二烯

　　无论是裂解气深冷分离得到的碳四馏分，还是经丁烯氧化脱氢反应得到的粗丁二烯，均是以碳四各组分为主的烃类混合物，其组成见表 6-13。

表 6-13　不同来源碳四馏分组成的质量分数　　　　　　　　单位：%

组　分	炼厂气	轻油裂解气	煤柴油裂解气	氧化脱氢产物
总碳三	1.1	1.5	0.43	—
异丁烷	35.3	1.8	1.00	—
正丁烷	8.1	6.9	0.97	20.07
异丁烯	17.9	21.0	26.4	—
正丁烯	11.0	3.5	2.76	27.43
顺-2-丁烯	12.0	14.6	20.90	—
反-2-丁烯	15.5	4.6	5.07	—
丁二烯	—	44.5	40.10	52.47
总炔烃	—	0.6	1.00	—
总碳五	0.5	1.5	0.82	0.023

由表 6-13 中数据可知,各种来源的碳四馏分中,主要含有丁烷、正丁烯、异丁烯、丁二烯,它们都是重要的化工原料。但在通常情况下,常需要具有一定纯度的碳四单一组分,例如聚合级丁二烯的纯度要求质量分数在 99.0% 以上,因此,碳四组分的分离就显得非常重要。

碳四馏分的分离与碳二、碳三馏分的分离相比,其最大的特点是各组分之间的相对挥发度很小,使分离变得更加困难,采用普遍精馏方法在通常条件下将其分离是不可能的。为此,工业生产中均采用在碳四馏分中加入某种溶剂进行萃取的特殊精馏来实现对碳四各组分的分离。

1. 基本原理

萃取精馏与一般精馏分离方法的不同之处在于,分离时需向被分离的混合物中加入一种新的组分——选择性溶剂,这种溶剂对被分离的混合物中的某一组分具有较大的溶解能力,而对其他组分的溶解能力较小。其结果使易溶解的组分随溶剂一起先分离出来,然后将溶解的组分与溶剂再进行普通精馏,即可得到高纯度的单一组分。加入的这种选择性溶剂通常称之为萃取剂。

采用萃取精馏的主要目的是为了增大被分离组分之间的沸点差,改变难以分离的各组分间的相对挥发度,从而使分离变得容易进行。从碳四馏分中分离丁二烯的萃取剂有乙腈、糠醛、二甲基甲酰胺、N-甲基吡咯烷酮等。由表 6-14 和表 6-15 可见,加萃取剂之前相对挥发度最小的顺-2-丁烯只有 0.805,加入萃取剂之后,由于对丁二烯有选择性溶解能力,从而使丁二烯变得较难挥发,相对来说顺-2-丁烯变得较易挥发,其相对挥发度增大到 1.47~1.66,其他碳四馏分的相对挥发度也都有改变。

表 6-14 碳四馏分中各组分的沸点和相对挥发度

组　　分	异丁烷	异丁烯	1-丁烯	丁二烯	正丁烷	反-2-丁烯	顺-2-丁烯
沸点/K	261.43	266.26	266.90	268.76	272.66	272.28	276.88
相对挥发度(在 221.56K、6.86×10⁵Pa 下)	1.180	1.030	1.013	1.000	0.886	0.845	0.805

表 6-15 加入萃取剂后碳四各组分的相对挥发度

组　　分	萃取剂			
	乙腈	含水 4% 的糠醛(在 327.7K、4.559×10⁵Pa 下)	30% 左右的二甲基甲酰胺	N-甲基吡咯烷酮
异丁烷				
1-丁烯		2.600		
丁二烯		1.718	3.39	
正丁烷	1.00	1.000	1.00	1.00
反-2-丁烯		2.020		
顺-2-丁烯		1.190	2.35	
异丁烯	1.47	1.065	1.63	1.66
		1.666	3.39	

萃取剂的选择,主要取决于经济性和选择性的大小,另外还应具有稳定性好、腐蚀性小、无毒、不易着火爆炸、价廉易得以及黏度小、蒸气压低等特性。一般来说,很难找到满足上述所有要求的萃取剂,因此,在实际选择萃取剂时要进行综合评价,合理选择。

目前,有些工厂采用乙腈为萃取剂,因为乙腈是氨氧化法合成丙烯腈的副产物,价廉易得,且具有化学稳定性好、对碳钢无腐蚀、毒性小等特点。也有一些工厂采用二甲基甲酰胺

（简称 DMF），因为它对丁二烯的溶解度和选择性均比乙腈为优，沸点也较高，损耗小，丁二烯回收率高达 98%，但来源不如乙腈广泛。

2. 工艺条件

（1）溶剂的恒定浓度 溶剂的用量及浓度是萃取精馏的主要影响因素。在萃取精馏塔内，由于所用溶剂的相对挥发度比所处理的物料低得多，溶剂的蒸气压要比被分离物料中所有组分的蒸气压小得多，因此，在塔内从加料板至灵敏板溶剂的浓度基本维持在一个恒定的浓度值，此浓度值称为溶剂的恒定浓度，简称溶剂浓度。

通常情况下，溶剂的恒定浓度增大，选择性明显提高，分离容易进行。但是过大的溶剂恒定浓度将导致设备投资与操作费用增加，经济效益差。在实际操作中，随着所选择溶剂的不同，其溶剂恒定浓度也不相同，对乙腈萃取剂，溶剂的质量浓度一般控制在 78%～83%。

（2）溶剂的温度 在萃取精馏操作过程中，由于溶剂用量很大，所以溶剂的进料温度对分离效果也有很大的影响。溶剂的进料温度主要影响塔内温度分布、气液负荷和操作稳定性。通常溶剂的进料温度高于塔顶温度，略低于进料板温度。如果溶剂进料温度过高，易引起塔顶溶剂挥发量增大，造成损失，从而使塔顶馏分中丁二烯含量增加；溶剂温度过低或由于内冷量过大，易造成塔内碳四烃大量积累，导致塔釜产品不合格，严重时甚至会造成液体超负荷而无法操作。

（3）溶剂的含水量 溶剂的含水量对分离选择性有较大的影响。表 6-16 列出了在不同浓度乙腈溶剂中顺-2-丁烯对丁二烯的相对挥发度。

表 6-16 不同浓度乙腈中顺-2-丁烯对丁二烯的相对挥发度（323K）

溶剂的含水量	无水乙腈			含 5% 水的乙腈			含 10% 水的乙腈		
溶剂浓度	100%	80%	70%	100%	80%	70%	100%	80%	70%
相对挥发度	1.45	1.35	1.30	1.48	1.36	1.30	1.51	1.37	1.30

由表 6-16 可知，溶剂中加入适量水可提高组分间的相对挥发度，使分离变得容易进行。另外，含水溶剂可降低溶液的沸点，减少蒸汽消耗，避免丁二烯在塔内的热聚。但是，随着溶剂中含水量的不断增加，烃类在溶剂中溶解度降低。为避免塔内出现溶剂与烃类分层的现象，破坏萃取分离效果，需控制适宜的含水量。生产中一般控制乙腈含水量为 6%～10%；二甲基甲酰胺由于受热而发生分解反应，因此不能含水。

（4）回流比 在普通精馏中，当进料量一定及其他条件不变时，增加回流比可提高分离效果。但在萃取精馏中，若被分离混合物进料量和溶剂用量一定，增大回流比反而会降低分离效果。这是因为增加回流量后，使塔板上溶剂浓度降低，导致被分离组分的相对挥发度减小，结果达不到分离要求。

在萃取精馏塔中，回流液的作用只是为了维持各塔板上的物料平衡，或者说是保证相邻塔板之间形成浓度差，稳定精馏操作。因此，实际生产中的回流比略大于最小回流比。对于乙腈法萃取系统常采用 3.5 左右。若溶剂为冷液进料，在塔内有相当一部分上升蒸气被冷凝而形成内回流，此时，回流比可选择低于 3.0 操作。

3. 工艺流程

（1）乙腈法碳四抽提丁二烯 以乙腈为溶剂，从碳四馏分中抽提丁二烯，工业上采用两段萃取精馏再加普通精馏的工艺方法。第一段萃取精馏分离出碳四馏分中的丁二烯，第二段萃取精馏除去丁二烯带入的少量碳四炔烃，然后用普通精馏脱除产品中的微量轻组分和重组分，以获得高纯度的聚合级丁二烯。乙腈法碳四抽提丁二烯工艺流程见图 6-6。

混合物四馏分经脱碳三塔 1 及脱碳五塔 2 分别除去碳三和碳五馏分后，得到精制的碳四馏分。

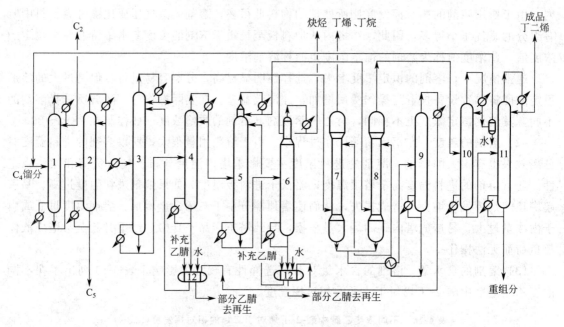

图 6-6　乙腈法碳四抽提丁二烯工艺流程

1—脱碳三塔；2—脱碳五塔；3—丁二烯萃取精馏塔；4—丁二烯蒸出塔；5—炔烃萃取精馏塔；
6—炔烃蒸出塔；7—丁烷、丁烯水洗塔；8—丁二烯水洗塔；9—乙腈回收塔；
10—脱轻组分塔；11—脱重组分塔；12—乙腈中间贮槽

精制的碳四馏分经预热汽化后进入丁二烯萃取精馏塔 3，乙腈由塔顶加入，塔顶压力为 0.45MPa，塔顶温度为 319K，塔釜温度为 387K。经萃取精馏分离后，塔顶蒸出的丁烷、丁烯馏分进入丁烷、丁烯水洗塔 7，塔釜排出的含丁二烯及少量炔烃的乙腈溶液进入丁二烯蒸出塔 4。在该塔中，丁二烯、炔烃从乙腈中蒸出，并送入炔烃萃取精馏塔 5，塔釜排出的乙腈经冷却后返回丁二烯萃取精馏塔循环使用。

在炔烃萃取精馏塔中，溶剂乙腈自塔顶加入，进行第二阶段萃取精馏操作，将丁二烯和炔烃分离。丁二烯由塔顶蒸出后送丁二烯水洗塔 8，塔釜排出的乙腈与炔烃一起进入炔烃蒸出塔 6。为防止乙烯基乙炔爆炸，炔烃蒸出塔顶的炔烃馏分必须间断地或连续地用丁烷、丁烯馏分进行稀释，使乙烯基乙炔的摩尔分数低于 30%。炔烃蒸出塔釜排出的乙腈返回炔烃萃取精馏塔循环使用，塔顶排出的炔烃送出系统用作燃料。

在丁烷、丁烯水洗塔 7 及丁二烯水洗塔 8 中，均以水作萃取剂，分别将丁烷、丁烯及丁二烯中夹带的少量乙腈萃取出来，送往乙腈回收塔 9。经水洗后的丁二烯送脱轻组分塔 10，脱除丙炔和少量水分，控制塔釜丁二烯中的丙炔小于 $5mL/m^3$，水分小于 $10mL/m^3$。为保证丙炔含量不超标，塔顶馏出物丙炔允许伴随 60% 左右的丁二烯，经冷凝分出其中的水分后返回脱碳三塔 1 循环使用，减少丁二烯的损失。对脱轻组分塔，当釜压为 0.45MPa，温度为 323K 左右时，回流量为进料量的 1.5 倍，塔板为 60 块左右，即可保证塔釜产品质量。

脱除轻组分的丁二烯进入脱重组分塔11，脱除顺-2-丁烯、1,2-丁二烯、2-丁炔等重组分，塔顶得到高纯度产品丁二烯。成品丁二烯纯度（体积分数）大于99.6％，乙腈小于10mL/m³，总炔烃小于50mL/m³。为了保证产品丁二烯的质量要求，在控制塔釜丁二烯质量分数不超过5％的前提下，脱重组分塔需用85块塔板，回流比为4.5，塔顶压力为0.4MPa左右。

乙腈回收塔9塔釜排出水经冷却后，送往两个水洗塔循环使用；塔顶得到的乙腈与水共沸物，返回两个萃取精馏系统。另外，部分乙腈送去净化再生，以除去其中所积累的杂质，如盐、二聚物和多聚物等。

(2) 二甲基甲酰胺（DMF）法碳四抽提丁二烯　以二甲基甲酰胺为溶剂抽提丁二烯的工艺流程如图6-7所示。该工艺采用二级萃取精馏和二级普通精馏相结合，流程包括丁二烯萃取精馏、炔烃萃取精馏和普通精馏三部分。

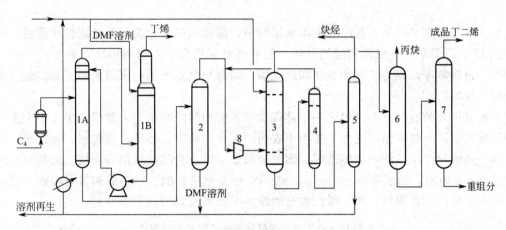

图 6-7　二甲基甲酰胺抽提丁二烯工艺流程

1—第一萃取精馏塔；2—第一解吸塔；3—第二萃取精馏塔；4—丁二烯回收塔；
5—第二解吸塔；6—脱轻组分塔；7—脱重组分塔；8—丁二烯压缩机

原料碳四馏分汽化后首先进入双塔串联的第一萃取精馏塔1，二甲基甲酰胺由串联的萃取塔1B上部加入，经与萃取塔1A出来的气体接触，萃取其中少量残余丁二烯后，萃取液泵送至串联萃取塔1A进一步萃取丁二烯。经两塔串联萃取丁二烯后的丁烷、丁烯馏分直接送出系统，其中丁二烯含量可控制在0.3％以下，塔1A釜液为丁二烯、炔烃和二甲基甲酰胺溶液，进入第一解吸塔2。塔顶解吸出来的丁二烯、炔烃经压缩机8加压后，大部分进入第二萃取精馏塔3，少部分返回第一萃取精馏塔塔釜（图中未画出此物料管线），以保证第一萃取精馏塔釜温度不超过403K。解吸塔2塔釜排出的二甲基甲酰胺溶剂部分送去再生，其余部分经余热利用后循环使用。

进入第二萃取精馏塔3的进料气体中主要含丁二烯和在DMF溶剂中易溶的组分，如乙烯基乙炔、乙基乙炔、1,2-丁二烯、甲基乙炔和碳五烃。由于甲基乙炔在DMF溶剂中的相对挥发度与丁二烯接近，因而在第二萃取精馏塔中大部分甲基乙炔与丁二烯一起由塔顶分出，少部分溶于溶剂中。塔釜排出液中由于还含有相当量的丁二烯，故送入丁二烯回收塔4。为了减少丁二烯损失，由丁二烯回收塔塔顶采出含丁二烯较多的炔烃馏分，以气相返回丁二烯压缩机8。回收塔釜液进入第二解吸塔5。炔烃由第二解吸塔采出，可直接送出装置，塔釜二甲基甲酰胺溶剂经余热利用后循环使用。

由第二萃取精馏塔顶送来的丁二烯馏分进入脱轻组分塔 6，用普通精馏方法由塔顶分出甲基乙炔（即丙炔），塔釜液进入脱重组分塔 7。成品丁二烯由塔顶采出，塔釜重组分（主要是顺-2-丁烯、乙烯基乙炔、丁炔、1,2-丁二烯以及二聚物、碳五烃等）送去作燃料或进一步综合利用，其中丁二烯含量一般小于 2%。

为除去循环溶剂中的丁二烯二聚物，需将二甲基甲酰胺连续抽出少部分（约0.5%），送去再生净化后重复使用。

本法所得成品丁二烯的纯度（体积分数）可达 99.5%以上，丁二烯回收率大于 97%。

第二节　顺丁烯二酸酐的生产

顺丁烯二酸酐又称马来酸酐和失水苹果酸酐，简称顺酐。为无色针状或粒状结晶，熔点为 326.1K，易升华，有强烈刺激性气味。顺酐可溶于乙醇、乙醚和丙酮，在苯、甲苯和氯仿中有一定溶解度，难溶于石油醚和四氯化碳。顺酐与热水作用会水解成顺丁烯二酸（俗称马来酸、顺酸）。

顺酐是重要的有机化工原料之一，是仅次于苯酐和醋酐的第三大酸酐。主要用于生产不饱和聚酯树脂、醇酸树脂，此外，还用于农药、医药、涂料、油墨、增塑剂、黏结剂、表面活性剂、造纸化学品、纺织品整理剂、润滑油添加剂以及食品添加剂等领域。尤其是它的后续产品 γ－丁内酯、四氢呋喃、1,4-丁二醇、N-甲基吡咯烷酮、马来酸和富马酸等，更是工业上不可缺少的重要原料。顺丁烯二酸酐的深加工产品及其用途见表 6-17。

表 6-17　顺丁烯二酸酐的深加工产品及其用途

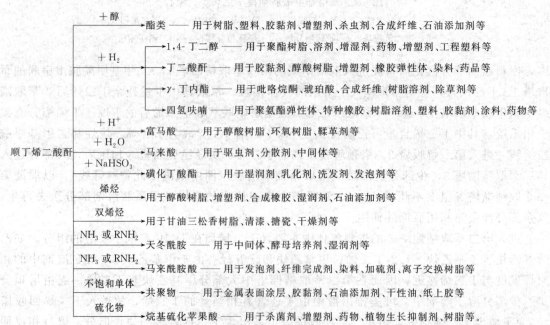

顺丁烯二酸酐的主要生产方法有苯氧化法、碳四馏分氧化法和正丁烷氧化法。各种原料

路线均以其独特优势在技术开发、工业应用中向前发展，并相互竞争。

苯氧化法生产历史悠久、工艺技术成熟，产物收率高，因此至今仍有 30%～40% 的顺酐是采用此法来生产的。

碳四馏分氧化法是以碳四馏分为原料，空气为氧化剂，在 V-P-O 系催化剂作用下生产顺酐的方法。该法具有原料价廉易得、催化剂寿命长、产品成本较低等优点。但因反应产物复杂，目的产物收率和选择性较低，其推广应用受到限制。

正丁烷氧化法是以正丁烷为原料，经催化氧化生产顺丁烯二酸酐的方法。此法具有原料来源丰富、环境污染少、经济效益好等优点。随着新型催化剂的不断出现，正丁烷转化率及顺酐选择性不断得到提高，大有逐步取代苯氧化法生产顺丁烯二酸酐的趋势。以下介绍苯氧化法和正丁烷氧化法生产顺丁烯二酸酐的工艺技术。

一、苯氧化法生产顺丁烯二酸酐

1. 反应原理

苯与空气在催化剂作用下氧化生成顺丁烯二酸酐，主反应式为：

$$C_6H_6 + \frac{9}{2}O_2 \longrightarrow \underset{\text{(顺丁烯二酸酐)}}{\begin{array}{c}\text{CH-C} \\ \text{‖} \quad \text{O} \\ \text{CH-C}\end{array}} + 2H_2O + 2CO_2 \qquad \Delta H^{\ominus}_{298K} = -1850.2\text{kJ/mol}$$

过程中主要副反应有：

$$C_6H_6 + \frac{15}{2}O_2 \longrightarrow 6CO_2 + 3H_2O \qquad \Delta H^{\ominus}_{298K} = -3274.2\text{kJ/mol}$$

$$\begin{array}{c}\text{CH-C} \\ \text{‖} \quad \text{O} \\ \text{CH-C}\end{array} + 2O_2 \longrightarrow 2CO + 2CO_2 + H_2O \qquad \Delta H^{\ominus}_{298K} = -833.0\text{kJ/mol}$$

$$C_6H_6 + \frac{3}{2}O_2 \longrightarrow C_6H_4O_2 + H_2O \qquad \Delta H^{\ominus}_{298K} = -531.7\text{kJ/mol}$$

从上述反应方程可知，主、副反应均为强放热反应，因此，在反应过程中及时移出反应热是一个突出的问题。如果工艺条件控制不当，反应最终都将生成一氧化碳和二氧化碳。

为抑制副反应和防止产物顺酐的深度氧化，必须使用性能良好的催化剂。实践证明，苯氧化的最好催化剂是氧化钒和氧化钼的混合物，常用载体为多孔性氧化铝或硅胶。例如 $V_2O_5\text{-}MoO_3/\alpha\text{-}Al_2O_3$ 或 $V_2O_5\text{-}MoO_3/SiO_2$。催化剂中添加磷、钛、硼的氧化物，可提高催化剂的活性和选择性。此外，载体的孔结构对催化剂的活性和选择性也有直接影响。工业生产上一般宜采用较大孔径（$>7\mu m$）的催化剂。

2. 工艺条件

(1) 反应温度 苯是最稳定的碳氢化合物之一，因此苯氧化除了需要活性较高的催化剂外，还需要比较高的反应温度。工业生产上一般控制在 623～723K 之间。由于反应强烈放热，因此温度控制非常重要。通常是在管式反应器管间填充熔盐作热介质，采用熔盐强制循环，以及时移出反应所放出的热量。

（2）进料配比　进反应器原料气配比中苯和空气的质量比为 1:(25~30)，空气比理论量过量。这主要是为了防止形成爆炸性混合物，保证安全生产。因为苯蒸气与空气能形成爆炸性混合物，爆炸极限（体积分数）为 1.5%~8.0%。但空气不宜过量太多，否则将导致反应器生产能力下降；且由于大量空气使进料中苯浓度下降，致使产物浓度低，会增加分离困难，造成损失增加、收率下降。

（3）空速　由于在反应过程中不但原料苯可直接氧化成大量一氧化碳和二氧化碳，而且产物顺酐也能进一步氧化生成一氧化碳和二氧化碳，因此，空速的合理控制显得尤为重要。一般情况下，空速增加（即接触时间缩短），可减少深度氧化副反应的发生，提高反应选择性；同时，由于单位时间通过床层的气量增加，在一定范围内可使顺酐生产能力增加；并有利于反应热的移出和床层温度的控制。但是，过高的空速将导致接触时间过短，最终使收率下降。适宜空速的选择需要综合考虑多方面因素，通过技术经济分析来确定。工业生产上一般控制空速在 $2000~4000h^{-1}$ 范围内。

3. 工艺流程

苯气相氧化生产顺丁烯二酸酐的工艺流程如图 6-8 所示。

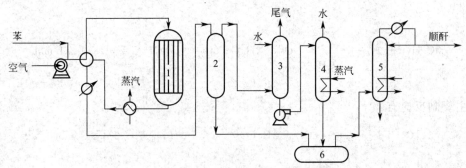

图 6-8　苯气相氧化法生产顺丁烯二酸酐工艺流程图
1—列管式固定床反应器；2—分离器；3—水洗塔；4—脱水塔；5—蒸馏塔；6—粗顺酐贮槽

高纯度苯（硝化级）经蒸发器（图中未画出）蒸发后与空气混合，进入热交换器。预热后的原料气进入列管式固定床反应器 1，在催化剂作用下发生氧化反应，生成顺丁烯二酸酐。借助反应器管间循环熔盐（亚硝酸盐-硝酸盐混合物）导出反应热，并副产高压蒸汽。

自反应器出来的反应气体经三级冷却，第一级为废热锅炉产生蒸汽；第二级为热交换器预热原料气；第三级为反应产物在冷却器中用温水冷却冷凝，以防止顺酐冷凝成固体堵塞冷却器。被冷凝的顺酐（约总量的 60%）在分离器 2 中分出后进入粗顺酐贮槽 6，气体送入水洗塔 3，用水或顺丁烯二酸水溶液吸收未冷凝的顺酐。水吸收后尾气送燃烧，吸收液送入脱水塔 4。经脱水后的粗顺酐入粗顺酐贮槽 6。

脱水顺酐和冷凝顺酐由粗顺酐贮槽送入蒸馏塔 5 进行精制，即可得到熔融态顺丁烯二酸酐产品。

二、正丁烷氧化法生产顺丁烯二酸酐

1. 反应原理

在催化剂作用下，正丁烷氧化制顺丁烯二酸酐的主反应方程式为：

$$C_4H_{10} + \frac{7}{2}O_2 \longrightarrow \begin{matrix} CH-C \\ \| \quad \text{O} \\ CH-C \\ \quad O \end{matrix} + 4H_2O \qquad \Delta H^{\ominus}_{298K} = -1262kJ/mol$$

主要副反应是原料丁烷和产物顺酐的深度氧化，生成一氧化碳和二氧化碳：

$$C_4H_{10} + \frac{11}{2}O_2 \longrightarrow 2CO + 2CO_2 + 5H_2O \qquad \Delta H^{\ominus}_{298K} = -2092kJ/mol$$

$$\begin{matrix} CH-C \\ \| \quad \text{O} \\ CH-C \\ \quad O \end{matrix} + 2O_2 \longrightarrow 2CO + 2CO_2 + H_2O \qquad \Delta H^{\ominus}_{298K} = -833.0kJ/mol$$

从上述反应方程式可见，与苯氧化法类似，正丁烷氧化法的主、副反应也都是强放热反应，因此，在反应过程中及时移除反应热也是一个十分关键的问题。如果工艺条件控制不当，反应最终都将生成一氧化碳和二氧化碳。

正丁烷氧化制顺酐的催化剂是以 V-P-O 为主要组分，并添加各种助催化剂。一般的助催化剂组分有：Fe、Co、Ni、W、Cd、Zn、Bi、Li、Cu、Zr、Cr、Mn、Mo、B、Si、Sn、U、Ba 及稀土元素 Ce、Sm、Th、Pr、Nd 等的氧化物。加入助催化剂的作用，主要在于增加催化剂的活性、选择性或调节催化剂表面酸碱度及 V-P 络合状态。表 6-18 列出了几种催化剂的性能比较。

表 6-18　正丁烷氧化制顺酐的几种催化剂的性能比较

催化剂活性物的主要成分	催化剂性能			
	单程收率/%	转化率/%	正丁烷的浓度（体积分数）/%	负荷[①]/[kg 正丁烷/（m³催化剂·h）]
V-P-Co、La、Pr、Ce-O$_x$	101	88	25	97
V-P-Zn-Me[②]-O$_x$	102	82	1.5	95
V-P-Cu-Te-Li-O$_x$	97	93	1.1	33
V-P-Zn、V-Cr-B-O$_x$	97~106	85~94	1.3	46
V-P-Ti-Mo-Bi-Cd-O$_x$	90	—	1.7	80
国产 1056	102	89	1.6	64
国产 1071	104	84	1.6	64
国产 1090	105	84	1.7	72

① 国产催化剂的负荷数据为生产能力，单位是 kg 顺酐/（m³ 催化剂·h）。

② Me 表示其他金属。

2. 工艺条件

（1）**反应温度**　在一定空速和进料浓度条件下，反应温度对正丁烷氧化制顺酐的转化率和选择性影响如图 6-9 所示。由图 6-9 可见，转化率随温度的升高而增加，反应选择性随温度的升高而下降。这是因为随着温度的上升，容易发生深度氧化反应，生成一氧化碳和二氧化碳。因此，工业生产中为了维持较高的反应选择性，必须控制正丁烷转化率不能太高，即反应温度不能过高。一般控制在 643~703K 之间。

（2）**空速**　空速对正丁烷氧化制顺酐反应过程的影响如图 6-10 所示。由图 6-10 可见，空速太低时，反应接触时间太长，虽然转化率高，但容易造成深度氧化，收率较低；

空速过高时，反应接触时间太短，反应转化率太低，同样造成收率降低。但由于空速增加，生成顺酐的反应选择性和催化剂生产能力增加。因此，适宜空速的选择需综合考虑多方面因素，诸如原料消耗、设备投资、"三废"处理要求等。

（3）原料气中正丁烷的浓度 原料气中正丁烷的浓度对反应的影响见表 6-19。由表 6-19 中数据可以看出，随着原料气中正丁烷浓度的增加，正丁烷的转化率和顺酐收率均有所下降，而生成顺酐的反应选择性在正丁烷浓度（体积分数）为 $1.2\%\sim2.2\%$ 范围内变化不明显。当正丁烷浓度为 2.6% 时，生成一氧化碳和二氧化碳的副反应有较大增加。另外，随着正丁烷浓度的增加，催化剂的生产能力有明显增加。但当正丁烷浓度进入爆炸极限内时，操作不安全。工业生产上一般控制正丁烷浓度为 $1.5\%\sim1.7\%$，采用流化床反应器催化氧化比采用固定床反应器的正丁烷进料浓度高，甚至可在爆炸范围内操作。

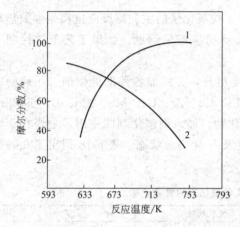

图 6-9 反应温度对正丁烷氧化制顺酐的影响
1—正丁烷转化率；2—反应选择性

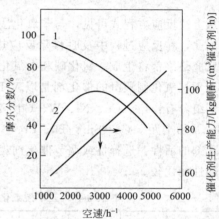

图 6-10 空速对正丁烷氧化制顺酐的影响
1—正丁烷转化率；2—顺酐收率

表 6-19 原料气中正丁烷的浓度对反应的影响 （反应温度为668K）

原料气中正丁烷的浓度(体积分数)/%	空速/h⁻¹	转化率/%	粗顺酐收率(质量分数)/%	选择性/%		生产能力/[kg 顺酐/(m³ 催化剂·h)]
				顺酐	CO+CO₂	
1.2	1480	94.1	110.9	69.7	25.3	51.0
1.5	1520	91.7	110.0	71.0	23.1	64.9
1.8	1415	84.1	101.8	71.6	22.7	67.1
2.2	1450	82.3	96.1	69.1	25.1	79.4
2.6	1420	79.9	86.1	62.0	30.9	82.3

3. 工艺流程

采用正丁烷和空气（或含氧气体）为原料催化氧化生产顺丁烯二酸酐的工艺有固定床法、流化床法和移动床法。后处理（回收、精制）工艺有水吸收和非水吸收。从世界各国对正丁烷氧化制顺酐开发的工艺路线来看，固定床、流化床、移动床三种工艺技术各有特色。

20 世纪 90 年代以前，以正丁烷为原料制顺酐的工业生产装置主要是固定床法。但是固定床氧化工艺存在许多缺点，诸如催化剂床层热点区的出现使温度控制难以优化，原料气中正丁烷的浓度较低（一般控制在爆炸极限外，如正丁烷浓度≤1.8%），单管生产能力低，反应管数多，催化剂装卸不方便等。因此，80 年代末期发展了流化床氧化生产顺酐的工艺方法。正丁烷流化床氧化技术的特点是反应物料中正丁烷浓度高，甚至可以在进入正丁烷爆炸极限（体积分数）1.86%～8.41%的浓度范围内操作，这不仅降低了压缩空气等动力费用，而且在反应生成气中顺酐浓度较高，使后处理工艺也较经济，获得了较大的生产能力；它还有传热好并能控制在恒温下操作的优点；加上流化床反应器催化剂装卸容易，维修方便，不必使用熔盐或可燃性传热介质等，连续开工周期长，有效利用了能量，降低了成本。所以，目前流化床技术被广泛采用。

正丁烷移动床氧化是目前被关注的新技术，正在工程技术开发之中。

典型的正丁烷固定床氧化制顺酐工艺流程如图 6-11 所示。原料正丁烷在气化器气化并过热后与经过滤并压缩到反应所需压力的空气混合，一起进入列管式固定床反应器 3，在 V-P-O-Zr-Li 空心片状催化剂作用下发生氧化反应。利用熔盐在反应管间的强制循环移除反应热以控制反应温度，并副产高压蒸汽。反应器出口反应气体首先进入换热器 6 与软水进行热交换，再经冷却使其温度降至顺酐的露点以下进入分离器，有 40%～50%的顺酐可在分离器 7 冷凝析出并进入粗酐贮槽。分离器顶部出来的气体进入洗涤塔 9，用水逆流洗涤，把未冷凝的顺酐全部变成顺酸，顺酸溶液集聚在洗涤塔底部的酸贮槽里，水洗涤后的尾气送焚烧。酸贮槽里的顺酸用泵送至脱水塔 10 脱水后，粗顺酐进入粗顺酐贮槽 8，塔顶蒸出的水经冷凝后循环回水洗塔 9。粗顺酐用泵送入精馏塔 11 精制即得到熔融态顺丁烯二酸酐产品。

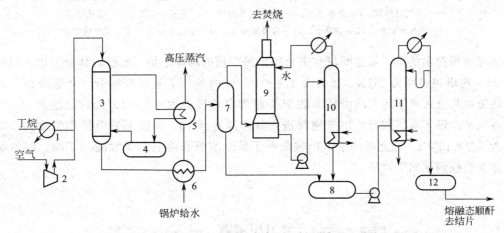

图 6-11　正丁烷固定床氧化生产顺丁烯二酸酐工艺流程图

1—丁烷气化器；2—空气压缩机；3—反应器；4—熔盐槽；5—废热锅炉；6—热交换器；7—分离器；
8—粗顺酐贮槽；9—洗涤塔；10—脱水塔；11—精馏塔；12—顺酐产品贮槽

正丁烷流化床氧化生产顺丁烯二酸酐的工艺流程如图 6-12 所示。

液态丁烷［含正丁烷质量分数 96%和异丁烷质量分数 4%］由泵 2 送入蒸发器 3 蒸发后，再经过热器 4 进入流化床反应器 1；压缩空气经加热器 6 加热后也送入流化床反应器。流化床反应器内装 V-P-O-Zr 催化剂（V∶P∶Zr＝1∶1.2∶0.13），反应温度控制在 673K。反应热大部分由反应器内两套冷却盘管移出，并副产蒸汽，小部分由反应生成气带出。离开反应器的反应气体经废热锅炉 7 和部分冷凝器 8 降温至 353K 后，进入气液分离器 9。

在气液分离器中分出约 35%液态顺丁烯二酸酐进入粗顺酐贮槽，以备精制。分离器顶部气体（温度 353K，压力 1.1×10^5 Pa）依次进入两个油吸收塔（图 6-12 中只画出一个）10，含顺丁烯二酸酐质量分数 0.6%的六氢酞酸二丁酯溶剂（温度为 333K）由塔顶进入，逆流吸收气体中的顺丁烯二酸酐。塔顶排出的废气含顺丁烯二酸酐 0.05%、一氧化碳 0.97%和丁烷 0.65%（均为质量分数，下同），送焚烧炉焚烧。从塔釜排出的吸收液含顺丁烯二酸酐 9.9%、六氢酞酸二丁酯 90.0% 和其他化合物 0.1%，经加热后进入解吸塔 12。在塔顶温度为 398.7K 和压力为 6.8×10^4 Pa 条件下，蒸出顺丁烯二酸酐，塔釜液（解吸后的溶剂）大部分返回吸收塔循环使用，小部分送薄膜蒸发器除去高沸点杂质后返回溶剂循环系统。

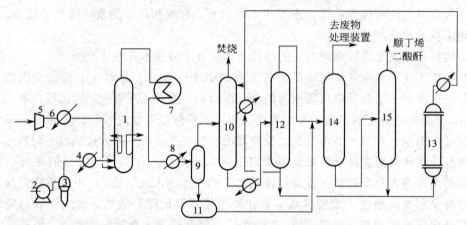

图 6-12　正丁烷流化床氧化制顺丁烯二酸酐工艺流程图

1—流化床反应器；2—丁烷加料泵；3—丁烷蒸发器；4—丁烷过热器；5—空气压缩机；
6—空气过热器；7—废热锅炉；8—生成气冷凝器；9—气液分离器；10—吸收塔；
11—粗顺酐贮槽；12—解吸塔；13—薄膜蒸发器；14—脱轻组分塔；15—顺酐精馏塔

解吸塔顶蒸出的顺丁烯二酸酐与来自粗顺酐贮槽的粗顺丁烯二酸酐液体合并进入脱轻组分塔 14。在塔顶温度为 391K、压力为 1.4×10^3 Pa 的条件下蒸出轻馏分，并送废物处理装置，塔釜物料进入顺丁烯二酸酐精馏塔 15。精馏塔顶压力为 6.8×10^4 Pa，温度为 398.7K，塔顶得到产品顺丁烯二酸酐，塔釜物料送入薄膜蒸发器 13。薄膜蒸发器操作温度为 533K，压力为 1.2×10^3 Pa，在此条件下蒸出残余顺丁烯二酸酐和溶剂六氢酞酸二丁酯，经冷凝冷却后作为吸收剂返回吸收塔。

复习思考题

1. 简述丁二烯的性质及用途。
2. 工业上生产丁二烯的主要方法有哪些？哪种方法较优越？
3. 丁烯氧化脱氢的主、副反应有哪些？画出其相互关联图。
4. 丁烯氧化脱氢合成丁二烯过程的影响因素有哪些？它们对反应有何影响？
5. 丁烯氧化脱氢合成丁二烯过程中加入水蒸气的目的是什么？水蒸气的用量对工艺过程有何影响？
6. 碳四馏分组成如何？其中何种组分含量最高？如何合理利用碳四馏分？
7. 碳四馏分分离为什么要采用萃取精馏？它与一般精馏有什么区别？
8. 试分析碳四馏分抽提丁二烯的工艺影响因素。
9. 试分析苯氧化法生产顺丁烯二酸酐反应过程的特点。
10. 试讨论正丁烷氧化生产顺丁烯二酸酐的反应原理，并分析其工艺影响因素。

第七章

芳烃系列典型产品的生产工艺

【学习目标】

● 了解芳烃的结构特点及其工业来源。
● 掌握乙苯、苯乙烯、二甲苯和苯酐生产的反应原理、工艺条件、工艺流程以及安全生产技术。

第一节　苯烷基化生产乙苯

乙苯是具有芳香气味的无色透明液体，沸点为 409.2K，凝固点为 178.5K。可溶于乙醇、苯、四氯化碳和乙醚，几乎不溶于水。乙苯易燃，其蒸气与空气能形成爆炸性混合物，爆炸范围（体积分数）为 2.3%～7.4%。乙苯有毒，其蒸气能刺激眼睛、呼吸器官和黏膜，并能使中枢神经系统先兴奋而后呈麻醉状态。工作场所最高允许浓度为 100mL/m³。

乙苯侧链易氧化，氧化产物随氧化剂的强弱及反应条件的不同而异。用强氧化剂（如高锰酸钾）氧化或在催化剂作用下用空气或氧气进行氧化，生成苯甲酸；若用缓和的氧化剂或在缓和的反应条件下进行氧化，则生成苯乙酮。

乙苯的侧链在一定条件下，可从相邻两个碳原子上脱去 1mol 氢，形成 C═C 双键，生成苯乙烯。

乙苯是一个重要的中间体，主要用于脱氢制造三大合成材料的重要单体苯乙烯；其次用作溶剂、稀释剂以及用于生产二乙基苯、苯乙酮、乙基蒽醌等。乙苯还是医药工业的重要原料。

目前，世界上大约有超过 95% 的乙苯是由苯烷基化生产制得，仅有少量乙苯是从石油炼制过程生产的碳八芳烃中分离得到的。2014 年我国乙苯产能已达 850 万吨/年，居世界首位。

工业上乙苯生产主要以苯与乙烯为原料，在催化剂作用下，经烷基化反应制得。目前，以苯和乙烯为原料烷基化生产乙苯工艺主要有 AlCl₃ 液相烃化法和分子筛多相催化烃化法。其中，分子筛多相催化法又分为气相催化法和液相催化法。

目前，全球只有很少量的乙苯仍然采用以 AlCl₃ 液相烃化法（Friedel-Crafts）工艺进行生产。此工艺的优点是流程简单，烷基化（烃化）和烷基转移（反烃化）反应在同一反应器中完成，操作条件要求较低。缺点是反应介质腐蚀性强，对设备材质要求高，原料的杂质含量要求严格，AlCl₃ 用量大，污染严重，物耗、能耗很高，副产焦油量大。因此，绝大多数乙苯生产商已向分子筛催化工艺转移。

分子筛液相催化法工艺使用两个反应器，一个用于苯的烷基化，另一个用于二乙苯（含多乙苯）的烷基转移。催化剂采用基于固体酸 USY 沸石催化剂，苯和乙烯从反应器底部进入催化剂床层，于液相中进行烷基化反应。反应温度 505～589K，反应压力为 2.79～6.99MPa。此工艺具有反应温度低、二甲苯含量低和催化剂稳定性好（再生周期≥2 年）等优点，缺点是空速低、催化剂用量大、操作压力较高导致能耗增加、对原料品质要求高（一般要求使用高浓度乙烯，也称纯乙烯）。

分子筛气相催化法采用 ZSM 分子筛催化剂，苯和乙烯在固定床反应器中于气相进行烷基化反应。此工艺反应温度为 643～693K，反应压力为 0.69～2.76MPa，乙基化选择性大于 99％，乙苯选择性大于 92％。该法具有无腐蚀、无污染、流程简单、乙烯空速高、热能回收利用率高等优点，缺点是反应温度高、产物中二甲苯含量较高、催化剂再生周期短。

分子筛烃化法不论是气相工艺还是液相工艺，其装置均由烷基化反应器、烷基转移反应器和分离系统三部分组成。考虑到烷基化反应的热效应很高，烷基化反应器的催化剂床层一般为多段设计。乙烯采用分段加入，一方面可减少床层温升，另一方面可提高单段床层的苯与乙烯进料比，降低副反应发生的概率，起到延缓催化剂结焦和延长催化剂寿命的作用。烷基化反应中产生的多取代乙苯，主要是二乙苯，在烷基转移反应器中与苯发生烷基转移反应，生成目的产物乙苯，由于反应的热效应几乎为零，所以催化床层一般采用单床层即可。使用单独的烷基转移反应器进行多乙苯的烷基转移反应，是为了降低烷基化反应器的负荷，以延长烷基化催化剂的运转周期，也有利于抑制副反应的发生，提高产品的纯度。

气相法工艺因具有原料普适性好（适用于稀乙烯，可利用炼油厂尾气）、催化剂用量省、工艺流程简单以及装置灵活性等优点受到关注。我国气相法乙苯生产工艺技术经历了由国外引进到催化剂国产，再到成套技术自主创新的发展历程。近些年来，气相法工艺技术研究和推广应用进展显著，尤其是中国科学院大连化学物理研究所和中国石化上海石油化工研究院在催化剂及工艺技术的开发和推广方面成果丰硕，开发了一系列适应多种原料的分子筛催化剂、配套工艺及成套工业化技术。催化剂性能和工艺技术指标达到世界先进水平，所用原料也由纯乙烯拓展到稀乙烯和乙醇。我国乙苯总产能 2014 年已达 850 万吨/年，已跃居世界首位。

目前，液相分子筛法生产乙苯是国外采用的主要生产技术。由于稀乙烯资源广、价格比较便宜，稀乙烯、苯烷基化生产乙苯技术经济指标先进，生产技术成熟可靠，所以现在国内多数运行和在建的装置多采用第五代干气制乙苯技术。

下面以气相法苯烷基化生产乙苯为例分析反应原理和介绍工艺流程。

一、反应原理

苯烷基化反应是指在苯分子中，苯环上的一个或几个氢被烷基所取代而生成烷基苯的反应。以乙烯和苯为原料液相烷基化法生产乙苯是目前工业生产中的主要方法。

主反应

$$\bigcirc + CH_2{=}CH_2 \longrightarrow \bigcirc\!\!-C_2H_5 \ +114.5kJ/mol$$

副反应

$$\text{（结构式）} + CH_2{=}CH_2 \longrightarrow \text{（结构式）}$$

$$\text{（结构式）} + CH_2{=}CH_2 \longrightarrow \text{（结构式）}$$

烷基转移

$$\text{（结构式）} + \text{（结构式）} \rightleftharpoons 2\,\text{（结构式）}$$

除此之外，还可能发生异构化反应生成间二乙基苯和邻对位二乙基苯；乙苯发生歧化反应可生成少量二甲苯，相似的反应还可生成甲苯；烯烃聚合反应生成高沸点的焦油和焦炭。

由此可知，芳烃的烷基化过程，由于同时有各种芳烃转化反应发生，产物是单烷基苯和各种二烷基苯异构体的复杂混合物。它们之间存在着相互平衡关系。

二、工艺条件

1. 烷基化反应工艺条件

(1) 反应温度 温度升高有利于加快乙烯对苯乙基化的反应速率，提高乙烯转化率和反应生成乙苯选择性，但是过高的反应温度也会增加乙苯残油（flux oil）的生成，从而降低乙苯产率。因此适宜的反应温度一般为 593～693K，依据所选用催化剂不同略有差异。

(2) 原料配比 是指原料苯与乙烯的物质的量比（简称苯烯比），此比例对烷基化反应效果影响较大。较高的苯烯比可促使乙烯 100% 转化，可抑制多乙苯、甲苯、二甲苯等生成，有利于带走乙烯与苯烷基化反应放出的热量，有效控制反应温度。但过高的苯烯比需要大量的苯循环，导致能耗增加，而且会增加苯回收塔的负荷。因此，适宜的苯烯比为 4～8。生产上为实现较高的苯烯比，采用多段绝热床反应器，原料苯从反应器入口一次进入，原料乙烯则分段加入。

(3) 乙烯空速 乙烯质量空速增加，反应生成乙苯选择性增加，但乙烯转化率下降。空速低，经过反应器催化剂床层的物质流量低，会导致副反应增加，选择性降低，且空速低，反应器生成能力下降。适宜空速的选择既要保证较高的乙烯转化率，又要考虑反应器的生产能力，具体控制参数还与所选原料乙烯的浓度直接相关。

(4) 原料纯度 原料纯度是指乙烯和苯的纯度。分子筛气相催化干气制乙苯，干气中乙烯浓度可以不同，但其中所含的硫化氢、一氧化碳、水以及丙烯等杂质含量要求严格，原料气均需经过脱硫、脱水、脱氧和深冷分离丙烯等较为复杂的精制，硫化氢（H_2S）、二氧化碳（CO_2）和水（H_2O）均需净化至 10^{-6} 数量级，丙烯体积分数要求小于 1.5×10^{-7}。

(5) 反应压力 对于气固催化反应，压力增加，有利于反应物和产物分子扩散，提高乙烯转化率和乙苯选择性。压力增加，也有利于提高反应器生产能力。但是增加压力会增加设备投资和操作费用。适宜的操作压力范围为 1.0～2.8MPa。

2. 烷基转移反应工艺条件

苯和多乙苯的烷基转移反应是二级可逆反应，反应的平衡随温度变化不明显，热力学接近平衡。由于烷基转移反应的热效应很小，因此催化剂床层中几乎没有温升。

同烷基化反应一样，烷基转移反应也是发生在分子筛催化剂的酸性活性中心上，除了生成乙苯外，还可生成副产物甲苯、二甲苯、异丙苯及少量重质化合物等，从而导致物耗增加、乙苯收率下降，因此应最大可能地减少副反应发生。

(1) 反应温度 控制烷基转移反应的温度，目的是为了获得最佳的转化率和产率。像烷基化反应一样，较高的温度会增加残液的生成，从而降低产率；温度太低又会降低平衡转化率。在实际生产中，烷基转移反应器在能够提供足够的转化率，从而使精馏区能够处理由此而产生的循环多乙苯的最低温度下操作。随着烷基转移催化剂的老化，必须适度提高反应温度以保持同样的转化率。适宜反应温度（液相）一般为443～515K。

(2) 苯与多乙苯比率 这个比率是控制烷基转移反应器操作的一个主要参数，有时也用苯基与乙基的物质的量之比（P/E）来表示。液相烷基转移反应器设计的苯与多乙苯的质量比大约是3～6。如果苯/多乙苯比率太低，多乙苯的转化率会降低，残油（flux oil）量会增加。提高苯/多乙苯比率，多乙苯转化率增加，但是过高的苯/多乙苯比率会增加公用工程费用。

(3) 水含量 在烷基转移反应器中，溶解水会降低催化剂活性，对提高产率没有好处。因此，一定要避免游离水进入烷基转移反应器。生产中采用干燥的苯作为烷基转移反应器的进料，以期获得最大的转化率。

(4) 空速 空速低，经过反应器的物质流量低，副反应增加，选择性降低。空速选择有一个上限，以防止床层流动。

(5) 反应压力 压力的控制主要是为了使反应器内的物质保持液相。对于液相反应，压力的变化对反应效果几乎没有影响。生产中一般控制操作压力为2.6～3.8MPa。

三、工艺流程

苯烷基化生产乙苯工艺流程（以国内干气制乙苯技术为例）如图7-1所示。

烷基化反应为气相，烷基转移反应为液相，分别在两个反应器中进行，催化剂为国产CDM-5分子筛。

净化干气分四路进入烷基化反应器1，与自反应器顶部进入的苯混合后（控制苯/乙烯物质的量6.5）在催化剂床层发生烷基化反应。烷基化反应产物经与循环苯、烷基转移进料、苯塔进料及蒸汽发生器等多级热能回收后进入粗分塔3。粗分塔釜液经与烷基化反应产物换热后进入蒸苯塔7，粗分塔顶气相经空冷器、水冷器冷凝冷却后进入塔顶回流罐。粗分塔顶回流罐的气相经冷却器冷却到10℃进入烷基化尾气吸收塔4，通过与塔顶进入的多乙苯（主要是二乙苯）吸收剂逆流接触，吸收掉大部分重组分的烷基化尾气送至厂内燃料气管网。粗分塔顶回流罐的液相经回流返回粗分塔顶。烷基化尾气吸收塔釜液进入烷基转移反应器进料罐5，与循环苯混合。烷基转移反应器进料罐苯与多乙苯的混合物经与烷基化反应产物换热后，进入烷基转移反应器进行反应，反应产物送入苯塔。烷基化反应器2台，1台操作，另1台再生，再生周期为120天，烷基转移反应器再生周期300天。

粗乙苯的分离精制是采用顺序分离流程，即根据粗乙苯中各组分的相对挥发度顺序，由轻到重依次蒸出各组分。

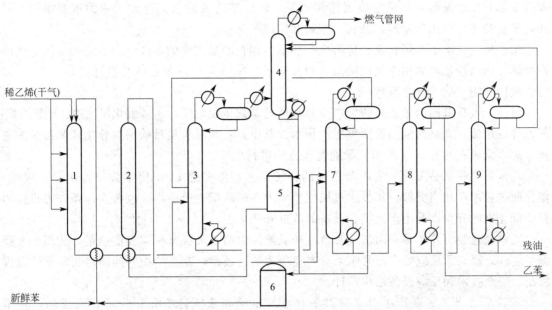

图 7-1　分子筛气相催化苯烷基化生产乙苯工艺流程图

1—烷基化反应器；2—烷基转移反应器；3—粗分塔；4—尾气吸收塔；

5—烷基转移反应器进料罐；6—循环苯罐；7—蒸苯塔；8—乙苯塔；9—多乙苯塔

　　粗分塔釜液进入苯塔的第 36 层塔板，烷基转移反应产物进入苯塔的第 28 层塔板。苯塔塔顶气经循环苯蒸发器、苯塔塔顶蒸汽发生器冷凝冷却进入苯塔回流罐。苯塔回流罐的气相送入粗分塔，液相作回流返回苯塔塔顶。苯从苯塔第 94 层塔板抽出，一部分送入循环苯罐，另一部分送入烷基转移进料罐。苯塔釜液一部分进入乙苯塔，另一部分经苯塔釜液泵加压后作为乙苯塔 8、多乙苯塔 9 再沸器热源，最后经苯塔再沸器加热后返回苯塔塔釜。乙苯塔顶气相经乙苯塔塔顶蒸汽发生器冷却后进入乙苯塔回流罐，回流罐的液相一部分作回流返回乙苯塔，另一部分作为产品送至苯乙烯部分，乙苯塔釜液进入多乙苯塔 9。多乙苯塔为真空操作，多乙苯（主要是苯）从塔顶蒸出经冷凝冷却后进入多乙苯塔回流罐。多乙苯塔回流罐的气相经真空泵入口冷却器冷却后进入多乙苯塔顶真空泵。多乙苯塔回流罐的液相一部分作回流返回多乙苯塔，另一部分作为吸收剂进入烷基化尾气吸收塔 4，多乙苯塔底的残油（flux oil）经冷却后送至苯乙烯单元的尾气吸收/解析系统或送去残油储罐。

第二节　乙苯脱氢生产苯乙烯

　　苯乙烯又名乙烯基苯，无色油状液体，沸点为 418K，凝固点为 242.6K，在 298K 时的密度为 901.9kg/m³。难溶于水，能溶于甲醇、乙醇及乙醚等溶剂。毒性中等，在空气中最大允许浓度为 100mg/kg。能与空气形成保证性混合物，爆炸极限（体积分数）为 1.1%～6.1%。

　　苯乙烯由于分子侧链中有 C═C 双键，因此化学性质较为活泼。本身可以自聚生成聚苯乙烯（PS）树脂，也可以和其他不饱和化合物发生共聚。如与丙烯腈共聚为 AS 塑料，与丁二烯共聚为丁苯橡胶，与丁二烯、丙烯腈共聚生成 ABS 工程塑料，与顺丁烯二酸酐、乙二醇以及邻苯二甲酸酐等共聚生成聚酯树脂等，所以苯乙烯是三大合成工业的重要单体，另外，苯乙烯还广泛用于制药、涂料、颜料和纺织等工业。

苯乙烯是仅次于乙烯和氯乙烯的生产热塑性塑料的最重要的单体，而且还大量用来生产弹性体、热固性塑料和用途很广的聚合物分散剂。2016 年全球苯乙烯总产能已达 3356.3 万吨，我国产能达到 830.7 万吨/年。

目前，世界范围内苯乙烯的生产主要包括乙苯催化脱氢法、乙苯氧化脱氢法、环氧丙烷-苯乙烯联产法、裂解汽油抽提法等生产技术。其中，乙苯脱氢是目前国内外生产苯乙烯的主要方法，世界上约有 90% 的苯乙烯通过该方法进行生产。

乙苯催化脱氢是工业上生产苯乙烯的传统工艺，由美国 Dow 化学公司首次开发成功。催化脱氢技术已相当成熟，其技术进展主要集中在以降低生产成本、改善操作条件为目标的新型催化剂的开发以及生产工艺、设备的改进和优化上。

乙苯氧化脱氢技术是利用氢气和氧气的放热反应给乙苯脱氢反应提供热量，从而大大降低了能耗，提高了反应效率，是未来具有竞争力的新技术，存在的主要问题是氢氧反应过程控制、安全技术和反应设备结构设计。

环氧丙烷-苯乙烯联产法（又称共氧化法）由哈尔康（Halcon）公司开发成功，并于 1973 年在西班牙首次实现工业化生产。该法的特点是不需要高温反应，可以同时联产苯乙烯和环氧丙烷。该方法的不足之处在于工艺流程长，装置总投资费用较高，且反应复杂，副产物多，操作条件严格，乙苯单耗和装置能耗等都要高于乙苯脱氢法工艺。

裂解汽油抽提苯乙烯法是近年发展起来的没有大规模应用的苯乙烯生产新技术路线。石脑油、柴油、液化石油气为原料的蒸汽裂解制乙烯装置生产的裂解汽油中含 4%～6% 的苯乙烯，采用抽提方式可将其中的苯乙烯分离出来。随着乙烯规模的大型化，裂解汽油中苯乙烯量大幅增加，如在加氢前分离出苯乙烯，不仅可获得廉价苯乙烯，而且可大幅度减轻装置的加氢负荷。裂解汽油抽提苯乙烯路线一般通过传统精馏、萃取精馏、选择加氢及精制处理等过程，在低温下将裂解汽油中富含的苯乙烯提取出来，最高纯度可达到 99.9%，生产成本仅是乙苯脱氢法的 1/2。

近年来，为了寻求更加经济的生产方法和开拓新的原料路线，研究人员对苯乙烯的合成方法还在进行着不懈的探索。如乙烯和苯在膜式反应器中直接合成苯乙烯，丁二烯在催化剂作用下发生环化二聚反应合成苯乙烯，用二氧化碳作为温和氧化剂取代过热蒸汽选择性氧化乙苯制备苯乙烯，乙苯侧链氯化再脱去氯化氢制备苯乙烯，乙苯氧化成苯乙酮再还原成苯乙醇并脱水制备苯乙烯等。然而，到目前为止这些方法都还无法撼动乙苯脱氢制苯乙烯生产工艺的主导地位。

一、反应原理

1. 主、副反应

主反应为：乙苯在催化剂氧化锌或氧化铁的作用下，高温脱氢生成产物苯乙烯。

$$\text{⬡}-CH_2-CH_3 \rightleftharpoons \text{⬡}-CH=CH_2 + H_2 \qquad \Delta H_{873K} = 125 kJ/mol$$

同时，还会发生如下副反应。

（1）平行副反应 由于乙苯中的苯环比较稳定，故反应都发生在侧链上。平行副反应主要有裂解反应和加氢裂解反应两种。

$$C_6H_5C_2H_5 \longrightarrow \bigcirc + C_2H_4 \qquad \Delta H_{873K} = 102\text{kJ/mol}$$

$$C_6H_5C_2H_5 + H_2 \longrightarrow C_6H_5CH_3 + CH_4 \qquad \Delta H_{873K} = -64.5\text{kJ/mol}$$

$$C_6H_5C_2H_5 + H_2 \longrightarrow \bigcirc + C_2H_6 \qquad \Delta H_{873K} = -41.8\text{kJ/mol}$$

（2）连串副反应 主要是脱氢产物的聚合、缩聚生成焦油和焦，以及脱氢产物加氢裂解生成甲苯和甲烷。

在水蒸气存在的条件下，乙苯还可能发生水蒸气的转化反应。

$$C_6H_5C_2H_5 + 2H_2O \longrightarrow C_6H_5CH_3 + CO_2 + 3H_2$$

2. 催化剂

乙苯的催化脱氢反应是吸热反应，一般要在 813～873K 的高温下进行才具有一定的反应速率，且裂解反应比脱氢反应更为有利，于是得到的产物主要是裂解产物。在高温下，若要提高主反应的选择性，使脱氢反应成为主要优势，就要求选用的催化剂不仅具有高活性和高选择性，同时还要求在水蒸气存在下有较高的热稳定性，对氢气有较好的化学稳定性，并具有抗结焦性和容易再生性能。

在工业上，脱氢催化剂主要有两类，一类是以氧化锌为主体的催化剂；另一类是以氧化铁为主体的催化剂。

（1）氧化锌系催化剂 组成为 ZnO 50%、Al_2O_3 40%、CaO 10% 的催化剂。其活性较难持久，反应温度即使从 873K 提高到 923K 以上，苯乙烯的产率也不够理想。当添加助催化剂后，其效果有所改善，代表组成见表 7-1。

表 7-1　典型氧化锌系催化剂组成举例　　　　　　　　　　　　单位：%

催化剂组成	ZnO	Al_2O_3	CaO	K_2CrO_4	K_2SO_4	KOH
A	77.4	7.6	9.4	2.8	2.8	—
B	85	3	5	$3(K_2Cr_2O_7)$	2	2

（2）氧化铁系催化剂 氧化铁系催化剂活性高，可自行再生，使用寿命达 1～2 年，对热和水蒸气都很稳定。早期使用的氧化铁系催化剂是以氧化镁为载体，易结焦，再生频繁，现已改为非负载型氧化铁系催化剂。工业上采用的一些典型的氧化铁系催化剂的组成见表 7-2。目前，我国引进装置中使用的催化剂已无铬，减少了对环境的污染和毒害。

表 7-2　典型氧化铁系催化剂组成举例　　　　　　　　　　　　单位：%

催化剂组成		Fe_2O_3	Cr_2O_3	K_2O
牌号	菲利浦 1490	93	5	2
	壳牌 105	87	3	10
	壳牌 205	70	3	27

在氧化铁系催化剂中，氧化铁是活性组分，起催化作用的是 Fe_3O_4 成分，但在还原气氛中脱氢，其选择性很快下降，说明高价的氧化铁还原成了低价氧化铁，甚至金属态铁。因此，反应要在适当氧化气氛中进行。在大量水蒸气存在下，可以阻止氧化铁被过度还原，而获得高的选择性。因此，采用氧化铁系催化剂脱氢，总是以水蒸气作稀释剂。

氧化铬是高熔点的金属氧化物，它可提高催化剂的热稳定性，还具有稳定铁的价态作用。

氧化钾具有助催化剂作用，并能中和催化剂表面酸度，以减少裂解副反应的进行。由于引起聚合反应的酸中心的减少，所以提高了催化剂的抗结焦性。氧化钾可使催化剂表面积炭在水蒸气存在下，催化转化成水煤气（生成 CO 和 H_2），促进催化剂的自再生能力，延缓催化剂的再生周期，而且可以直接使用水蒸气来再生催化剂。

此外，氧化镁、氧化铈、氧化铜等也是氧化铁系催化剂的助催化剂。

氧化铬虽然能起到结构稳定剂的作用，但由于其毒性较大，现在工业上广泛采用非铬的氧化铁系催化剂。例如，Fe_2O_3-Mo_2O_3-CeO-K_2O 催化剂、210# 催化剂都是无铬催化剂。

二、工艺条件

1. 反应温度

乙苯脱氢反应是吸热反应，提高温度可使平衡向生成苯乙烯的方向进行。在氧化铁催化剂的存在下，于 773K 左右脱氢，几乎没有裂解副产物的生成。随着温度的升高，乙苯脱氢速率增加，但裂解和水蒸气转化等副反应的速率也更加迅速，结果乙苯的转化率虽有增加，但苯乙烯的产率却随之下降，副产物苯和甲苯的生成量增多。生产中一般选定反应温度为 823~873K。

提高反应温度有利于脱氢平衡的到达，加快脱氢的反应速率。但温度升高也有利于裂解、结焦等副反应的加快，结果转化率增加而选择性下降，催化剂失活加快，再生周期缩短。

2. 操作压力

乙苯脱氢反应是分子数增多、体积增大的可逆反应，所以降低操作压力和减少压力降对脱氢反应是有利的。但是，对于易燃易爆物料，在负压下进行高温操作极不安全，且对设备要求高，增加了设备的制造费用。因此，工业生产中采用加入水蒸气作为稀释剂的方法来降低反应混合物中烃的分压，从而达到与减压操作相同的目的。

工业上一般在略高于常压下进行操作，并使系统的压力降尽量减小，便于在低压下进行操作。

3. 水蒸气用量

在反应系统中加入水蒸气，除达到上述的减压目的外，同时还有如下作用：①水蒸气的比热容大，通过加入过热蒸汽可以供给脱氢反应所需的部分热量，有利于反应温度稳定；②水蒸气能将吸附在催化剂表面的反应产物置换，有利于产物脱离催化剂表面，加快产物生成速率；③水蒸气能与催化剂表面的积炭发生反应，生产气体一氧化碳，有利于保持催化剂的活性，延长催化剂的再生周期；④水蒸气可以阻止催化剂中氧化铁在氢气氛围中被还原成低价氧化态甚至还原成金属铁，有利于脱氢反应选择性的提高，因为金属铁对深度分解反应具有催化作用。因此，水蒸气的合适用量对脱氢反应是有利的。但用量不宜过大，因为大量的水蒸气在其后的产物分离中还需冷却冷凝，消耗能量。采用不同的脱氢反应器，其水蒸气用量也不同。绝热式反应器脱氢所需水蒸气，比等温多管式反应器脱氢要多一倍左右。根据生产实践，一般采用水蒸气：乙苯＝(6~9)：1 范围。

4. 烃的空速

空速小，有利于转化率提高，但连串副反应增加，会导致选择性下降，催化剂表面积炭量增加，催化剂再生周期缩短。空速过大，转化率变小，产物收率低，未转化的原料循环量增大，能耗增加。适宜空速的确定需综合考虑多方面因素，合理选择。

5. 原料纯度

原料中要求二乙苯含量不大于 0.04%。因为二乙苯经脱氢后会生成二乙烯基苯，此产物在分离精制过程中，易于发生聚合，容易导致设备与管道的堵塞，而这种聚合体必须用机械方法去清除。此外，还应严格控制对催化剂活性和寿命有影响的某些杂质。

三、工艺流程

乙苯脱氢生产苯乙烯的工艺流程组织是由所选用的反应器形式所决定的。根据供热方式的不同，目前工业上采用的反应器形式有两种，一种是列管式固定床等温反应器，把反应器置于加热炉的烟气过道处，以烟道气为载热体，把热量传给装满催化剂的各个列管的管壁，从而传给催化剂床层；另一种是绝热型反应器，反应所需热量由过热水蒸气直接带入反应系统。采用这两种不同类型反应器的工艺流程，主要差别在于脱氢部分的水蒸气用量不同、热量的供给和回收利用不同。

1. 采用列管式等温反应器脱氢部分的工艺流程

列管式等温反应器由许多耐高温的镍铬不锈钢管或内衬以铜锰合金的耐热钢管组成，管径为 100～185mm，管长为 3m，管内装催化剂，管外用烟道气加热，其结构如图 7-2 所示。

采用列管式等温反应器的乙苯脱氢工艺流程如图 7-3 所示。原料乙苯蒸气和配料水蒸气混合后经第一预热器 3、热交换器 4 和第二预热器 2 预热至 813K 左右。进入反应器进行脱氢反应。反应后的脱氢产物离开反应器的温度为 853～873K，经换热器 4 换热后，再进入冷凝器 5 冷凝，凝液分去水后送至粗苯乙烯贮槽。不凝气体含有 90%左右的氢气，其余为二氧化碳和少量碳一及碳二组分，可用作气体燃料，也可用作氢气源。

采用列管式等温反应器乙苯脱氢生产苯乙烯，水蒸气仅作为稀释剂用，用量比（摩尔比）为水蒸气:乙苯=(6～9):1。反应温度的控制与催化剂的活性有关，当装入新鲜催化剂时，温度控制在 853K 左右，使用后期已老化的催化剂时可提高至 893K 左右。要使反应器达到等温要求，必须使沿反应管传

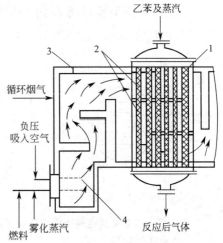

图 7-2 乙苯脱氢列管式等温反应器
1—列管反应器；2—圆缺挡板；3—耐火砖砌成的加热炉；4—燃烧喷嘴

热速率的改变与反应所需吸收热量的递减速率改变同步，即反应所需的热量和外界提供的热量是等同的。但在一般情况下，传给催化剂床层的热量总是大于反应所需吸收的热量，故反应器的温度分布是沿催化剂床层逐渐增高，出口温度可比进口温度高出几十度。

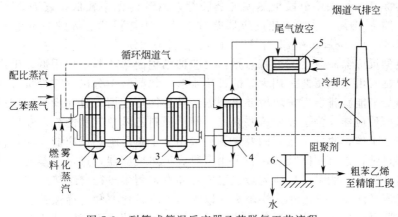

图 7-3 列管式等温反应器乙苯脱氢工艺流程
1—脱氢反应器；2—第二预热器；3—第一预热器；4—换热器；5—冷凝器；6—粗苯乙烯贮槽；7—乙苯脱氢炉

高温对乙苯脱氢，不论从热力学考虑还是从动力学考虑都是有利的。例如，仅从获得最大反应速率考虑，催化剂床层的最佳温度分布应随着转化深度而升高，所以采用等温反应器可获得较高的转化率。对反应选择性而言，在反应初期乙苯浓度高，平行副反应竞争激烈，反应器入口温度低，有利于抑制活化能较高的平行副反应的进行。接近反应器出口处，连串副反应竞争激烈，如反应温度过高，将会使苯乙烯聚合结焦的副反应加速。但如出口温度控制适宜，连串副反应也是可以抑制的。采用等温反应器脱氢，乙苯转化率可达 40%～45%，苯乙烯的选择性可达 92%～95%。所得粗苯乙烯（工厂常称为炉油）的质量组成为苯乙烯 40%、乙苯 58.2%、苯 0.5%、甲苯 1.0%、焦油 0.3%。

采用列管式等温反应器脱氢，虽然水蒸气的消耗量仅为绝热式反应器的 50%，但因等温反应器结构复杂且需大量特殊合金钢材，反应器制造费用高，所以大规模的生产装置都采用绝热型反应器。

2. 采用绝热型反应器脱氢部分的工艺流程

绝热脱氢反应的工艺流程如图 7-4 所示。

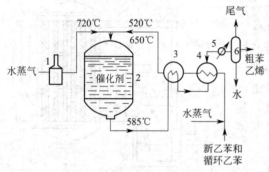

图 7-4　乙苯脱氢绝热反应工艺流程
1—蒸汽过热炉；2—反应器；3，4—换
热器；5—冷凝器；6—分离器

循环乙苯和新鲜乙苯与约为总量 10% 的水蒸气混合后，与高温脱氢产物换热后被加热至 793～823K，再与过热到 993K 的其余 90% 的过热水蒸气混合，一同进入反应器进行脱氢反应。脱氢反应在 803～903K 及稍高于常压的条件下进行，停留时间为 0.5s。反应产物从反应器出来时温度为 858K 左右，经系列热交换充分回收利用其余热后，再进一步冷却冷凝。冷凝液分离去水后进入粗苯乙烯贮槽，尾气（90% 左右是氢气）可用作燃料或制取氢气的氢气源。

采用绝热反应器脱氢生产苯乙烯，反应所需热量是靠过热水蒸气带入，故水蒸气用量比等温反应器高 1 倍左右。绝热反应器脱氢的工艺条件：进料配比（摩尔比）为水蒸气：乙苯＝14：1，操作压力为 138kPa 左右，乙苯液空速为 0.4～0.6h^{-1}。由于脱氢反应需吸收大量热，所以单段绝热反应器进口温度必然比出口温度高，其温差可大至 65K。这样的温度分布，对脱氢反应速率和反应选择性都会产生不利影响：由于反应器进口处乙苯浓度最高，所以有较多平行副反应发生，使选择性下降；出口温度低，对平衡不利，使反应速率减慢，不利于转化率的提高。故采用单段绝热反应器脱氢，乙苯转化率较低，仅为 35%～40%，选择性也较低，约为 90%。采用绝热反应器脱氢工艺，所得粗苯乙烯的质量组成约为苯乙烯 37.0%、乙苯 61.1%、苯 0.6%、甲苯 1.1%、焦油 0.2%。

采用绝热型反应器脱氢工艺的特点是：反应器结构简单，制造费用低，生产能力大，检修也方便。但是，由于该工艺采用大量的过热水蒸气，凝液中分出含有少量芳烃和焦油的水量甚大，为满足节能减排、保护环境要求，需经处理循环使用；且在满足反应过程最佳温度方面不如等温型反应器。为了克服这些缺点，降低原料乙苯单耗和能耗，在反应器和脱氢工艺方面做了许多工作，收到了较好的效果。如采用多个单段绝热反应器串联，各单段绝热反应器之间设加热炉，进行中间加热，或采用多段式绝热反应器，过热水蒸气分段导入，以控制反应过程温度分布，满足反应所需最佳温度；还有采用多段径向绝热反应器，采用小颗粒催化剂，令气流径向流动，减小床层阻力，以提高反应转化率和选择性；也有采用绝热反应器和等温反应器联用技术，或采用三段绝热反应器，每段使用不同的催化剂、控制不同的温度，以减少副反应、提高选择性等。

3. 粗苯乙烯的分离与精制

脱氢产物粗苯乙烯（也称脱氢液或脱氢炉油）除含有产物苯乙烯外，还含有未反应的乙苯和副产物苯、甲苯及少量焦油。其组成因脱氢方法和操作条件不同而有差别，表 7-3 所示为粗苯乙烯组成举例。

表 7-3　粗苯乙烯组成举例

组分	沸点/K	质量组成/%		
		例一 （等温反应器脱氢）	例二 （二段绝热反应器脱氢）	例三 （三段绝热反应器脱氢）
苯乙烯	418.2	35～40	60～65	80.90
乙苯	409.2	55～60	30～35	14.66
苯	353.1	1.5 左右	5 左右	0.88
甲苯	383.6	2.5 左右	5 左右	3.15
焦油	—	少量	少量	少量

从表 7-3 中各组分的沸点差可以看出，粗苯乙烯可以精馏方法进行分离，其中乙苯和苯乙烯的分离是最关键部分。由于乙苯和苯乙烯的沸点差只有 9K，分离时要求的塔板数较多，加之苯乙烯在温度高时容易发生自聚，且聚合速率随温度的升高而呈线性上升（见图 7-5）。为了减少聚合反应的发生，除了添加阻聚剂外，塔釜温度需控制在 363K 以下，因此必须采用减压操作。早期生产中采用泡罩塔板，效率低、阻力大，为确保塔釜温度不超标，通常采用一塔分为两个塔串联来进行乙苯和苯乙烯的分离。现在工业生产中多采用压力损失小且效率高的筛板塔，能用一个精馏塔实现分离目标，不仅简化了流程，而且可节约水蒸气用量近 50%。

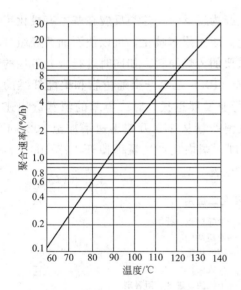

图 7-5　温度对苯乙烯聚合速率的影响

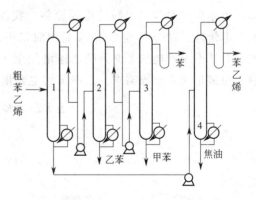

图 7-6　粗苯乙烯分离与精制工艺流程
1—乙苯蒸出塔；2—苯、甲苯回收塔；
3—苯、甲苯分离塔；4—苯乙烯精馏塔

粗苯乙烯的分离和精制工艺流程如图 7-6 所示。粗苯乙烯首先进入乙苯蒸出塔 1，将未反应乙苯、副产物苯和甲苯与苯乙烯分离。塔顶蒸出的乙苯、苯和甲苯经冷凝后，一部分回流，其余送入苯、甲苯回收塔 2，将乙苯与苯、甲苯分离。苯、甲苯回收塔塔釜分出的乙苯可循环作为脱氢原料，塔顶分出的苯和甲苯送入苯、甲苯分离塔 3，将苯和甲苯分离。乙苯蒸出塔塔釜液主要是苯乙烯，尚含有少量焦油，送入苯乙烯精馏塔 4，塔顶分离出聚合级成品苯乙烯，质量纯度可达 99.6%。苯乙烯精馏塔塔釜液为焦油，尚含有少量苯乙烯，可进一步进行回收。

上述流程中，乙苯蒸出塔和苯乙烯精馏塔均需在减压下操作。为了防止苯乙烯的聚合，塔釜需加入阻聚剂，常用的阻聚剂有二硝基苯酚、叔丁基邻苯二酚等。

第三节　甲苯歧化生产二甲苯

芳烃歧化一般是指两个相同芳烃分子在酸性催化剂作用下，一个芳烃分子上的侧链烷基转移到另一个芳烃分子上去的反应。例如：

烷基转移则是指两个不同芳烃分子之间发生烷基转移的过程。例如：

由以上两式可以看出，歧化和烷基转移实际上互为逆反应。这类反应在基本有机化工中广泛应用，其中工业化意义最大的是甲苯歧化反应。通过甲苯歧化，可以使石油芳烃组分中用途较少并有过剩的甲苯转化为苯和二甲苯两种重要的芳烃原料，如同时进行碳九芳烃的烷基转移反应，还可增产二甲苯。二甲苯中对二甲苯（PX）是生产聚酯树脂和聚酯纤维的单体，也是生产对苯二甲酸的重要原料。我国聚酯行业发展迅猛，对二甲苯的消费量快速增长。据统计，2005 年至 2015 年我国对二甲苯表观消费量从 379 万吨迅速增加至 2026.4 万吨，对二甲苯产能从 289 万吨迅速增加至 1350 万吨。国内生产装置即使开工率 100%，依然无法满足国内市场需求。二甲苯的主要化工应用见表 7-4。

表 7-4　二甲苯的主要化工应用

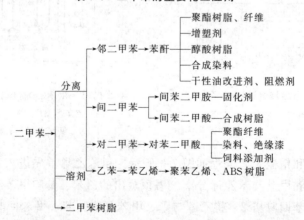

一、反应原理

在固体酸性催化剂作用下，甲苯进行歧化的主反应方程式为：

$$2\ C_6H_5CH_3 \rightleftharpoons C_6H_6 + C_6H_4(CH_3)_2 \qquad \Delta H^{\ominus}_{800K}=0.84\ \text{kJ/(mol 甲苯)}$$

（邻、间、对异构体）

该反应是可逆吸热反应，但反应热效应很小。

在主反应进行的同时，伴随有以下几类副反应。

（1）产物二甲苯的二次歧化

$$2\ C_6H_4(CH_3)_2 \rightleftharpoons C_6H_5CH_3 + C_6H_3(CH_3)_3$$

$$2\ C_6H_4(CH_3)_2 \rightleftharpoons C_6H_4(CH_3)(CH_3) + C_6H_3(CH_3)_3$$

上述歧化产物还会发生异构化和歧化反应。

（2）产物二甲苯与原料甲苯或副产物多甲苯之间的烷基转移反应

$$C_6H_4(CH_3)_2 + C_6H_5CH_3 \rightleftharpoons C_6H_6 + C_6H_3(CH_3)_3$$

$$C_6H_4(CH_3)_2 + C_6H_4(CH_3)_2 \rightleftharpoons C_6H_5CH_3 + C_6H_2(CH_3)_3$$

$$C_6H_5CH_3 + C_6H_3(CH_3)_3 \rightleftharpoons 2\ C_6H_4(CH_3)_2$$

工业生产上常利用此类烷基转移反应，在原料甲苯中加入三甲苯以增产二甲苯。

（3）甲苯的脱烷基反应

$$C_6H_5CH_3 + H_2 \longrightarrow C_6H_6 + CH_4$$

$$C_6H_5CH_3 \longrightarrow C_6H_6 + C + H_2$$

（4）芳烃的脱氢缩合生成稠环芳烃和焦　此副反应的发生会使催化剂表面迅速结焦而活性下降，为了抑制焦的生成和延长催化剂的寿命，工业生产上采用临氢歧化法。在氢气存在下进行甲苯歧化，不仅可以抑制焦的生成，也能阻抑甲苯脱甲基生炭副反应，避免炭的沉积。但在临氢条件下，也增加了甲苯加氢脱甲基转化为苯和甲烷以及苯环氢解为烷烃的副反应，后者会使芳烃的收率降低，应尽量减少发生。

甲苯歧化反应的催化剂大多数是以固体酸为基础的含金属或金属氧化物的物质。根据载体不同可分为硅铝系（天然沸石）和分子筛系（合成沸石）两类，其中以分子筛作载体的催化剂活性较高。用于甲苯歧化催化剂的分子筛主要有 X 型、Y 型、M 型和 ZSM 系列分子筛，当前工业上广泛采用的是 M 型丝光沸石催化剂。

二、工艺条件

1. 反应温度

甲苯歧化是可逆反应，但因热效应较小，温度对化学平衡影响不大。温度升高，反应速率加快，转化率提高，但氢解副产物相应增多，结焦速率也加快，故反应温度不宜过高。反应温度的确定还与催化剂活性密切相关，工业上一般控制在 673～773K。

2. 压力

压力对反应本身的影响不明显。但临氢歧化时提高压力可使氢分压增大，有利于抑制催化剂表面积炭，从而提高催化剂的稳定性。故工业上甲苯歧化有常压不临氢歧化和加压临氢歧化两种工艺，加压临氢歧化时反应压力一般控制在 2.94MPa。

3. 氢烃比

从反应方程式可知，主反应不需要氢，但氢气的存在可抑制生焦生炭等副反应的进行，减少催化剂表面积炭，同时氢气又能起热载体的作用，故反应常在临氢条件下进行。但氢气量不宜过大，否则不仅增加动力消耗，而且会降低反应速率。工业生产上一般选用氢与甲苯的摩尔比为 10 左右，氢气浓度大于 80%。另外，氢烃比也与进料组成有关，当进料中 C_9 芳烃较多时，由于 C_9 芳烃比甲苯容易发生氢解反应，所以需适当提高氢烃比；当 C_9 芳烃中甲乙苯和丙苯含量高时，所需氢烃比更高。

4. 原料中三甲苯的浓度

为了增加二甲苯的产量，常在甲苯原料中加入 C_9 芳烃，以调节歧化产物中二甲苯与苯的比例。图 7-7 为原料中三甲苯的浓度对产物分布的影响。由图 7-7 可见，歧化产物中 C_8 芳烃与苯的摩尔比随原料中三甲苯浓度的变化而变化。当原料中三甲苯浓度为 50% 左右时，反应产物中 C_8 芳烃的浓度最高，但是 C_9 芳烃中的甲乙苯和丙苯等组分含量应尽可能少，因为它们的存在将导致氢解副产物增加，既增加了氢气消耗，又会抑制甲苯歧化。

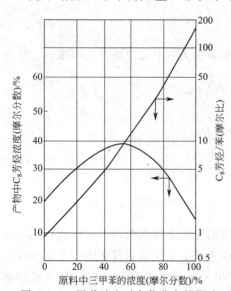

图 7-7 三甲苯浓度对产物分布的影响

5. 液体空速

由图 7-8 可见，转化率随空速的减小而增加，随温度的升高而增大。但当转化率增大到 40%～45% 时，其增加速率就趋于平缓。此时，如空速再降低，转化率增加甚微，相反会导致催化剂和设备利用率下降。实际生产中可从相应的转化率和反应温度来选择适宜的液体空速。

三、工艺流程

甲苯歧化和烷基转移制苯和二甲苯的工业生产方法有三种，即加压临氢气相歧化法、常压不临氢气相歧化法和低温不临氢液相歧化法。以下介绍目前工业上应用最广泛的加压临氢气相歧化法。

加压临氢气相歧化法采用脱铝氢型丝光沸石催化剂，其工艺流程如图 7-9 所示。

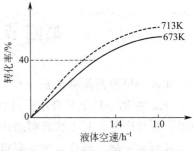

图 7-8　转化率与液体空速的关系

原料甲苯与循环甲苯、C₉ 芳烃及氢气混合后与反应产物进行热交换，然后在加热炉 1 中加热到反应温度，进入反应器 2。由于反应热效应小，故采用绝热式固定床反应器。反应器出口反应气体经热交换器回收其热量后，再经冷凝器 5 冷凝后进入气液分离器 3，在此分出循环氢气入压缩机 4，加压后重新回到反应系统。为了保持氢气的纯度，将部分循环氢（废气）排出作燃料，并补充新鲜氢气。自分离器 3 出来的液体产物经稳定塔 6 脱去轻组分，再经活性白土塔 7 处理除去少量烯烃后，进入苯塔 8。苯塔塔顶得到含量为 95％以上的产品粗苯，塔釜液进入甲苯塔 9。甲苯塔塔顶馏出未反应的甲苯循环回反应系统，塔釜液进入二甲苯塔 10。在二甲苯塔塔顶得到目的产物混合二甲苯，送去异构化和分离，塔釜液进入脱 C₉ 芳烃塔 11。脱 C₉ 芳烃塔顶得 C₉ 芳烃循环使用，塔底 C₁₀ 以上重馏分可作燃料。

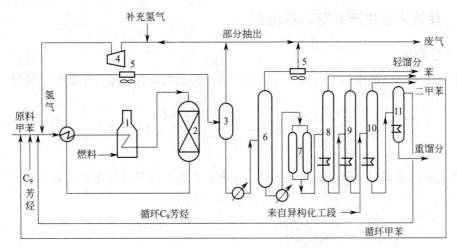

图 7-9　加压临氢气相歧化工艺流程图

1—加热炉；2—反应器；3—分离器；4—氢气压缩机；5—冷凝器；6—稳定塔；
7—白土塔；8—苯塔；9—甲苯塔；10—二甲苯塔；11—脱 C₉ 芳烃塔

本法芳烃的单程收率可达 98％，所得到的混合二甲苯中含对二甲苯 24％～25％、邻二甲苯 23％～25％、间二甲苯 48％～50％、乙苯 0.5％～2％。

$$芳烃单程收率 = \frac{a}{b} \times 100\%$$

式中　a——稳定塔底部出来的苯、甲苯、C_8 芳烃和 C_9 芳烃的物质的量，mol；

b——进入反应器的苯、甲苯、C_8 芳烃和 C_9 芳烃的物质的量，mol。

第四节 邻苯二甲酸酐的生产

邻苯二甲酸酐简称苯酐（PA），白色半透明絮状或针状结晶，熔点为 404K，沸点为 557.7K，在沸点以下易升华，具有特殊气味。溶于乙醇，微溶于乙醚和热水，几乎不溶于冷水。毒性中等，对皮肤有刺激作用，在空气中最大允许浓度为 $2mL/m^3$。

苯酐是一种大吨位的重要有机化工产品，2015 年全球苯酐总产能达到 615.6 万吨，总产量已超过 476 万吨。中国是世界上最大的苯酐生产国，生产能力达 279.5 万吨/年，约占全球总产能的 45%。苯酐的主要应用领域是合成树脂工业，用来制备邻苯二甲酸二丁酯、邻苯二甲酸二辛酯及其他芳香酯等增塑剂、不饱和聚酯树脂、醇酸树脂等；在染料工业中用来制备合成蒽醌、酞菁蓝等染料；另外还用于高级油墨、人造革、合成橡胶、绝缘材料、医药以及杀虫剂等行业。

工业上，苯酐主要以萘或邻二甲苯为原料，用空气进行催化氧化制取。生产工艺路线主要有三种：固定床气相氧化法、流化床气相氧化法、液相法。其中固定床气相氧化法根据所采用的反应条件不同，又分为三种工艺方法，即低温低空速法、高温高空速法、低温高空速法。目前苯酐生产中，固定床低温法用得最多，其次是流化床气相氧化法。新建工厂多采用固定床低温法新工艺。

一、萘氧化法生产邻苯二甲酸酐

1. 反应原理

在催化剂 V_2O_5 的作用下，用空气为氧化剂，使萘氧化为邻苯二甲酸酐，其反应式为：

$$\text{萘} + \frac{9}{2}O_2 \longrightarrow \text{邻苯二甲酸酐} + 2H_2O + 2CO_2$$

同时会生成副产品萘醌、苯甲酸和顺丁烯二酸酐，并有部分萘被氧化为二氧化碳。

$$\text{萘} + \frac{3}{2}O_2 \longrightarrow \text{萘醌} + H_2O$$

$$\text{萘} + \frac{9}{2}O_2 \longrightarrow \text{苯甲酸(COOH)} + H_2O + 3CO_2$$

$$\text{萘} + 9O_2 \longrightarrow \text{顺丁烯二酸酐} + 3H_2O + 6CO_2$$

$$\text{萘} + 12O_2 \longrightarrow 4H_2O + 10CO_2$$

上述氧化反应均为强放热反应，1mol 萘氧化为苯酐时放出热量 1792.04kJ；氧化成 1,4-萘醌时放热量为 506.63kJ；氧化为顺酐时放热量为 3651.1kJ；而完全氧化放热量为 5154.2kJ。在实际生产中由于主、副反应同时发生，平均每摩尔萘放热量为 2947.6～3224kJ，要比萘只发生主反应时多放出 65%～80% 的热量。因此，生产过程中必须及时有效地移除多余的反应热，否则会由于热量的积累，使催化剂的温度升高，促进萘的完全氧化。

工业上萘氧化的催化剂主要成分是 V_2O_5 和 K_2SO_4，载体为硅胶。其中 V_2O_5 为催化剂活性组分，助催化剂 K_2SO_4 的作用主要是改善催化剂活性和抑制萘深度氧化生成二氧化碳。当催化剂中含有焦硫酸盐时，它的活性、选择性和稳定性均较好。为达此目的，可以在精萘进料中加入少量 SO_2 气体，或将萘进行预处理，使其含硫量降低至一个最优值。流化床反应器的催化剂，要求 SO_3/K_2O 比约为 2，相当于进料萘中硫的质量分数约为 0.1；固定床反应器含量稍有不同。由于从煤焦油中来的萘含有大量的硫（约 1%），为了提高反应选择性，需要将萘进行脱硫处理，一般采用加氢脱硫工艺。

常用的催化剂有 V_2O_5-K_2SO_4-SiO_2 和 V_2O_5-K_2SO_4-SO_3-SiO_2 等。

2. 工艺条件

(1) 反应温度 由于反应是强放热反应，反应温度的变化对反应的影响很大，生产中要严格控制。由于主、副反应的活化能大小不同，主反应的活化能介于生成萘醌和完全氧化等副反应之中，所以温度低时，有利于生成萘醌等副产物；温度过高时，又会增加深度氧化副产物，使收率降低。工业生产上一般控制温度在 623～653K。

(2) 反应压力 反应压力的选择主要是出于安全考虑，而对反应本身影响不大。由于系统操作压力低，万一发生爆炸时，压力也就低。例如在常压下，萘燃爆时所产生的压力只有约 0.6MPa，若反应压力为 0.15MPa，则燃爆压力约为 0.9MPa。这种不高的压力只要处理得当，就不会给生产造成什么麻烦。由于反应床层压降很小，只有 0.02～0.03MPa，所以工业生产中反应压力往往小于 0.15MPa。

(3) 投料比 即萘与空气的质量比。在萘氧化过程中，要严格控制氧化反应器中萘的浓度，进入反应器的萘与空气质量比一般为 1:(10～11)（理论值为 1:4.9）。这一方面是为了利用过量空气带走一部分反应热，另一方面是为了避免形成爆炸性的萘蒸气-空气混合物，保证生产安全稳定地进行。

(4) 空速 空速的选择与所用催化剂及反应温度有关。一般情况下，空速增加，接触时间缩短，转化率下降，但由于单位时间进料量增加，生产能力会增加，且有利于移除反应热。尤其对于高活性催化剂，宜采用较高空速操作。空速低，接触时间长，转化率提高，但选择性往往会下降，即深度氧化等副反应增加。空速的选择还与流化床中固体催化剂颗粒的流化质量有关。

3. 工艺流程

流化床气相氧化法生产苯酐的工艺流程如图 7-10 所示。

将经过熔化的液态萘由反应器 1 底部直接喷入，受到热空气加热后立即气化并与空气混合，气流上升，在催化剂作用下进行氧化反应生成苯酐。流化床反应器内设有许多列管，内通冷却水以移出反应热，并副产高压蒸汽。气体携带出的催化剂经陶瓷过滤器分离出来，回收返回反应器中。反应气体经过滤器 2 后，首先进入部分冷凝器 3，将粗苯酐

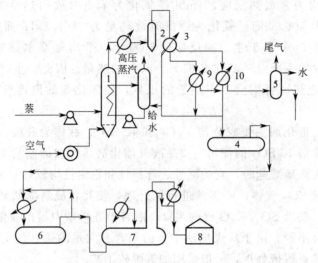

图 7-10　流化床萘氧化生产邻苯二甲酸酐的工艺流程

1—流化床反应器；2—催化剂过滤器；3—苯酐冷凝器；4—粗苯酐贮槽；5—水洗塔；

6—热处理罐；7—蒸馏塔；8—精苯酐贮槽；9,10—热熔冷凝器

的 40%～60%冷凝下来，然后再进入热熔冷凝器，进一步冷凝气体中的苯酐。尾气经水洗塔 5 洗涤后放空，粗苯酐由粗苯酐贮槽送入精制系统，经热处理及精馏，即可得精制苯酐产品。

本法采用微球形催化剂，粒径在 $300\mu m$ 以下，有较大的接触表面，可强化催化剂与原料气之间的传热及传质过程。当催化剂颗粒在流化床中高度搅动时，界面不断更新，传质传热系数大为提高。又因催化剂粒子的热容大，热导率也较高，不断携出反应热，使整个反应区保持均匀的温度。所以，虽然原料气体浓度在爆炸范围内，但仍可安全生产。由于空气与原料比较小[(10～11)∶1]，所以设备紧凑，费用低，且能设计最大生产能力可达 5 万吨/年的大型反应器。

二、邻二甲苯氧化生产邻苯二甲酸酐

1. 反应原理

邻二甲苯在催化剂 $V_2O_5\text{-}TiO_2$ 的作用下，发生氧化反应生成邻苯二甲酸酐。主反应方程式为：

$$\text{（结构式）} +3O_2 \longrightarrow \text{（结构式）} +3H_2O \qquad \Delta H^{\ominus}_{298K}=-1290\text{kJ/mol}$$

伴随发生的主要副反应有：

$$\text{（结构式）} +O_2 \longrightarrow \text{（结构式）} +H_2O$$

$$\text{（结构式）} +2O_2 \longrightarrow \text{（结构式）} +2H_2O$$

邻苯甲酸甲内酯

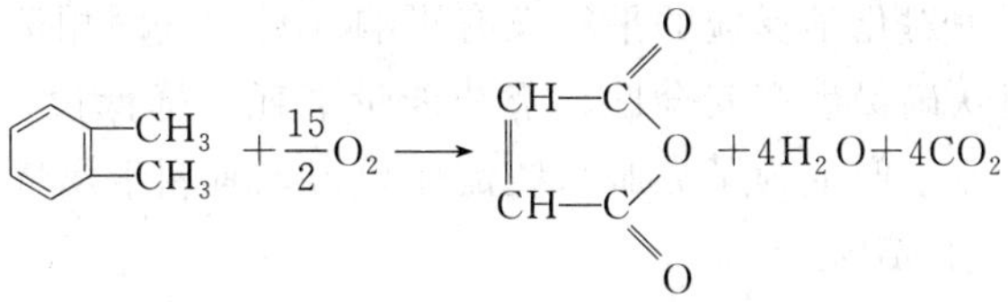

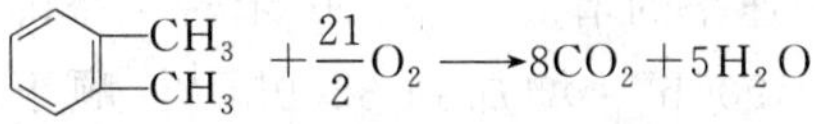

$$\text{（邻二甲苯）} + \frac{15}{2}O_2 \longrightarrow \text{（顺丁烯二酸酐）} + 4H_2O + 4CO_2$$

$$\text{（邻二甲苯）} + \frac{21}{2}O_2 \longrightarrow 8CO_2 + 5H_2O$$

与萘氧化相似，这些反应也都是强放热反应。所生成的产物均是结晶固体，但因具有较高的挥发性，能升华，故可采用气固相催化氧化工艺。

采用不同的催化剂和反应条件，可以有不同的反应机理。采用 $V_2O_5\text{-}TiO_2\text{-}K_2SO_4$ 催化剂的反应机理为：

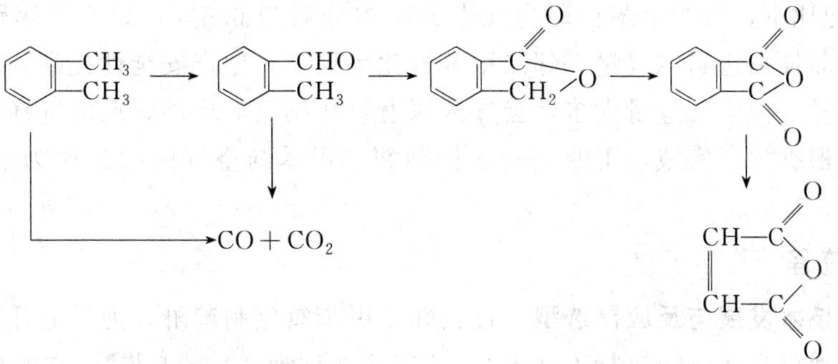

另有文献报道其反应历程与上图差别不大：

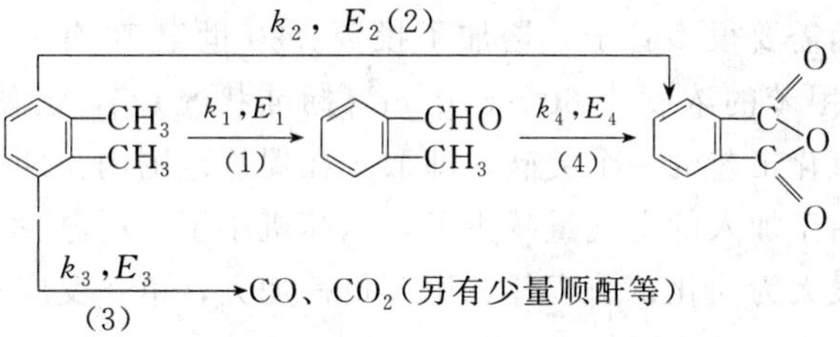

催化剂为 95% 的 TiO_2 和 5% 的 V_2O_5，比表面积为 $7m^2/g$，各反应的活化能值如下：$E_1 = 80kJ/mol$；$E_2 = 202kJ/mol$；$E_3 = 137kJ/mol$；$E_4 = 55kJ/mol$。

由于邻二甲苯主要通过邻甲基苯甲醛生成苯酐，而在反应（1）、（3）、（4）中，反应（3）的活化能值最大，所以应尽可能保持较低的反应温度，以期得到较好的反应选择性。

邻二甲苯氧化制苯酐的催化剂一般采用 V-Ti-O 体系，添加微量 P、K、Mo、Sb 等元素，以改善催化剂的性能。常用催化剂有 $V_2O_5\text{-}TiO_2$-刚玉、$V_2O_5\text{-}TiO_2\text{-}K_2S_2O_3$-载体和 $V_2O_5\text{-}TiO_2\text{-}Sb_2O_3$-载体等。

2. 工艺条件

（1）反应温度 邻二甲苯氧化制苯酐，在 693K 以下反应不完全。随着反应温度的提高，邻二甲苯转化率升高，然而深度氧化副产物也随之增多（如顺丁烯二酸酐在产物中的含量：713K 时为 0.66%，733K 时为 1.95%）。当反应温度超过 753K 时，完全氧化副反应明显增加（如邻苯二甲酸酐在产物中的含量：713K 时为 98.5%，753K 时为 96.7%）。随着温度的提高，主产物收率呈峰形变化，主产物收率峰值所对应的反应温度，即为催化剂的活性温度范围（713～733K），也就是最适宜的反应温度范围。

（2）反应压力　压力对化学反应的平衡没有影响。对于气固相催化反应，提高压力虽然可以提高生产能力，但从确保生产安全性、节约能量消耗、降低设备材质要求等方面考虑，通常采用常压操作。工业生产上为了克服系统流体阻力，有利于尾气排放，控制反应器出口压力（表压）为 $0.1 \sim 0.2 MPa$。

（3）空间速率　随着空间速率的增加，邻二甲苯转化率降低，但深度氧化副反应减少，反应选择性提高（如空速从 $1900 h^{-1}$ 增加到 $3300 h^{-1}$，顺丁烯二酸酐在产物中的含量由 1.8% 降低到 $0.3\% \sim 0.5\%$；苯酐在产物中的含量由 96% 提高到 98%）。生产实践表明，主产物收率和装置生产能力均随空速增加呈峰形变化，实际生产中采用此峰值对应的空速 $3000 \sim 3300 h^{-1}$ 作为控制指标。

（4）进料配比　邻二甲苯与氧反应的理论配比是 $1:3$，即邻二甲苯与空气的配比是 $1:14.3$。此配比下，邻二甲苯在混合气中的摩尔分数为 6.5%，处于其爆炸极限附近，生产极不安全。而增加进料空气量，邻二甲苯转化率提高，生产安全性提高，因此工业生产中常采用空气过量。但空气过量太多，会导致深度氧化副反应增加，反应选择性下降，设备生产能力下降。根据生产实践，工业上一般控制邻二甲苯与空气的摩尔比为 $1:110$，即质量比为 $1:30$。

3. 工艺流程

（1）工艺技术发展与反应器选型　过去邻二甲苯氧化制苯酐，为了避开爆炸范围，进料中邻二甲苯浓度仅为 $40 g/m^3$（标准状况），此工艺亦称为"40g 工艺"。它的最大缺点是反应物浓度太低，对一定的生产量需要加入很多空气（耗电且使后面的冷凝回收困难），单一反应管的负荷较低，从而需要很多管子，增加了投资。20 世纪 70 年代开发成功的"60～65g工艺"[即进料中邻二甲苯的浓度为 $60 \sim 65 g/m^3$（标准状况）]，已使反应混合物的组成进入了爆炸范围，这是氧化工艺的一个突破，即敢于在爆炸范围内长期操作。这一工艺技术带来的好处是很多的，由于加入的空气量减少了，压缩机小了，耗电少了；由于产品浓度提高了，苯酐回收精制工段大为简化；由于邻二甲苯负荷加大，单一反应管生产能力增加，所以设备投资下降，给苯酐生产带来了一个全新的面貌。

20 世纪 80 年代以来，日本触煤化学公司进一步开发了"85g 工艺"，法国 KEUPES 公司开发了"100g 工艺"，意大利 Alusuisse 公司开发了"134g 工艺"，从而进一步降低了投资和生产成本，苯酐生产水平又得到了显著提高。

在现行邻二甲苯氧化制苯酐的工业生产中，不管采用哪种工艺，反应器形式都是选用列管式固定床。由于单根管子苯酐的年生产能力为 $2 \sim 3t$，对生产规模较大的苯酐厂，往往需要上万根的反应管。为控制反应温度为 $640 \sim 680 K$，常用熔盐循环移热。上万根反应管的一台反应器直径较大，熔盐如何均匀分布，将直接影响反应结果。为了使熔盐分布均匀，一般沿反应器周边等距离地设置多个熔盐进口，相应亦有多个熔盐出口。在反应器管间装有熔盐导向挡板，并以比热平衡要求的最小熔盐循环量大得多的量进行循环，以保证管外流体（熔盐）的温度均匀，从而保证反应器内各反应管的反应温度均匀。

（2）工艺流程　邻二甲苯固定床气相氧化生产苯酐的工艺流程，虽因采用的催化剂和工艺条件不同而有多种多样，但流程组织的基本原则不变，都是由邻二甲苯氧化、反应产物冷凝和邻苯二甲酸酐精制三部分构成。下面以"60g 工艺"为例介绍邻二甲苯固定床气相氧化制苯酐的原则流程。

如图 7-11 所示，过滤空气经压缩、预热后，与经预热并借助向热空气流喷射而气化的邻二甲苯混合，进入氧化反应器 1 进行氧化反应。反应器为列管式，管内装有环形载体高负荷催化剂（催化剂活性组分主要为 V_2O_5 及 TiO_2），管间用熔盐强制循环，以移出反应热并副产高压蒸汽。氧化反应条件是：邻二甲苯浓度为 $60g/m^3$（标准状况），熔盐温度为 $643\sim648K$，床层反应温度为 $648\sim683K$。

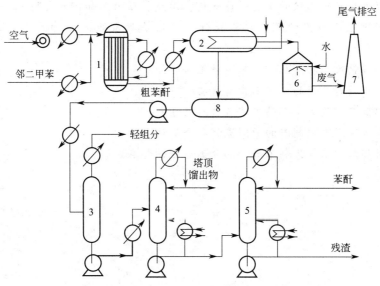

图 7-11　邻二甲苯氧化生产苯酐工艺流程

1—反应器；2—热熔冷凝器；3—预分解器；4—第一精馏塔；5—第二精馏塔；
6—水洗涤器；7—烟囱；8—粗苯酐贮槽

自反应器出来的反应气体经预冷，进入切换使用的高效热熔冷凝器 2，使粗苯酐冷凝和热熔。从热熔冷凝器出来的苯酐送至粗苯酐贮槽 8，以备精制。从热熔冷凝器出来的不凝气体为废气，经水洗涤器（或水洗塔）6 洗涤，再通过焚烧后排空。洗涤液循环使用，直到循环液中有机酸浓度达 30% 后送装置外进行处理并回收顺酐。

粗苯酐从粗苯酐贮槽泵送至预分解器 3 进行预处理，使其中少量邻苯二甲酸脱水转化为邻苯二甲酸酐，水蒸气自预分解器顶排出。预处理后的粗酐送入第一精馏塔 4（实为脱轻组分塔），塔顶蒸出轻组分顺酐和苯甲酸等。塔釜液进入第二精馏塔 5，塔顶蒸出产品苯酐，纯度＞95%，塔釜排出残液送燃烧。为降低分离操作温度，减少分离过程产品损失，精馏塔均采取真空下操作。

复习思考题

1. 芳烃主要指哪些有机化合物？芳烃的来源如何？芳烃的主要用途有哪些？
2. 何谓芳烃转化？芳烃转化反应有哪些？工业上为什么要进行芳烃转化？
3. 乙苯的生产方法有哪些？目前工业生产中主要采用哪种方法？
4. 以苯烷基化生产乙苯为例，说明芳烃烷基化反应的规律。
5. 乙苯生产的工艺流程包括哪些主要过程？试简述其流程。
6. 何谓芳烃歧化？影响歧化反应的因素有哪些？

7. 甲苯歧化和烷基转移制苯和二甲苯的工业生产方法有哪几种？试述甲苯加压临氢气相歧化工艺流程。

8. 重要的催化脱氢反应有哪些？举例说明它们在有机化工中的应用。

9. 写出乙苯脱氢生产苯乙烯的主反应和副反应。

10. 试用热力学和动力学综合分析说明获得高苯乙烯产率的方法。

11. 乙苯脱氢生产苯乙烯的工艺条件如何？温度、压力是如何确定的？

12. 对乙苯脱氢反应器的基本要求是什么？乙苯脱氢等温列管式反应器的主要结构如何？

13. 粗苯乙烯精馏的特点如何？简述精馏流程。

14. 邻苯二甲酸酐生产的工艺因素有哪些？

15. 影响邻苯二甲酸酐生产的工艺流程有哪些？

16. 画出邻二甲苯氧化制酐的原则流程，并简述之。

17. 试分析邻二甲苯氧化制苯酐产品分离过程的特点。

参 考 文 献

[1]   吴指南. 基本有机化工工艺学. 修订版. 北京：化学工业出版社，2007.

[2]   窦锦民. 有机化工工艺. 北京：化学工业出版社，2006.

[3]   梁凤凯，舒均杰. 有机化工生产技术. 北京：化学工业出版社，2003.

[4]   曾繁芯. 化学工艺学概论. 第2版. 北京：化学工业出版社，2005.

[5]   米镇涛. 化学工艺学. 北京：化学工业出版社，2006.

[6]   谭弘. 基本有机化工工艺学. 北京：化学工业出版社，1998.

[7]   吴章，黎喜林. 基本有机化工工艺. 北京：化学工业出版社，1992.

[8]   蔡世干等. 石油化工工艺学. 北京：中国石化出版社，1993.

[9]   区灿棋等. 石油化工氧化反应工程与工艺. 北京：中国石化出版社，1992.

[10]   谢克昌，李忠. 甲醇及其衍生物. 北京：化学工业出版社，2002.

[11]   刘代俊，蒋文伟，张昭. 化学过程工艺学. 北京：化学工业出版社，2005.

[12]   刘冲，司徒玉莲等. 石油化工手册：基本有机化工原料. 北京：化学工业出版社，1987.

[13]   梁凤凯，陈学梅. 有机化工生产技术与操作. 第2版. 北京：化学工业出版社，2015.

[14]   卞进发，彭德厚. 化工基本生产技术. 第2版. 北京：化学工业出版社，2015.

[15]   马民峰. 醋酸生产技术进展及市场研究. 中国石油和化工标准与质量，2015（9）.

[16]   钱松. 醋酸生产技术进展与市场分析. 精细化工原料及中间体，2011（12）.

[17]   舒明. 乙醛生产技术进展及市场分析. 乙醛醋酸化工，2015（2）.

[18]   牛杰. 醋酸乙烯生产技术及发展趋势. 科技与市场，2016（2）.

[19]   谭捷. 环氧乙烷生产技术研究进展. 乙醛醋酸化工，2016（4）.

[20]   张丽君等. 气相法乙苯清洁生产工艺技术进展. 工业催化，2016（5）.

[21]   李淑红. 稀乙烯制乙苯工艺综述. 炼油技术与工程，2010（5）.

[22]   郝西维等. 对二甲苯生产技术开发进展及展望. 洁净煤技术，2016（5）.

[23]   吕海洋. 国内外苯酐技术及市场分析预测. 化学工业，2017（1）.

[24]   孙欲晓等. 苯乙烯的市场及技术进展. 化学工业，2017（3）.